ENCYCLOPÉDIE-RORET

CONSTRUCTION

DE

CHEMINS DE FER.

PREMIÈRE PARTIE.

AVIS.

Le mérite des ouvrages de l'**Encyclopédie-Roret** leur a valu les honneurs de la traduction, de l'imitation et de la contrefaçon. Pour distinguer ce volume, il porte la signature de l'Editeur, qui se réserve le droit de le faire traduire dans toutes les langues, et de poursuivre, en vertu des lois, décrets et traités internationaux, toutes contrefaçons et toutes traductions faites au mépris de ses droits.

Le dépôt légal de ce Manuel a été fait dans le cours du mois de juin 1857, et toutes les formalités prescrites par les traités ont été remplies dans les divers Etats avec lesquels la France a conclu des conventions littéraires.

Roret

MANUELS-RORET.

NOUVEAU MANUEL COMPLET

DE LA

CONSTRUCTION

DE

CHEMINS DE FER

CONTENANT

Des Etudes comparatives sur les divers systèmes de la voie et du matériel,

Le Formulaire des charges et conditions pour l'établissement des travaux,

Et la série des prix pour les diverses fournitures.

PAR

EMILE WITH.

OUVRAGE ACCOMPAGNÉ D'UN ATLAS DE 16 PLANCHES GRAVÉES SUR ACIER.

PREMIÈRE PARTIE.

ÉTUDES COMPARATIVES

Sur les divers systèmes de Construction de la voie et du matériel.

PARIS

A LA LIBRAIRIE ENCYCLOPÉDIQUE DE RORET,

RUE HAUTEFEUILLE, 12.

1857.

NOUVEAU MANUEL COMPLET

DES

CHEMINS DE FER

CHAPITRE PREMIER.

HISTORIQUE DES CHEMINS DE FER.

§ 1. *L'Origine des routes, les Egyptiens, le Macadam.*

La grande question industrielle de notre époque est la question des voies de transport. Leur origine est très-ancienne. Sur le territoire des Pharaons, les archéologues ont découvert des ruines de routes empierrées ; on ne connaît pas de traces plus anciennes. Les digues établies contre les inondations du Nil servaient pour la communication entre les villes et les villages; la première route n'était qu'un simple terrassement dans des remblais alignés. C'est donc aux Egyptiens qu'il faut attribuer l'invention des chaussées. Ces découvertes, quelque curieuses qu'elles soient, prouvent cependant que le génie des peuples, leurs connaissances, leurs travaux, leur civilisation même, sont périssables et de courte durée.

Les Egyptiens, si savants, si éclairés, qui étaient les architectes de ces splendides palais de Thèbes, que sont-ils devenus ? Leurs descendants vivent et meurent dans de misérables huttes, et le mahométan, qui erre sur les sables brûlants du désert de Sahara ou sur les bords arides de la mer Rouge, — n'ayant pour se guider, pendant le jour, que les squelettes de dromadaires, pendant la nuit que les étoiles, — cet héritier de la gloire des siècles passés foule, dans son ignorance, le sol qui recouvre les chemins sur lesquels des catafalques à roues d'or ont transporté vers la demeure éternelle les cendres des grands rois.

Avec les Egyptiens ont disparu leurs routes, dont nous ne connaissons le système de construction que d'après les rapports des savants.

La chute de l'empire romain a entraîné, à son tour, la viabilité des chaussées en pierre de taille, dont les fondations se retrouvent dans beaucoup de localités de France et d'Allemagne.

Au moyen-âge, aucun soin n'a été apporté aux voies de communication par terre ; on ne s'en occupait presque pas.

Pendant très-longtemps on a considéré le système romain comme le plus parfait; il comprenait une espèce de maçonnerie dans le genre de celle employée sur nos routes pavées; à l'époque actuelle, cette chaussée en moellons est remplacée par un simple empierrement d'après le système de l'Ecossais Mac'Adam. Les chemins vicinaux, les routes de l'Etat et des départements, les lignes de grande communication, les rues des villes principales se macadamisent. Des pierres concassées et pressées par les roues des voitures, ou par des rouleaux ou cylindres en fonte, paraissent former la meilleure fondation, tant pour le service du roulage que pour celui de l'entretien. Une couche de mastic bitumineux appliqué par dessus cet empierrement, comme on le voit sur les boulevards de Paris, constitue le dernier perfectionnement des chaussées.

En Russie et en Norwége, où les pierres ne sont pas en abondance, on construit des routes en bois. Des rondins mis en travers d'un chemin tracé par le hasard forment la voie sur laquelle roulent, avec d'épouvantables cahots, des véhicules d'une construction grossière.

§ 2. *Les Ornières en bois, en fonte, en fer.*

L'invention des routes avec rails en bois est due à l'exploitation des mines en Allemagne. Dans ces travaux, de grandes charges suivent toujours la même ligne, en y formant des ornières, et l'idée de poser des longerons sur cette trace est ainsi venue, tout naturellement, aux constructeurs. Au commencement du dix-septième siècle, on rencontre de pareils ouvrages dans quelques mines de houille en Angleterre. La première description que l'on possède de ces travaux date de l'an 1650 : deux longrines placées sur le sol, à une distance égale à l'écartement des roues du chariot ou du vagon et reliées entre elles, constituèrent la première route à ornières ou à rails. Ces bois s'usèrent très-vite, et on fut obligé d'y clouer des bandes de fer. Mais comme les clous, par suite de leur mobilité dans le bois, ne purent fixer ces bandes de fer d'une manière solide, on s'occupa de la recherche d'une adhérence plus parfaite. C'est à cet effort qu'on doit l'invention des chemins de fer. Attacher des rails en métal sur le sol est le problème qu'on a cherché à résoudre, et ce n'est que vers le milieu du dix-huitième siècle qu'un premier essai de cette nouvelle voie de communication a été tenté. En rance on ne trouva pas d'imitateurs de ce système. Les études des économistes et des ingénieurs se portèrent alors vers les canaux, que l'on regardait dans ce temps comme le moyen de transport le plus facile et le plus économique.

L'Angleterre a fait les premiers pas dans l'établissement des chemins de fer. C'est en 1767 que, dans les hauts-fourneaux de Coalbroack, des rails ont été coulés. Cette opération a réussi complétement, et les rails ont remplacé avec avantage les bandes en fer sur bois ; cependant on n'essaya pas encore de les appliquer sur une vaste échelle.

Quant au profil en long des rails, qui devaient reposer sur deux points d'appui, on eut recours au calcul; la découverte des rails ondulés ou bombés, pour laquelle John Birkenshaw prit un brevet, fut le résultat de ces recherches.

Trente ans se sont écoulés avant qu'on ait cherché à substituer le fer forgé à la fonte, qui avait l'inconvénient de se briser au moindre choc pendant l'attache des joints. Les premiers rails en fer ont été fabriqués dans les usines de Walbottle; mais comme ils étaient plats, ils usaient très-rapidement les jantes des roues. On a dès lors changé la forme de ces fers et on leur a donné, comme aux jantes, la figure conique arrondie.

A partir de ce moment, la science s'est emparée des chemins de fer, et de notables changements dans ces travaux ont eu lieu par l'introduction des rails parallèles en fer laminé, fixés dans le principe sur des blocs ou dés en pierre, et ensuite sur des pièces de bois.

§ 3. *Les Moteurs.*

Les esclaves, les bêtes de somme, la gravité, l'air atmosphérique, l'air comprimé, la vapeur, l'eau.)

Dans l'antiquité, les moteurs des transports sur terre étaient exclusivement des esclaves et des bêtes de somme.

La gravité n'a servi de force motrice que dans les mines, où les chariots descendent sur une pente et sont ensuite remorqués généralement par des hommes ou par des enfants, comme cela se pratique de nos jours dans les mines d'Irlande et d'Ecosse.

Le principe de la gravité fut bientôt appliqué aux chemins de fer. On disposa les rails sur des plans inclinés de façon à hisser les vagons vides par le poids des vagons chargés descendants. Le premier chemin de ce genre, — *chemin automoteur,* — fut établi dans l'usine de Ketty en 1788. Avant d'être exploités par des machines à vapeur fixes qui remontaient les convois avec des cables en fil de fer, les plans inclinés sont restés très-longtemps dans l'état primitif.

Il y a près de cinquante ans un ingénieur danois proposa de transporter des lettres et des marchandises dans un tube fermé hermétiquement au moyen d'un disque mobile, auquel est adaptée une tige glissant dans une rainure bouchée avec une soupape à eau. L'air extérieur pousse ce piston dans le tube privé d'air. Une pompe pneumatique mise en mouvement par une machine à vapeur fait le vide derrière le piston, et l'air pressant sur le côté opposé, fait avancer le convoi avec une vitesse égale à celle avec laquelle on fait ce vide.

Ce mode a été proposé en Angleterre aussi pour le transport des voyageurs; mais il n'a jamais été appliqué, à cause des nombreux inconvénients dans l'exécution. L'eau, se trouvant employée à l'état libre, exige un chemin parfaitement de niveau, ce qui ne se rencontre pas dans les tracés habituels.

Depuis cette époque, on a essayé plusieurs espèces de locomotion à air, qui se résument toutes en un tube de fonte placé entre les rails sur toute la voie, et dans lequel se meut un piston.

La grande difficulté a toujours consisté à communiquer aux voitures le mouvement intérieur du piston, et à empêcher l'air de rentrer dans le tube.

Toutes ces dispositions, proposées ou exécutées, avaient pour but direct la solution de ce dernier problème.

Après bien des tâtonnements, on a fini par boucher l'ouverture avec une lanière en cuir, comme cela a lieu au chemin de fer de Saint-Germain. Mais quelque parfaite que soit la construction de la soupape longitudinale et du piston, l'air extérieur trouve toujours des ouvertures nombreuses par lesquelles il pénètre. On comprend donc facilement qu'une seule et même machine devant raréfier l'air du tube et enlever celui qui y rentre, ne peut exercer son action que sur une longueur de chemin très-limitée.

L'air comprimé dans des réservoirs placés le long du chemin a aussi été employé pour faire avancer le piston, qui se trouvait poussé contre l'air atmosphérique, tandis que, dans le premier cas, l'air atmosphérique le poussait contre le vide.

Maintenant, on est à peu près d'accord sur ce système ; on maintient les railways atmosphériques, mais on n'en construit plus de nouveaux.

Quant à l'emploi de l'eau dans les *chemins hydrauliques*, il est resté à l'état de projet. L'eau, mise dans des réservoirs et lancée dans des tubes pareils à ceux du système atmosphérique, devait faire marcher les convois. Dans cette conception on a omis les temps de sécheresse, les gelées, en un mot, on n'a pas quitté le terrain de la pure théorie.

Après les tentatives infructueuses pour généraliser les chemins de fer, l'attention publique s'est fixée dans le principe sur les améliorations des véhicules, et sur l'invention des moteurs mécaniques applicables aux voies de communication ordinaires.

§ 4. *Des voitures à vapeur. — La prédiction d'*OLIVIER EVANS.

En 1770, un ingénieur militaire français, Cugnot, exécuta à Paris une voiture à vapeur sur des routes en pierre, qui, après quelques effets, fut reconnue insuffisante. Plus tard, un mécanicien américain, Olivier Evans, parcourut en 1804 les rues de Philadelphie dans sa voiture à vapeur ; mais le succès de cette expérience ne répondit pas à l'attente. « Les parties si délicates du mécanisme ne résistaient pas au choc du pavé, et les mouvements précis que chaque pièce exigeait devenaient presque impossibles au bout d'un voyage de quelques kilomètres. » Abandonné de ses compatriotes, Olivier Evans, privé des moyens pécuniaires, eut le sort de presque tous les inventeurs ; sa machine, qu'il ne pouvait ni réparer, ni perfectionner, perdit sa destination primitive ; elle fut employée comme machine fixe dans un établissement industriel, et finalement placée dans un bateau à vapeur.

Olivier Evans, tout-à-fait désespéré, finit tristement son existence; mais avant d'abandonner ses projets, il publia à Philadelphie une brochure sur ses entreprises, dans laquelle se trouve le passage remarquable dont voici la traduction :

« La génération passée ne reconnaissait pas les avantages
» des chemins de fer ; la génération actuelle se contente des
» chevaux comme force motrice sur ces nouvelles routes ;
» mais je suis convaincu que des hommes plus éclairés con-
» sidéreront ma machine sur le railway comme le moyen de
» transport le plus complet. »

D'autres mécaniciens continuèrent à marcher sur les traces d'Olivier Evans. Deux Anglais, Vivian et Trevethick, prirent une patente pour des voitures à vapeur. Mais tout en apportant quelques perfectionnements au système primitif, ils ne purent garantir les voyageurs de la fumée et de la chaleur insupportables, produites par la chaudière. Ils finirent par abandonner cette découverte. D'un autre côté, la machine à vapeur fixe, destinée à remorquer les vagons au moyen d'un cordage enroulé sur un tambour, parut à ces deux ingénieurs insuffisante et d'une application trop restreinte. En combinant alors la machine fixe avec la voiture à vapeur, ils obtinrent la machine locomotive, telle qu'Olivier Evans l'avait indiquée.

Vivian et Trevethick ont revendiqué pour leur propre compte cette invention. Ont-ils eu connaissance de la machine d'Evans? Ont-ils lu la publication que le mécanicien américain a faite à Philadelphie? Comme on l'ignore, on peut dire qu'Olivier Evans a conçu l'idée de la locomotive et que Vivian et Trevethick l'ont exécutée; qu'alors ces trois hommes se partagent la gloire d'une des plus belles inventions modernes, appelée à changer la face du monde industriel et commercial.

§ 5. *Les premiers Remorqueurs sur les railways.*

Un obstacle, qui parut invincible, arrêta le développement des chemins de fer et paralysa pendant vingt années les efforts des ingénieurs, qui tendaient à appliquer à ces voies de communication la nouvelle machine. Personne n'osa attaquer et détruire ce qui, au fond, n'était qu'un préjugé, tant l'erreur a de prestige, même dans la science pratique. « On s'imaginait qu'aucune locomotive à roues unies ne pouvait marcher sur des rails en fer, et on donnait pour raison que l'adhérence entre les jantes et les bords des rails ne serait jamais assez forte pour produire un mouvement de translation, et qu'alors les roues tourneraient sur elles-mêmes. » Avant de se rendre compte par des essais directs de la vérité de cette assertion, on renonça à l'usage des locomotives à roues unies et on exécuta les dispositions les plus curieuses, les plus compliquées pour obvier à des inconvénients purement imaginaires.

Brunton construisit un remorqueur dont l'arrière-train était muni de tiges articulées, espèces de jambes qui, s'appuyant sur le sol, poussaient la machine et remorquaient ainsi le train, exactement comme le font nos bateliers quand ils poussent leur embarcation avec des gaffes. La machine Brunton ne put développer qu'une force de six chevaux et une vitesse, au maximum, de trois kilomètres à l'heure (fig. 1 et 2, pl. 1).

On adapta aussi, sur le fond même du chemin, dans l'entre-voie, une barre dentée comme une crémaillère, dans laquelle s'engrena la roue motrice, également dentée et placée dans le milieu de la machine. On imagina même de denter les rails et de faire des engrenages doubles. Enfin, on ne sait jusqu'à quel point on eût poussé ces inventions, si l'ingénieur Stephenson ne se fût pris corps à corps avec cette folle idée.

En 1814, il arracha les articulations de la locomotive, détruisit les crémaillères, dédoubla les tiges dentées et lança la machine sur les rails.

A la stupéfaction de tous les assistants, et à l'étonnement du monde scientifique, cette première expérience fut couronnée d'un plein succès. On reconnut alors que, sur des pentes faibles, l'adhérence des roues était suffisante pour produire le mouvement tant désiré, et le problème se trouva donc enfin résolu.

§ 6. *Les premiers Chemins de fer.*

La construction des chemins de fer a marché dans l'origine avec une grande lenteur et s'est renfermée dans les petites sections; elle n'a reçu son développement que depuis quelques années. Il semble qu'on ait attendu que l'usage de ces nouvelles routes fût consacré par le temps, et que leur sûreté fût établie par un long usage.

Le chemin de Saint-Etienne à Andrezieux est la première ligne française exploitée au moyen de la vapeur, en 1829.

La création de la plus ancienne voie de fer de l'Allemagne pour voyageurs est due à une circonstance toute particulière: la ville de Nuremberg, en Bavière, renommée par la fabrication de ses fameux jouets d'enfants, ne donne aux nombreux marchands israélites, qui s'occupent de ce commerce, l'hospitalité que pendant le jour. D'après un usage ridicule et barbare, dernier vestige des coutumes du moyen-âge, à l'heure du couvre-feu, tous les juifs sont obligés de retourner chez eux, à Fürth, situé à quelques lieues de Nuremberg. C'est ce voyage répété régulièrement deux fois le jour par tout un peuple honnête et laborieux qui a provoqué entre ces deux endroits l'établissement d'un chemin de fer, qu'on peut considérer comme l'origine du réseau allemand. Il date de 1836.

C'est au chevalier de Gerstner que l'Allemagne est redevable de l'impulsion donnée à ses railways. En 1813 déjà, cet ingénieur publia un ouvrage sur ces travaux; il y indiqua divers tracés, qui furent exécutés par la suite. Sur le continent, il peut même être considéré comme l'auteur de ces nouvelles voies de communication. Ce fut encore lui qui établit en 1837 la première ligne russe de Saint-Pétersbourg à Zarskosélo, et qui conçut le projet de celle de Moscou.

La Belgique ouvrit en 1835 le chemin de Malines à Bruxelles, et donna l'idée de la construction et de l'exploitation par l'Etat.

L'Angleterre avait anciennement plusieurs railways pour l'exploitation de ses houillères.

La première ligne destinée au transport des charbons, des marchandises et des voyageurs, et sur laquelle on employait alternativement des chevaux et des locomotives, est celle de Stokton à Darlington, ouverte depuis 1825. Le chemin de Manchester à Liverpool, le plus connu en Europe, suivit de près celui de Darlington ; il fut construit par Stephenson.

En 1830, les Etats-Unis d'Amérique ne possédaient encore que trois chemins de fer desservis par des chevaux et des mulets.

En Asie, la compagnie des Indes exécute en ce moment la voie de fer de Moultan, qui fait partie de la ligne de malle-poste de Londres à Calcutta, tracée par l'infortuné Waghorn. Cet homme, dont le nom a souvent été cité, il y a une dizaine d'années, dans tous les journaux, avait cherché à se rendre utile à son pays (il a été lieutenant de la marine britannique) en dirigeant la malle anglaise des Indes par l'Allemagne et Trieste, au lieu de lui faire suivre la route de Marseille. En effet, dans les voyages d'essais qu'il a faits, il a abrégé le parcours de quarante-huit heures, mais à une époque où les chemins de fer avaient de grandes lacunes. Délaissé par ses compatriotes dans ses entreprises, il est mort à la peine.

On sait avec quelle rapidité le nouveau système de transport s'est développé, dès que les premiers essais en ont constaté la supériorité.

L'Europe et l'Amérique se sont couvertes d'un immense réseau qui forme un monument gigantesque, incontestablement supérieur aux plus grands travaux de l'antiquité, surtout au point de vue des avantages matériels.

Actuellement la prédiction d'Olivier Evans s'est réalisée partout, et l'œuvre des ingénieurs est presque terminée ; elle peut, telle qu'elle est, remplir son but et réaliser toutes les espérances qu'ont fondées sur elle l'industrie, le commerce et la civilisation.

CHAPITRE II.

TECHNOLOGIE DES CHEMINS DE FER.

§ 1. *La Construction des Chemins de fer étrangers.*

Considérée sous le point de vue général, la construction des chemins de fer dans les zones tempérées, en Europe et dans l'Amérique du Nord, ne présente plus aucune difficulté et ne donne plus lieu à aucune hésitation dans le choix des systèmes ; ces travaux sont exécutés suivant des règles précises, établies par la théorie et consacrées par la pratique.

Il n'en est pas de même dans les autres pays excessivement chauds ou froids, tels que l'Afrique et la Norwége, où les modes de construction doivent être tout autres. C'est ainsi que, dans les climats chauds, la dilatation du fer devra jouer un grand rôle, et que le bois, par suite de son jeu, ne pourra plus être employé avantageusement. — En Egypte, le sol est tantôt réduit en poussière par la sécheresse brûlante de l'atmosphère, tantôt il est détrempé par les inondations.

Dans les Indes, le bois est soumis à deux causes de destruction : à la pourriture pendant la saison des pluies et aux ravages de la fourmi blanche ; les bois créosotés sont préservés de ces attaques, mais ils se consument facilement en temps de sécheresse par l'action du soleil et par les fragments de coke incandescent qui s'échappent du cendrier des locomotives.

En outre, pour les contrées non policées, il est essentiel de n'adopter que des systèmes de construction qui soient, autant que possible, à l'abri du vol et de la malveillance; la voie doit donc être fixe, c'est-à-dire ne pas présenter des joints mobiles, afin qu'elle ne puisse pas être enlevée sans le secours d'instruments et d'outils.

Voici maintenant la description sommaire des travaux du chemin de fer égyptien de l'isthme de Suez, qui peut servir de point de comparaison.

Ce chemin de fer, d'une longueur de 220 kilomètres, part des grands docks du port d'Alexandrie, longe le canal du Nil sur une grande étendue, touche à quelques villages importants, traverse les deux bras du grand fleuve égyptien par le Delta, passe par le Caire pour se prolonger sous peu jusqu'à Suez.

Le nivellement se trouve dans les conditions les plus favorables, attendu que le Caire n'est que de 12 mètres au-dessus du niveau de la mer Méditerranée, et que le Delta forme une plaine parfaite. La hauteur des remblais est déterminée par les eaux du Nil; elle est de 3 mètres; les talus sont de 1 1/2 de base pour un de hauteur, et seront régalés ultérieurement à 2 de base pour 1 de hauteur. On a compté le tassement des terres à 1/6 de leur hauteur; les terres proviennent de deux fossés creusés le long de la voie, à droite et à gauche.

Les terrassements sont établis pour une double voie, mais on n'en a posé qu'une pour le commencement.

Ces travaux sont exécutés de la manière suivante :

Les ouvriers les plus forts taillent la terre avec une pioche et la chargent dans des paniers en palmiers qu'ils posent entre leurs pieds. Des ouvriers plus faibles mettent ces petits paniers sur leur tête, et, arrivés à l'endroit voulu, répandent la terre avec cette même pioche, attendu que la pelle est un outil inusité dans ces contrées.

Pendant leur marche, les ouvriers chargés du transport font entendre un chant monotone qu'ils accompagnent en frappant dans leurs mains ; leur travail n'avance donc naturellement pas beaucoup.

D'après plusieurs ingénieurs qui ont visité les travaux, la construction de la voie ne paraît pas assez solide pour résister aux influences du climat. Le chemin de fer entre le canal du Nil et le lac Marcotis est en plaine ; il est donc exposé naturellement aux inondations et doit souffrir des infiltrations des eaux du canal ; aussi une partie des remblais s'est déjà déversée.

La voie de fer proprement dite est établie d'après un système qui exclut l'emploi de bois. Les longuerines ou les traverses sont remplacées par des demi-sphères creuses en fer fondu qui supportent les coussinets. Les joints sont fixés au moyen de plaques vissées. Pour éviter le raccourcissement des rails dans les courbes, on a confectionné des rails plus petits que les rails ordinaires. Ces derniers ont une longueur de six mètres, tandis que ceux de la courbe intérieure n'ont qu'une longueur de 5^{m}.90.

Les principaux travaux d'art comprennent deux passages sur les bras du Nil, de Rosette et de Damiette.

La première de ces traversées se fait au moyen d'un bac à vapeur ; le chemin de fer est conduit sur un pilotis en fer, le plus avant possible dans la rivière des deux côtés, pour abréger le trajet du bac.

Le passage du bras du Nil de Damiette a lieu sur un pont en fer, dont le tablier est formé par des tubes en fer de deux mètres de hauteur qui reposent sur des piles également en fer ; elles sont composées de deux cylindres de 2^{m}.10 de diamètre, enfoncés comme un puits, de dix mètres en contrebas des plus basses eaux. Au milieu du pont se trouve une plaque tournante pour laisser une libre circulation aux navires.

Près de dix mille ouvriers ont été employés dans ces travaux; ils ont été engagés au moyen d'une véritable presse, comme des matelots, et surveillés contre la désertion par des soldats. Ces ouvriers ont été changés tous les mois, mais pendant ce temps ils étaient de véritables prisonniers. Leur salaire a été de 28 centimes par jour, payé moitié en argent, moitié en nourriture.

Ces travaux ont coûté vingt millions, ou cent mille francs le kilomètre, prix inférieur à celui payé sur le continent.

Telles sont les conditions les plus essentielles de cette entreprise, dirigée par des ingénieurs anglais et payée par le vice-roi d'Egypte.

Le moment approche où des réseaux de fer s'étendront sur les pays que nous avons l'habitude de traiter en contrées sauvages.

Des projets surgissent de partout. On parle de chemins en Turquie, en Asie, en Algérie; mais on ne peut pas encore arrêter les idées sur les systèmes d'exécution. Ce que l'on peut prévoir avec quelque certitude, c'est que ces travaux ne ressembleront pas à ceux usités actuellement.

C'est donc un service à rendre aux esprits inventifs que de leur indiquer les voies ouvertes aux perfectionnements et même aux nouvelles inventions.

Jusqu'à présent l'exécution de ces chemins appartenait aux Anglais. — Qu'il s'établisse dès à présent en France une compagnie pour faire ces constructions dans tous les pays où elles peuvent être considérées comme moyen de civilisation; que cette compagnie, appelée « compagnie des chemins de fer exotiques, — compagnie des chemins de fer africains et asiatiques, » n'importe quel titre elle voudrait prendre;

— que cette compagnie étudie les tracés, qu'elle consulte les besoins des populations et les richesses des pays traversés; qu'elle calcule ses chances de succès; en un mot, qu'elle se constitue, qu'elle prenne position, et je suis convaincu que, dans un temps peu éloigné, elle sera appelée à rendre des services au public, tout en faisant une bonne spéculation.

§ 2. *La division des services des Chemins de fer.*

Avant d'être livré à la circulation, un chemin de fer a passé par bien des phases. Entre le coup de niveau de l'ingénieur pour planter le premier jalon et le coup de sifflet du machiniste pour donner le dernier signal, des années de labeur se sont écoulées.

Toutes les forces humaines et mécaniques, toutes les intelligences dans les diverses classes de la société, ont été appelées à concourir à ces travaux, dont voici un aperçu sommaire :

La première opération dans l'établissement d'un chemin de fer consiste à faire le tracé de la ligne sur le terrain, dont les ondulations sont représentées par le plan, le nivellement et les profils en travers. Dans ce but, on le sait, des instruments de précision, les lunettes, les télescopes, les théodolithes, les boussoles, servent pour déterminer les droites, les angles, les courbes; les niveaux, avec leurs mires, permettent de mesurer les différences de hauteur.

Le tracé une fois arrêté, on cherche à connaître, avec les *appareils de sondage*, la nature du sol des fondations, ainsi que la qualité de la terre qui est à enlever; on procède ensuite aux terrassements et en même temps à la construction des ouvrages d'art, qui comprennent les ponts en bois, en pierre, en métal, les tunnels. Ce sont ces derniers travaux qui, par leur nature, n'avancent que fort lentement et peuvent retarder l'ouverture de l'exploitation. Dès qu'ils sont achevés, le ballast est apporté, les traverses sont posées, les rails sont cloués; on lance les locomotives pour les essayer, en même temps qu'on éprouve la voie. Ces expériences ont lieu par ordre de l'administration supérieure, et si elles répondent à une sécurité complète, on accroche les voitures de voyageurs aux machines, et le chemin de fer se trouve ouvert au public.

Pour régler la marche des convois et pour prévenir les accidents, on fait usage des signaux, qui jouent un grand rôle dans l'exploitation.

Mais si des accidents ont lieu, si le matériel est usé, il faut le faire remettre en état. C'est dans les ateliers de réparation qu'on visite les locomotives, qu'on graisse les mécanismes, qu'on essaie les rails et les essieux, que l'on remplace les bandages des roues et toutes les parties qui indiquent des traces de rupture.

La division des matières se présente donc tout naturellement : les outils, les engins qui servent pour les terrassements, pour les ponts, pour l'établissement des gares et des signaux, forment la grande section désignée dans les compagnies sous le titre de : *Voie ou travaux de surveillance.*

Le fer, la fonte, les machines à vapeur, les locomotives, les wagons, les outils des ateliers de réparation, tout le matériel roulant, sont compris sous la dénomination générale de : *Matériel.*

En adoptant ainsi le même ordre dans les détails on arrive à une classification simple et facile qui permet d'embrasser d'un seul coup d'œil l'ensemble de la construction du railway.

CHAPITRE III.

ÉTABLISSEMENT DES PROJETS DE CHEMINS DE FER.

(Tracés, nivellements et plans parcellaires.)

Trois opérations préliminaires doivent précéder l'étude d'un chemin de fer sur le papier ; c'est le tracé de l'axe, le nivellement des profils longitudinaux et transversaux, enfin la levée des plans parcellaires.

Examinons ces opérations.

§ 1. *Le Tracé et le Mesurage de l'axe.*

Pour déterminer une ligne droite, on plante des jalons les uns après les autres, en les visant au moyen de télescopes ou de lunettes, et en ayant soin de ne pas dévier de la direction indiquée. Avec un peu d'exactitude on arrive toujours au but, même à de grandes distances, dès qu'on peut voir les signaux des points extrêmes. Quand on n'en aperçoit qu'un, on peut se servir avec avantage *de la lunette tracer les alignements et à prolonger les lignes droites.*

Cet instrument se compose d'un télescope pris dans deux supports montés sur un plateau en métal, et parfaitement mis dans le plan horizontal avec des niveaux à bulle d'air. En plaçant le centre du plateau verticalement au-dessus du deuxième point, au moyen d'un fil à plomb, en visant le premier point et en retournant ensuite le télescope, on obtient le troisième point dans le prolongement de l'axe du télescope.

Tous les instruments de ce genre sont basés sur le même principe ; mais ce qui distingue la lunette pour tracer les alignements, ce sont les mécanismes pour la mettre de niveau, et l'exactitude dont elle est susceptible afin que les jalons ne soient pas visés dans un angle, qui s'ouvre et qui fasse dévier la ligne au fur et à mesure qu'elle s'éloigne de la station de l'observateur.

Pour tracer les courbes et mesurer les angles, on emploie les boussoles, les graphomètres, les théodolites ou cercles répétiteurs.

L'adjonction d'un graphomètre à un niveau constitue le théodolite. Cet instrument, généralement volumineux, est d'un transport difficile, — sur le terrain, bien entendu, — et coûte très-cher; le prix ordinaire est de 1,800 francs.

Cependant on ne s'en sert pas d'habitude pour les nivellements; dès que les angles sont relevés, on met le théodolite de côté et on prend un niveau qui ne coûte que le dixième et dont les réparations sont plus faciles.

Dans l'étude et dans la construction d'un chemin de fer, on se sert de règles pour mesurer les lignes : règles en bois, en métal, alidades ou règles munies de télescopes.

Le mesurage des lignes droites n'est une opération importante que dans la levée de la carte d'un pays. La base la plus longue qui ait jamais été mesurée au moyen de règles est celle qui a servi à la triangulation de la Bavière, elle est de 22,000 mètres. La base de l'arc du méridien de la France n'est que de 14,000 mètres.

Dans les chemins de fer, les lignes sont beaucoup plus longues, mais leur mesurage ne demande pas une très-grande exactitude; on chaîne deux fois, une fois pour aller et une fois pour venir, et on tolère dans les bureaux de vérification une différence de 20 centimètres sur 1 kilomètre. J'ai mesuré, pendant l'hiver très-rigoureux de 1838, une ligne d'une longueur de 30,140 mètres au moyen de règles en bois, et de 30,118 mètres par le chaînage. J'ai fait répéter cette opération au printemps, et j'ai obtenu 30,137 mètres par les règles de bois, et 30,156 mètres par les chaînes. La moyenne entre ces quatre chiffres a été adoptée comme longueur définitive.

Ce n'est que dans les opérations géodésiques qu'on apprécie les distances, à quelques millimètres près, ce qui est l'opération la plus fastidieuse, et qui comporte le plus de chances d'erreurs par suite de la réduction de la longueur des règles, en tenant compte de leur dilatation et de leur contraction, conséquences inévitables du changement de température.

§ 2. *Les Niveaux.*

Pour évaluer les différences de hauteur, on fait usage des niveaux et des baromètres ; l'emploi de ces derniers n'a lieu que dans le mesurage de la hauteur des montagnes. Cette opération se base sur le calcul de la différence de niveau de la colonne de mercure au pied, puis au sommet de la montagne. Cette différence correspond à une hauteur connue d'avance et inscrite sur des tables de réduction.

Le niveau d'eau ordinaire, — tube en fer-blanc recourbé aux extrémités et muni de verres ou de fioles, — resté pendant de longues années dans son état primitif, vient enfin d'être perfectionné ; contre l'une des fioles qui terminent les branches du tuyau, on a adapté des tiges graduées en laiton et taillées en crémaillères ; sur ces tiges se fixe horizontalement et à volonté une épingle ou aiguille avec une grosse tête en verre noir pour servir de mire. On voit immédiatement qu'un rayon visuel dirigé sur la surface de l'eau de la fiole et sur l'aiguille opposée, forme l'hypothénuse d'un triangle rectangle dont les deux côtés de l'angle droit sont connus : ce sont la distance entre les fioles et la hauteur du point marqué sur la tige, au-dessus ou au-dessous du niveau de l'eau.

Le rayon visuel peut être prolongé indéfiniment sur des points accessibles ou inaccessibles, en avant comme en arrière. Un calcul proportionnel élémentaire donne les longueurs, les pentes, les hauteurs. Cet instrument, nommé *appareil niveau d'eau*, peut servir avantageusement dans toutes les opérations accessoires de la construction des chemins de fer, dans le tracé des pentes, dans le piquetage des abords des ponts, dans les chemins latéraux, dans le détournement de portions de routes, enfin dans tout ce qui a rapport aux nivellements, drainages et irrigations (fig. 3, pl. 1).

L'instrument sans lequel il serait difficile de construire un chemin de fer, est le niveau à bulle d'air, qui se compose invariablement d'un télescope, muni de deux fils d'araignée qui se croisent perpendiculairement ; le niveau ou l'inclinaison de ce télescope, — quand il s'agit de mesurer un palier ou une pente, — sont indiqués au moyen d'un tube en verre légèrement recourbé et rempli d'air et d'un liquide qui est de l'alcool et parfois de l'éther ; l'eau ne pourrait pas servir en hiver ; on distingue généralement quatre espèces :

1° Le niveau à fourche de Lenoir, dans lequel des vis agissent contre le pivot qui supporte l'instrument ;

2° Le niveau à cercle de Lenoir, qui repose sur un plateau circulaire mis dans la position horizontale au moyen de trois vis ;

3° Le niveau d'Egault, placé au moyen de vis agissant contre des ressorts ;

4° Le niveau de Chezy qu'on manœuvre au moyen d'un petit engrenage.

Ce qu'il y avait de difficile dans le maniement de ces instruments, c'était l'ajustage des vis qui serraient le pivot ; maintenant presque tous les niveaux reposent sur des plates-formes, ce qui constitue un perfectionnement notable.

La mesure des hauteurs est évaluée par des *mires :* lattes graduées dans lesquelles glisse une tablette coloriée. La mire perfectionnée est la *mire parlante* qui porte les chiffres peints ou des figures diverses représentant toujours, en couleurs très-visibles, la mesure métrique que l'observateur peut lire au moyen d'un télescope.

Tous ces instruments seraient encore susceptibles de perfectionnements, tant pour offrir une exactitude rigoureuse à de grandes distances, que pour ne pas donner lieu à de nombreuses erreurs, dès que les nivellements ont quelqu'étendue. C'est un point sur lequel je crois opportun d'appeler l'attention des mécaniciens-opticiens.

Réunir dans un seul et même niveau la faculté d'apprécier les longueurs et les hauteurs, est une idée qu'on a cherché à réaliser par un niveau de forte proportion muni d'une lunette à grande portée, sur l'oculaire de laquelle est placé un micromètre divisé en huit millimètres, dont chacun est subdivisé en cinq parties ; le micromètre a donc un total de quarante parties égales ; une table calculée d'après des expériences faites avec cet instrument, donne les distances correspondant aux points indiqués sur le micromètre.

Cet instrument répond à un besoin souvent exprimé par des ingénieurs qui désirent apprécier la distance du point d'observation à la mire.

Je le répète, ce n'est qu'une tentative, car le mesurage de la ligne, le *chaînage*, précède toujours le nivellement et doit laisser une trace fixe sur le terrain ; tous les points nivelés doivent pouvoir être retrouvés facilement au moyen de piquets numérotés afin de reconnaître les profils en travers, les parcelles ou d'autres immeubles traversés par un chemin de fer.

§ 3. *Le Profilographe.*

Avant de déterminer la direction d'une ligne de chemin de fer, on essaie plusieurs tracés comparatifs, entre lesquels on choisit celui qui donne les plus grandes facilités pour l'exécution des terrassements et des travaux d'art.

Ces différentes lignes, dessinées sur une carte, sont ensuite nivelées sur le terrain.

En plaine, dans les champs, le nivellement n'offre aucune

des difficultés qu'on rencontre dans les montagnes, généralement couvertes de forêts.

Pour niveler avec les moyens ordinaires les points donnés, il faut les voir. Il faut donc couper les broussailles, abattre les arbres, faire une allée de deux mètres au moins dans la forêt ; en un mot, il faut que la ligne soit ouverte pour que les coups de niveau puissent être donnés. Ces opérations sont très-longues et coûteuses.

Toutes ces difficultés disparaissent dès qu'on peut niveler le terrain sans en voir deux points. Faire un nivellement dans une forêt pendant l'obscurité, tel est le problème qui vient de recevoir sa solution :

« M. Dumoulin a inventé une machine à laquelle je donne le nom de *Profilographe Dumoulin*. Cette machine figurait à l'Exposition universelle de 1855. »

Il y a quelques années, voulant avoir la différence de niveau entre les deux points extrêmes d'un canal voûté, obscur et inaccessible, M. Dumoulin n'ayant à sa disposition aucun des moyens ordinairement en usage, lança à travers cette voûte un boulet attaché à un fil ; sur ce fil, tendu parallèlement au sol, il plaça une longue règle, et sur cette règle un niveau de maçon dont le pendule ou fil à plomb dessinait avec la règle un angle d'inclinaison qui donnait la pente cherchée par la similitude des figures.

De là est venue l'idée de la machine dont la construction repose sur le principe suivant : si, sur un terrain incliné à l'horizon, on abandonne un fil à plomb, sa ligne de suspension fera avec la normale un angle égal à l'angle d'inclinaison du terrain lui-même.

Cette idée est simple comme toutes les idées grandes et fécondes, et si la pratique consacre cette invention,— ce dont je ne doute pas un instant, — l'auteur aura acquis des droits incontestables à la reconnaissance publique.

Voici maintenant quelques détails sur la construction de ce profilographe : il est composé d'un petit chariot supporté ıar deux roues dont les plans de mouvement se confondent ṫt peuvent à volonté être rendus invariables, afin que dans a généralité des cas la machine ne puisse dévier de la ligne lroite ; ce chariot porte la machine proprement dite, re-ouverte d'une tablette sur laquelle se développe, parallèle-nent à sa longueur, une feuille de papier destinée à recevoir ı figure même, à une échelle donnée, du profil parcouru. ;ette figure est tracée par un style ou crayon mobile disposé ır la planchette et se mouvant perpendiculairement au pa-ier. Le mouvement est imprimé à l'ensemble du système ar l'une des roues du chariot, celle de derrière, au moyen 'une chaîne Galle, qui est une modification de la chaîne de aucanson. On sait que cette dernière est composée de chaî-ons en fil de fer, dans lesquels s'engagent les dents d'une ıue d'engrenage, tandis que la chaîne Galle est formée de ıaînons en tôle découpée réunis par des fuseaux. La roue ıt l'office de chaîneur, en développant par contact sa cir-ınférence sur le terrain à niveler.

Sous la machine est librement suspendue une tige de fer ınée d'une grosse boule de métal : un pendule ; — que le ıariot monte ou qu'il descende, ou qu'il reste en plaine, le :ndule reste toujours vertical. C'est donc la machine qui ncline, et ces inclinaisons alternatives et variables produi-nt, par rapport au pendule, des oscillations angulaires, ntôt positives et tantôt négatives, suivant que la machine onte ou descende. Convenablement recueillies par des or-nes spéciaux de transmission, ces oscillations angulaires terminent la loi trigonométrique des mouvements récipro-ement perpendiculaires du papier et du crayon. La trace ce dernier est donc une résultante, c'est-à-dire, comme papier marche toujours positivement, le crayon monte and la machine monte une rampe et descend quand la ıchine descend une pente.

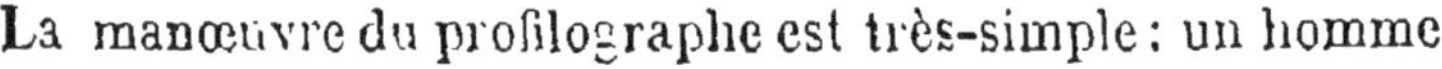

La manœuvre du profilographe est très-simple : un homme

traîne sur une ligne donnée le chariot; l'observateur ou le niveleur qui l'accompagne s'arrête à chaque piquet ou point à déterminer, lit sur un des compteurs la cote de longueur, l'inscrit, trace une ligne verticale et y annote la cote du nivellement qu'il prend sur le deuxième compteur.

Au passage d'une rivière, on marque un point d'arrêt, on mesure la largeur et la profondeur du cours d'eau par un des moyens ordinaires, et on continue la manœuvre de la machine dès qu'on est arrivé sur la rive opposée.

C'est ainsi que le nivellement est fait et, qui plus est, il est rapporté, c'est-à-dire dessiné au moyen des abscisses ou cotes verticales, et des ordonnées ou cotes de longueur, ou horizontales.

Telle est la description sommaire de la machine; il suffit de dire que l'auteur en a confié l'exécution à un de nos premiers ingénieurs-constructeurs, M. Froment, pour prouver que ce mécanisme ne laisse rien à désirer.

La supériorité scientifique de cette invention une fois admise, il s'agit d'en reconnaître les avantages économiques; un simple calcul permet de les apprécier :

« Avec les procédés actuellement en usage, un kilomètre de nivellement coûte 500 fr.; on fait au maximum 4 kilomètres par jour. Avec le profilographe Dumoulin, le kilomètre revient à 100 fr., et on peut faire 16 à 20 kilomètres par jour. Ainsi le nivellement d'une ligne de chemin de fer d'une longueur de 200 kilomètres coûte 100,000 fr. et dure plusieurs mois; avec la nouvelle machine ce travail ne donne lieu qu'à une dépense de 20,000 fr. et ne dure que dix jours. Il y a donc un bénéfice de 80 0/0 pour le temps et l'argent. »

Outre ces avantages, il y a encore à prendre en considération la plus grande exactitude, la vitesse avec laquelle les projets comparatifs peuvent être tracés, enfin les économies résultant de la facilité qu'on a de contourner les obstacles.

Jusqu'à présent il n'a été question que du nivellement longitudinal; la nouvelle machine peut également servir pour tracer les profils en travers; elle développe le terrain dont elle indique la conformation, tant par des traits que par des chiffres; elle peut donc représenter une machine à calcul et donner les cubes des terrassements sur une ligne donnée.

Ce qu'il y a de bien intéressant dans cette invention, c'est la source féconde de toutes espèces de combinaisons mathématiques et mécaniques; en effet, le cercle de la roue qui lamine le terrain, et l'espace rectiligne qui y correspond donnent le rapport de la circonférence au diamètre à l'approximation du compteur. Diverses autres combinaisons permettent de résoudre les équations des sections coniques : l'ellipse, la parabole, etc., dont la longueur, pour un arc déterminé, est donnée numériquement ainsi que la valeur des ordonnées et coordonnées correspondantes.

En un mot, parmi les machines ingénieuses et admirables de notre belle Exposition de 1855, le profilographe Dumoulin mérite d'être placé au premier rang par la nouveauté du sujet, par l'intelligence des combinaisons, par les services qu'il peut rendre immédiatement, et, je le répète, par toutes les promesses qu'il fait et qu'il réalisera sans aucun doute.

§ 4. *Les Instruments d'Arpentage.*

La tendance actuelle des ingénieurs-mécaniciens est, comme on l'a vu dans le précédent aperçu, de faire le plus d'opérations possibles dans les limites les plus larges, au moyen d'un seul et même instrument.

L'Exposition a offert à ce sujet encore quelques travaux dignes de remarque, que je passerai en revue. Je chercherai à indiquer ensuite la route à suivre pour arriver à la solution complète du triple problème de la manœuvre facile des instruments, de la promptitude du travail et de l'exactitude des résultats, — les trois conditions à remplir dans l'étude des chemins de fer.

L'instrument connu sous le nom de *polymètre* sert pour faire sur le terrain toutes les opérations, depuis les plus simples jusqu'à celles qui sont considérées comme les plus difficiles. Pour résoudre ces problèmes, il suffit de savoir faire quelques calculs élémentaires. Le polymètre est un cadre en cuivre de onze centimètres carrés sur lequel est figuré un triangle rectangle et isoscèle dont l'hypothénuse est formée par une alidade mobile, munie, comme les côtés de ce triangle, de plaques fendues ou pinnules. L'alidade mobile tourne autour d'un point fixe et parcourt les divisions marquées sur une des règles. La longueur des lignes visées est obtenue par un calcul de proportion.

Cet instrument est très-portatif et peut se mettre dans une poche de portefeuille; il se place horizontalement ou verticalement au moyen d'un fil à plomb. Toutes ces dispositions me paraissent très-ingénieuses et font honneur à l'habileté du constructeur qui a présenté un deuxième instrument qu'il appelle *aprosomètre*. C'est une équerre à réflexion servant à mesurer les distances inabordables, sans exiger l'emploi de tables trigonométriques; elle se compose d'un petit cylindre en laiton muni de deux pinnules avec un miroir qui permet de viser à la fois dans deux directions (fig. 4, pl. 1).

C'est toujours sur le fameux triangle rectangle que reposent les opérations; seulement, la base de ce triangle ne se trouve plus sur l'instrument; elle doit être choisie sur le terrain, et adoptée d'autant plus grande qu'on désire plus d'exactitude dans l'opération. Le rapport géométrique de cette base à la distance cherchée est donné par l'instrument.

L'aprosomètre se tient à la main comme une lorgnette; il est construit suivant deux systèmes : l'un indique sur un arc divisé le nombre proportionnel qui permet de trouver la distance cherchée; l'autre donne cette distance directement, au moyen d'une règle à calcul qui y est appliquée.

Pour tracer les grandes courbes sur les plans des chemins

de fer, on se sert d'une collection de gabarits ou règles courbes, dont les courbures correspondent au rayon le plus petit, et de 100 mètres en 100 mètres jusqu'au rayon le plus grand. On s'arrange toujours à n'avoir besoin que des courbes des gabarits. Mais s'il en arrive autrement, il faut avoir recours à des procédés qui, jusqu'à présent, n'ont pas donné une très-grande exactitude.

Il fallait y arriver cependant, ne fût-ce que pour la confection de ces gabarits.

M. Guillemot a résolu ce problème par un compas à tracer les arcs à rayons de grandeur illimitée. La construction de cet instrument repose sur ce principe de géométrie, que tous les angles inscrits dans un même segment sont égaux. L'inventeur a donc construit un triangle avec trois règles; le sommet de ce triangle, mobile, muni d'un style, est lié à la base au moyen d'une tige graduée qui indique le rayon (fig. 5, pl. 1).

Cet instrument peut aussi servir à tracer les calibres propres à confectionner les outils ou bassins métalliques sur lesquels on rode, on travaille et on polit les verres et miroirs des instruments d'optique; ordinairement, pour arriver à ce but, on se sert d'un compas à verge, variable suivant le rayon de la courbure, et qui nécessairement arrive quelquefois à plusieurs mètres de longueur, ce qui influe sur la précision du tracé. Pour les rayons d'une grandeur exceptionnelle, on suspend au sommet d'une maison une espèce de pendule dont les oscillations déterminent la courbure.

Il ne resterait plus qu'à faire une nouvelle application de ce principe, si ingénieusement mis en œuvre par M. Guillemot: ce serait de construire avec ce compas certaines pièces dans les locomotives, dont le rayon est trop grand pour qu'on puisse les exécuter sur le tour, et pour lesquelles on établit tout exprès des machines à raboter circulairement, mais qui n'admettent qu'une seule courbure.

C'est une idée nouvelle dont l'exécution attend son maître.

Parmi les instruments qui ont une application directe dans les chemins de fer, on remarque en premier lieu le *tachéomètre*, espèce de théodolite à deux cercles avec une lunette micrométrique et avec un orientateur magnétique qui sert pour évaluer d'une station toutes les dimensions d'un emplacement. Il ne faut pas confondre ce rapide mesureur avec le *tachomètre-Deniel*. Cette dernière machine, inventée par M. Deniel, un des ingénieurs les plus habiles de la compagnie de l'Est, mesure et enregistre sur une feuille de papier la vitesse de la locomotive. Il en sera question dans l'examen des appareils de sûreté.

La *tachéométrie* est l'art de lever les cartes et de faire les nivellements avec un degré de précision supérieur à celui qu'on obtient par toutes les autres méthodes, et avec une économie considérable de temps. Le tachéomètre a déjà servi pour la levée des plans des Alpes et des Apennins; son avantage principal consiste dans le tracé exact des courbes horizontales, et par conséquent dans la facilité du dessin d'un axe de chemin de fer sur une carte nivelée.

Il serait à désirer que les compagnies de chemins de fer fissent une application de cet instrument, qui offrirait des avantages dans beaucoup d'opérations, mais surtout dans la levée des plans parcellaires. Une des questions les plus délicates avant la construction de la voie ferrée est l'acquisition des terrains. L'emplacement que doit occuper le chemin de fer avec ses talus et ses ouvrages est dessiné sur un plan parcellaire, et la surface du terrain à occuper est évaluée au moyen du compas. Les livres terriers et les plans du cadastre, déposés dans les mairies de toutes les communes françaises, sont consultés par les ingénieurs, qui dressent leur état parcellaire avec l'indication des noms des propriétaires, des surfaces à acquérir et des prix. Ce travail donne toujours lieu, de la part des parties intéressées, à des discussions qui souvent deviennent difficiles au point que les compagnies renoncent à faire elles-mêmes cette évaluation, et la remettent à forfait aux géomètres et autres agents des localités riveraines.

Si l'on possédait un cadastre exact, toutes les difficultés s'aplaniraient. M. Porro offre d'établir un *cadastre probant*, au moyen de son tachéomètre, avec des sommes minimes, en comparaison de celles que la France a dépensées pour son cadastre actuel.

Le tracé et les travaux des chemins de fer exigent surtout des opérations qui marchent rapidement et en toute saison, et qui ne permettent que rarement de choisir les moments opportuns. C'est dans ces circonstances que des instruments maniables auraient une grande chance de succès. Les niveaux, par exemple, transportés souvent dans les broussailles, placés dans un sol marécageux, sont faciles à déranger, et quand ils le sont, la journée des opérateurs est perdue. Je n'ai pas vu un seul niveau facile à mettre en place; il faut toujours passer par des tâtonnements pour obtenir la position horizontale.

Que les mécaniciens s'attachent donc à inventer un mécanisme propre à mettre le niveau à l'abri de nombreuses chances de détérioration et à le fixer horizontalement par un seul tour de vis; il me semble que pour arriver à ce double but, on n'a qu'à placer l'instrument dans une espèce de capsule et y attacher une vis avec un ressort, et le problème est résolu; je crois que cela est même très-facile. On a bien inventé le niveau; pourquoi n'inventerait-on pas son perfectionnement?

Je crois qu'en réalisant ces indications, les opticiens donneront aux ingénieurs des instruments dont le prix ne sera pas discuté. Pour cela il faut que le mécanicien se familiarise avec les opérations sur le terrain, et qu'il fasse un nivellement de dix kilomètres aller et venir; il connaîtra bientôt toutes les difficultés qui se présentent, et il saura les vaincre bien mieux que si on les lui indiquait purement et simplement.

§ 5. *Le Pantographe.*

Les plans et profils reportés sur le papier doivent souvent être réduits ou augmentés ; pour arriver à ce but, on se sert du *pantographe*. Quatre règles ajustées au moyen de charnières constituent un parallélogramme mobile sur lequel sont fixées deux pointes, dont l'une, en métal, suit les contours du dessin à copier, et dont l'autre, munie d'un crayon, les répète en augmentant ou en diminuant proportionnellement les dimensions. Le fournisseur du dépôt général de la guerre avait exposé un pantographe qui peut servir de modèle. C'est un des instruments les mieux travaillés de l'exposition ; d'un usage facile, il peut être mis entre toutes les mains, du moment qu'un peu d'intelligence et d'attention les dirige. Les réductions de dessins sont des opérations toujours longues, et occasionnent souvent des retards dans les bureaux des études. Il serait à désirer que ces instruments pussent se répandre davantage par suite d'une diminution du prix de vente, qui est actuellement de 200 fr. en moyenne.

§ 6. *Les Plans en relief.*

Outre le tracé graphique d'une ligne de chemins de fer, il y a encore la représentation plastique ou le plan en relief. Plusieurs de ces plans se trouvaient dans l'Annexe. L'un représentait une partie de la Suisse : des liserés rouges figuraient les voies ferrées ; un autre plan, exposé par l'école impériale des ponts-et-chaussées, imitait avec une régularité parfaite l'entrée dans les Vosges du chemin de l'Est de Paris à Strasbourg.

A ce sujet, a eu lieu sur le boulevard des Capucines une exhibition assez curieuse, qui n'avait pas trouvé place, à cause de son étendue, dans le palais de l'Industrie : c'était le plan en relief des Pyrénées, de la Haute-Garonne, exécuté par M. Lézat, de Toulouse. C'était non-seulement une œuvre pittoresque, mais encore un travail scientifique.

Ce plan se composait de quatorze pièces ou tables modelées séparément sur les lieux, et dont l'ensemble formait une surface de 15 mètres carrés. Le bois et le liége sont les matières qui ont servi pour ce relief. Cette construction se distinguait par l'échelle des hauteurs, qui était double de celle des longueurs; l'image en est altérée, mais les sinuosités du terrain sont rendues plus sensibles.

Un plan qui embrasserait les Pyrénées dans toute leur étendue offrirait, sans aucun doute, de grands avantages pour la solution des problèmes relatifs aux voies de communication internationales, à la délimitation des frontières entre la France et l'Espagne, et aux travaux d'irrigation et de canalisation.

Par le moulage, on obtiendrait un grand nombre d'exemplaires qui faciliteraient d'une manière régulière l'établissement de toutes sortes de projets. En général, dans beaucoup de circonstances, on pourrait substituer aux cartes les plans en relief, qui donneraient une image palpable de la surface du terrain désignée pour subir quelque transformation.

Telles sont les opérations principales pour établir le projet graphique d'un chemin de fer.

Le cadre du présent travail ne permet pas d'entrer dans des développements plus considérables. Pour se renseigner sur les nombreux détails de la levée des plans, il y a lieu de s'en référer au Manuel de l'*Encyclopédie-Roret*, intitulé : *Arpentage, art de lever les plans*, par M. Lacroix, *nouvelle édition, approuvée par l'Université.*

Cet ouvrage est divisé en deux livres, dont le premier comprend une instruction élémentaire sur l'arpentage. Ce travail est simplifié beaucoup depuis l'introduction du système décimal qui en diminue les lenteurs et les difficultés. Voici un aperçu complet de ce système qui se trouve résumé dans le tableau ci-dessous qu'on peut considérer comme une addition aux tableaux d'ensemble.

SYSTÈME DÉCIMAL FRANÇAIS.

LONGUEURS.

Millimètre	= $1/10$ centimètre	= $1/100$ décimètre	= $1/1000$ mètre.
Centimètre	= $1/10$ décimètre	= $1/100$ mètre.	
Décimètre	= $1/10$ mètre.		
MÈTRE.			
Décamètre	= 10 mètres.		
Hectomètre	= 10 décamètres	= 100 mètres.	
Kilomètre	= 10 hectomètres	= 100 décamètres	= 1,000 mètres.
Myriamètre	= 10 kilomètres	= 100 hectomètres	= 1,000 décam. (10,000 mètres).

SUPERFICIE.

Centiare	= 1 mètre carré (1 mètre de côté).	
ARE	= 100 mètres carrés	= 100 centiares (10 mètres de côté).
Hectare	= 100 ares	= 10,000 mètres carrés = 10,000 centiares (100 mètres de côté).
Kilomètre carré	= 100 hectares	= 10,000 ares = 1,000,000 mètres carrés (1,000 mètres de côté).
Myriamètre carré	= 100 kilomètres carrés	= 1,000,000 ares = 100,000,000 mètres carrés (10,000 mètres de côté).

CAPACITÉS.			
Décistère	$= 1/10$ de mètre cube	$= 1/10$ de stère.	
MÈTRE CUBE	= 1 stère.		
Décastère	= 10 mètres cubes	= 10 stères.	
Décilitre	$= 1/10$ de litre	$= 1/100$ décalitre	$= 1/1000$ hectolitre.
LITRE	= 1 décimètre cube.		
Décalitre	= 10 litres.		
Hectolitre	= 10 décalitres	= 100 litres.	
Kilolitre	= 10 hectolitres	= 100 décalitres	= 1,000 litres.
POIDS.			
Milligramme	$= 1/10$ centigramme	$= 1/100$ décigramme	$= 1/1000$ gramme.
Centigramme	$= 1/10$ décigramme	$= 1/100$ gramme.	
Décigramme	$= 1/10$ gramme.		
GRAMME.			
Décagramme	= 10 grammes.		
Hectogramme	= 10 décagrammes	= 100 grammes.	
Kilogramme	= 10 hectogrammes	= 100 décagrammes	= 1,000 grammes.
Quintal	= 100 kilogrammes	= 1,000 hectogrammes	= 1,0000 décagrammes = 100,000 grammes.
Tonne	= 10 quintaux	= 1,000 kilogrammes	= 10,000 hectogrammes = 100,000 décagrammes = 1,000,000 grammes.

Le tableau de ce premier livre donne une instruction pratique sur le maniement des instruments, lequel est si pénible pour les débutants.

Le deuxième livre, qui est le complément du premier, donne les méthodes de calcul des figures, dont les lignes ont été mesurées sur les terrains, et la manière de les rapporter; il fait connaître par des exemples les diverses opérations.

On trouve, en outre, dans ce Manuel un traité complet de bornage des immeubles, ainsi que toutes les tables nécessaires pour ces diverses opérations.

Quant aux opérations spéciales du nivellement, le premier volume du *Manuel des Ponts-et-Chaussées* y consacre un chapitre de près de 200 pages, qui s'applique aux profils des routes, dont ceux d'un chemin de fer ne diffèrent que par un degré plus élevé de précision.

Les nivellements une fois rapportés d'après les méthodes indiquées, avec des cotes, on y trace la ligne du chemin de fer suivant certaines pentes déterminées par des considérations économiques et techniques d'un autre ordre, dont il sera question ultérieurement.

Il en est de même du raccordement des lignes droites par des arcs de cercles et des arcs de paraboles. Les méthodes pour effectuer ces tracés avec les moyens ordinaires sont indiquées dans le livre précité.

CHAPITRE IV.

LES APPAREILS DE SONDAGE.

§ 1. *Sondage à la corde ou procédé chinois.*

L'idée de perforer le sol, pour en connaître la nature, est très-ancienne. D'après la relation d'un voyage pittoresque, publiée à Amsterdam il y a près de deux siècles, on savait que les habitants du Céleste-Empire « *pratiquaient des trous lans la terre, à de très-grandes profondeurs, à l'aide d'une orde armée d'une main de fer, laquelle rapporte au jour e détritus du fond.* »

Ce n'est qu'en 1827 que la description de ce procédé a été onnée, dans les *Annales de la propagation de la foi*, par n missionnaire français, le père Imbert.

« Il y a, dit-il, des milliers de ces trous dans un espace de ix lieues de long sur quatre de large. Chaque particulier n peu riche creuse plusieurs de ces puits, qui ont une pro- ndeur de six cents mètres avec un diamètre de vingt cen- mètres. Voici le procédé qu'on emploie : si la surface est e terre, on y plante un tube de bois, surmonté d'une pierre e taille qui a l'orifice désiré ; ensuite on fait jouer dans ce ıbe une sonde ou trépan d'un poids de deux cents kilo- rammes. Un homme monte sur un échafaudage à bascule our soulever et pour laisser retomber cette sonde, qui est ıspendue à une corde de rotin ; un autre homme fait tourner tte corde. Ce travail continue nuit et jour ; on tire ensuite tte sonde, concave par-dessus, avec toutes les matières ont elle est surchargée, en enroulant la corde sur un grand lindre ou tambour. De cette façon, ces petits puits sont ès-perpendiculaires et polis comme une glace. Quelquefois ut n'est pas roche jusqu'à la fin ; mais il se rencontre des s de terre, de charbon, etc. Alors l'opération devient des us difficiles, et quelquefois infructueuse, car les matières offrant pas une résistance égale, il arrive que le puits perd perpendicularité ; mais ces cas sont rares. Quelquefois le os anneau de fer qui suspend le mouton vient à casser ; ors il faut cinq ou six mois pour pouvoir, avec d'autres outons, broyer le premier et le réduire en bouillie. Quand roche est assez bonne, on avance jusqu'à deux pieds dans s vingt-quatre heures. On reste au moins trois ans pour euser un puits. Pour tirer l'eau, on descend dans le puits ı tube de bambou, long de vingt-quatre pieds, à l'extrémité ıquel il y a une soupape ; lorsqu'il est arrivé au fond, un homme fort s'assied sur la corde et donne des secousses; chaque secousse fait ouvrir la soupape et fait monter l'eau. Le tube étant plein, un grand cylindre en forme de dévidoir, de cinquante pieds de circonférence, sur lequel se roule la corde, est tourné par deux, trois ou quatre buffles ou bœufs, et le tube monte; cette corde est aussi de rotin. L'eau est très-saumâtre; elle donne à l'évaporation un cinquième et plus, quelquefois un quart de sel. Ce sel est très-âcre; il contient beaucoup de nitre. »

Cependant l'exactitude de cette relation fut contestée, et sur les observations du supérieur des missions, le père Imbert fit un nouveau voyage vers la région des puits de sel pour vérifier ses chiffres, et il écrivit une nouvelle lettre dans laquelle il disait :

« J'ai mesuré la circonférence du cylindre en bambou sur » lequel s'enroule la corde qui remonte les instruments du » fond du puits, et j'ai mesuré le nombre de tours de cette » corde. Le cylindre a 50 pieds de tour et le nombre de tours » de la corde est de 62. Comptez vous-même si cela ne fait » pas 3,100 pieds. Ce cylindre est mis en mouvement par » deux bœufs attachés à un manége; la corde n'est pas plus » grosse que le doigt; elle est faite en lanières de bambou » et ne souffre pas de l'humidité. »

La bibliothèque impériale, dans la rue de Richelieu, possède une encyclopédie chinoise en trois volumes, où se trouvent renfermés les dessins du tube de bambou qui dirige la sonde au commencement du forage; celui du manége et du tube à soupape qui sert à l'extraction de l'eau salée, et enfin une image de l'évaporation des eaux salées par la combustion d'un gaz sortant d'un trou de sonde. Ces figures s'accordent avec la description générale faite par le père Imbert. Cependant, il est remarquable que personne ne soit encore venu après lui pour vérifier ces faits. On est toujours dans la même ignorance sur la nature du sol traversé par les Chinois.

La méthode chinoise a été perfectionnée vers 1827 en

Amérique; on y a ajouté un appareil pour que la corde prenne un mouvement de rotation, et que l'ouvrier chargé de ce travail devienne inutile (fig. 6, pl. 1).

Plusieurs essais de ce procédé de sondage ont été faits en Europe: en 1828 à Bruxelles; quelques années plus tard à Sarrebruck, en Saxe, à Reims, et en dernier lieu à l'Ecole-Militaire de Paris. La sonde, attachée à une tige de fer, était suspendue à une corde de chanvre. Ces opérations n'ont pas réussi. On est allé jusqu'à 150 mètres de profondeur, mais les outils sont restés engagés au fond du puits, et on a abandonné les travaux.

Cependant on ne s'est pas découragé dans ces essais. Une société s'est formée pour exploiter le système de la *sonde française*, qui comprend la sonde à la corde avec emploi de tubes de retenue dans les terrains de formation moderne, et la corde en aloès seule pour les couches dures. Un des associés s'est tué en tombant dans un puits de mines, et la compagnie s'est dissoute.

Jusqu'à ce jour, le procédé chinois, dans lequel on fait usage d'un équipage de sonde léger et peu coûteux, n'a servi que pour retirer les détritus du fond du trou de sonde; on attend le moment où cette question recevra une solution pratique par quelque nouvelle invention ou par des perfectionnements dans l'outillage. On n'a encore rien produit à cet égard; c'est donc un point d'études à indiquer aux esprits inventifs.

En attendant, on fait à Freyming (département de la Moselle), une nouvelle tentative de l'application du procédé chinois.

§ 2. *Sondage à la tige rigide.*

Le deuxième procédé, *artésien, anglais et allemand*, consiste à attacher la sonde à une tige en fer au lieu de la fixer à une corde. Quelquefois aussi on unit les tiges rigides en fer à des tiges en bois ferré, ce qu'on appelle système *prussien.*

Il y aura toujours lieu d'améliorer le sondage à la tige afin de diminuer autant que possible les inconvénients inhérents à ce système, et qui sont : le poids trop considérable de la sonde, — une grande perte de temps pour ramener à la surface du sol les pierres broyées, — les ruptures fréquentes des tiges provoquées par les oscillations, — enfin la déviation du trou de sonde par suite de la flexion de la tige. Cependant, tel qu'il est, ce système rend des services incontestables. Depuis l'introduction de la machine à vapeur dans les opérations de sondage, on gagne environ les deux tiers en vitesse, et on diminue le nombre des ouvriers, et, par conséquent, les chances d'accidents et de malveillance ; on a donc généralisé son emploi, même pour les travaux de peu d'importance. Dans ce cas la machine qui fait marcher le treuil est à cylindre oscillant ; elle entraîne une dépense plus grande de combustible, comparée aux machines fixes, mais les frais que nécessite son installation sont moindres. La machine oscillante est remplacée par une machine horizontale fixe, quand l'importance du travail permet de donner un peu plus de temps et d'argent pour le montage des appareils. Le treuil à coussinets mobiles avec roue à galets destiné au battage à la came sur les roches dures, et avec débrayage mobile dans les terrains de ténacité variable, — ce treuil, dis-je, résume, par la réunion de ces deux systèmes, tous les mouvements dont on peut avoir besoin pour mettre une sonde en activité.

§ 3. *Le Trépan-monstre de M.* Mulot.

Le nouveau système de sondage imaginé par M. Mulot mérite, par ses proportions gigantesques, de fixer l'attention. L'inventeur ne cherche pas à perforer les terrains au moyen de trous de sonde ordinaires ; il entreprend des forages de trois à quatre mètres de diamètre, pour faire le *fonçage des avaleresses*, ce qui veut dire faire des puits de mine perpendiculaires.

Cette méthode a pour but de traverser, sans l'aide de machines d'épuisement, le niveau d'eau qui se trouve dans chaque trou de sonde. Les outils qu'on emploie dans ce but ont des dimensions telles que leur manœuvre me semble difficile. Ainsi le trépan de 4 mètres, suspendu à une tige de 20 centimètres de diamètre, véritable cylindre en fer, demande, pour être retourné, des forces qui ne peuvent être produites qu'avec de grandes dépenses. Deux essais de ce procédé ont été faits, l'un à Styring près de la frontière de Prusse, l'autre dans le Pas-de-Calais; mais ils ont été abandonnés, quoique l'un des trous soit déjà arrivé à une profondeur de 65 mètres. Pour obtenir un résultat pratique, on s'est vu dans la nécessité de recourir aux moyens ordinaires, c'est-à-dire on a fait creuser les puits de mine par des ouvriers mineurs.

L'insuccès de ces tentatives, qui n'ont causé qu'une perte de temps et d'argent, ne peut cependant pas être attribué entièrement à la manœuvre du trépan, mais à la rupture du cuvelage. Faite avec des douves comme un tonneau, cette garniture du puits n'a pu résister à la pression de l'eau; elle s'est déformée, et a bouché l'ouverture du fonds. Il est possible qu'en appliquant des cylindres en tôle ou en fonte, ou en cerclant de fer les douves, on évitera la rupture du cuvelage. C'est une question à examiner; M. Mulot ne se laissera probablement pas décourager par cet insuccès partiel, et il obtiendra dans un prochain sondage le résultat désiré.

Quoique ces méthodes de sondage n'aient pas un rapport immédiat avec les chemins de fer et s'appliquent plutôt aux mines, il y a cependant opportunité à les citer. Des mines de toute sorte, principalement des houillères, se trouvent sur le parcours des railways qu'on établit quelquefois en vue de ces exploitations. Le personnel des ingénieurs des chemins de fer peut donc être consulté à cet égard, et dans ce cas, les indications précédentes ne seront pas sans intérêt pour lui.

§ 4. *La Sonde Palissy.*

Dans les chemins de fer, la sonde trouve quelquefois son application pour les travaux d'enfoncement des pilotis de fondations et des poteaux télégraphiques, et pour les travaux des tunnels et les puits d'aérage.

Les sondages horizontaux s'emploient pour l'assèchement des terrains qui forment les parois d'une tranchée.

Ce n'est que dans des cas exceptionnels qu'il faut sonder les ouvrages exécutés et vérifier le sol à une grande profondeur, et alors on descend dans l'eau au moyen de la cloche à plongeur et d'autres appareils dont il sera question en temps et lieu.

Pour le moment il ne s'agit que de vérifier le terrain sur lequel on veut construire le chemin de fer, et dans ce cas les petites sondes ordinaires remplissent les conditions voulues; on emploie souvent celle désignée sous le nom de *sonde de Palissy;* on sait que le célèbre potier Bernard de Palissy est l'inventeur de cet outil (fig. 7, pl. 1).

Deux tarières de cette espèce figurent dans les armes de la ville de Modène, qui passe pour avoir exécuté depuis longtemps des puits artésiens; elle est probablement la première en Europe qui ait fait usage de la sonde pour se procurer des fontaines.

Cette sonde de Palissy sert également pour l'exploration des terrains agricoles et pour les études de drainage.

Maintenant, la nature du terrain étant reconnue, on procède à l'exécution des terrassements et des fondations des travaux d'art.

Mais avant de les passer en revue, examinons les forces auxquelles les matériaux de construction sont sujets. Nous nous bornerons à des considérations générales qui trouveront leur application dans tous les cas spéciaux que nous aurons occasion de citer dans le cours de ce travail.

CHAPITRE V.

RÉSISTANCE DES MATÉRIAUX DE CONSTRUCTION.

Les matériaux employés généralement dans les travaux publics sont : les métaux, le fer ; les végétaux, le bois et les cordes ; et enfin les minéraux, la terre et les pierres.

Les forces auxquelles les matériaux de construction doivent résister sont celles qui produisent : l'extension, — la compression, — la flexion, — et la torsion.

J'examinerai la résistance sous ses quatre faces, en faisant ressortir surtout l'application de ces théories à l'établissement des chemins de fer et de leur matériel.

§ 1. *Extension.*

L'expérience prouve que les allongements de même que les raccourcissements ou contractions, sont proportionnels, dans certaines limites, aux forces qui les produisent. Cette réaction attractive ou répulsive est l'élasticité, laquelle une fois altérée entraîne l'extension permanente, et non pas la flexion permanente, comme on l'appelle quelquefois. La flexion est produite quand la force agit perpendiculairement sur l'axe du prisme, — qui est la force normale des matériaux soumis aux présentes recherches. L'extension permanente a lieu, — et c'est ici le cas — quand la direction de la force est parallèle à l'axe du prisme. Du reste, toute déformation est suivie de quelque altération, dans laquelle le temps et la durée d'action des efforts jouent un grand rôle.

Avant de passer à l'examen de l'extension des différents matériaux, il est utile de donner la définition du *coefficient ou module d'élasticité*, dont il sera souvent question ; c'est la force de la traction longitudinale, dans certaines limites, divisée par la section multipliée avec l'allongement élastique.

Résistance du fer à l'extension. Il résulte des essais qui ont été faits en France aux forges de la marine, à Guérigny, et en Angleterre, par M. Hodgkinson :

1° Que si l'élasticité du fer doux commence à s'altérer sous des charges moindres que celles que supporteraient des fers durs ou d'autres métaux, alors la rupture n'a lieu qu'après des allongements beaucoup plus considérables ; cette déformation est un indice, un avertissement de l'altération de l'élasticité, tandis que la rupture des métaux durs a lieu brusquement et sans qu'une altération notable de l'élasticité ait pu avertir de l'imminence de cette rupture ;

2° Que l'altération de l'élasticité étant une fois produite, les allongements croissent beaucoup plus rapidement par rapport aux charges qu'avant cette altération, et que par conséquent il importe, pour les constructions, de connaître la limite des charges d'extension à laquelle cette altération commence à se produire. De plus, afin que les vibrations et les efforts accidentels n'exposent pas les pièces à des efforts de traction et à des tensions qui puissent altérer leur élasticité, il est bon de calculer les dimensions de ces corps, en s'imposant la condition que la charge moyenne permanente qu'ils devront supporter ne produise pas des allongements supérieurs à la moitié environ de ceux pour lesquels commence l'altération de l'élasticité ;

3° Que la valeur du coefficient d'élasticité n'est à peu près constante qu'entre les limites où les allongements sont proportionnels aux charges.

En consultant le relevé des expériences dont les principes précédents sont les conclusions, et en les traduisant en chiffres, on obtient comme règle pratique :

« Que jusqu'à la charge de 15 kilogrammes par millimètre carré, les allongements croissent proportionnellement aux charges, et qu'il en est de même pour les allongements permanents ;

» Qu'au-delà de cette charge, et surtout à partir de celle de 18,74 kilogrammes par millimètre carré, les allongements totaux et les allongements permanents croissent très-rapidement, et plus que proportionnellement aux charges ; mais qu'à partir de la charge de 22 kilogrammes par millimètre carré, la proportionnalité des allongements recommence, mais dans un rapport plus grand que celui qui correspondait aux petites charges, et que les allongements permanents croissent très-rapidement et beaucoup plus vite que les allongements totaux à partir d'une charge de 15 kilogrammes par millimètre carré ;

» Et enfin, que les valeurs du module d'élasticité sont constantes, tant que les allongements sont proportionnels aux charges et tant que la valeur moyenne, d'après ces expériences, est de E = 19,816,440,000 kilogrammes. »

D'autres expériences donneraient le chiffre de 19,359,458,500. Mais je crois que dans la pratique, il suffit de prendre le coefficient donné par Navier, et qui est de 20,000,000,000. Il faudra même s'en tenir à ce dernier coefficient ; car, à mon avis, les expériences précédentes sont beaucoup plus théoriques que pratiques ; aucun expérimentateur n'a cherché à vérifier si le temps de durée, qui augmente les allongements permanents quand la charge reste suspendue, ne contribue pas aussi à les faire disparaître quand elle est enlevée ; à cette circonstance s'ajoute encore celle de la flexion ou du tassement des pièces de l'appareil d'expérimentation lui-même.

Dans les appréciations précédentes, on a fait abstraction du poids des pièces de fer soumises à l'extension ; mais dans les machines d'épuisement et dans les sondages, il est nécessaire de tenir compte du poids propre, souvent très-considérable, des tiges soumises à un effort de traction ; la longueur à laquelle il serait prudent de s'arrêter pour les tiges en fer à section uniforme, est de 1,039 mètres ; — une tige de 3,896 mètres se romprait sous son propre poids ; ce qui prouve que des tiges de sonde très-longues, comme celles du puits de Grenelle, doivent avoir la forme d'un tronc de pyramide renversé.

Résistance de la fonte à l'extension. — Des expériences analogues aux précédentes ont été faites sur la fonte de quatre espèces différentes, et les résultats en ont été représentés graphiquement ; on a pris les allongements pour abscisses et les charges pour ordonnées dans le tracé de la courbe. L'on a reconnu qu'entre des limites assez étendues et jusqu'à la charge d'environ 6 kilogrammes par millimètre carré, les allongements sont sensiblement proportionnels aux charges, ainsi que les allongements élastiques ; et que sous des charges plus grandes, les allongements croissent plus rapidement que les charges, mais néanmoins assez lentement.

Le coefficient moyen d'élasticité est $E = 9{,}096{,}070{,}000$ kilogrammes. Il varie depuis la plus faible charge essayée 0,74 kilogrammes par millimètre carré, jusqu'à la plus forte, qui a été de 10 kilog., l'allongement par mètre courant, dans ces limites, est de $\frac{1}{1{,}400}$; cette valeur varie de $\frac{1}{12}$ de la plus forte ou de la plus faible. La proportionnalité est moins exacte pour la fonte que pour le fer forgé. Dans l'un comme dans l'autre cas, la traction doit être dirigée dans le sens de l'axe de figure de la pièce ; car, appliquée le long de l'une des faces dans la direction des arêtes, elle produit la rupture par un effort égal au tiers de celui qu'il faudrait faire dans le premier cas.

Les expériences qui ont été faites dans le but de constater une différence de résistance dans les fontes fabriquées à l'air chaud ou à l'air froid, n'ont pas donné des résultats définitifs ; l'influence de la température de l'air sur la fonte n'agit pas toujours dans le même sens.

La résistance des cylindres contre une pression qui tend à augmenter leur diamètre ou à les faire éclater, peut facilement être déterminée par le calcul; pour que ces cylindres résistent d'une manière permanente, il faut donner à la pression une valeur bien inférieure à celle qui produirait la rupture par extension.

D'après la pratique ordinaire, adoptée par les constructeurs anglais, la pression sur les cylindres des presses hydrauliques ne dépasse pas 6 kilogrammes par millimètre carré. En France, on ne va pas aussi loin. M. Morin pense qu'il convient de ne pas dépasser un effort de 4,000 tonnes par mètre de surface.

Pour les *tuyaux de conduite des eaux et des gaz*, on ajoute à l'épaisseur déterminée pour résister à la pression intérieure, une épaisseur constante, afin de les mettre à l'abri des accidents et des chocs résultant du transport et de la pose, ce qui donne pour le fer un chiffre de 6,000,000 kilogrammes (au mètre carré) et de 2,170,000 pour la fonte applicable aux conduites d'eau, et un chiffre de 3,000,000 applicable aux *chaudières à vapeur*.

Quant à l'épaisseur de la partie cylindrique, qu'on donne également au fond ou à la base du cylindre qui oppose à l'arrachement une résistance plus grande que la surface latérale, — on se sert des mêmes chiffres; mais du moment où le fond ne fait pas corps avec le cylindre, et qu'il est assemblé par des boulons, la pression ne s'exerce plus sur le fond même, mais sur les boulons, dont le nombre, l'espacement et le diamètre sont faciles à calculer.

En appliquant ces données à l'une des presses à fourrage de l'Algérie, sorties des ateliers de constructeurs anglais, le général Morin trouve que l'épaisseur du métal n'est pas suffisante pour résister à une force de 600 tonnes (charge calculée de la soupape). Aussi est-il arrivé qu'un de ces cylindres s'est rompu brusquement de haut en bas et s'est séparé en deux parties, d'après un plan passant par l'axe; il en a été de même d'une des presses du pont-tube Britannia qui s'est rompue.

Les cylindres coulés présentent quelquefois des défauts qui proviennent, la plupart du temps, de l'inégalité de refroidissement et du retrait du métal en fusion, qui a pour suite des fissures imperceptibles à la vue, mais cependant capables d'occasionner des ruptures. Il en est de même des vides dans le corps du métal des presses hydrauliques, et dans lesquels l'eau peut s'introduire et occasionner l'explosion. On peut diminuer ces inconvénients en agrandissant, avec soin, dans le premier cas, les angles rentrants intérieurs des cylindres en fonte, et, en deuxième lieu, en insérant dans le canal de passage des presses un tuyau en cuivre rouge, afin d'empêcher l'eau de filtrer dans les chambres du métal.

L'application de cette théorie aux projectiles creux fait voir que la résistance d'une sphère à la rupture est la même que celle d'un cylindre creux de même diamètre.

Voici maintenant une dernière observation sur *l'énergie des efforts de la dilatation.* — On sait que si l'on remplit d'eau une sphère en fonte, et si on ferme solidement l'ouverture par une vis, puis si on la laisse exposée à la gelée, l'eau dont le volume augmente en se solidifiant, détermine la rupture de la bombe ; ce qui montre que l'eau exerce par sa force de dilatation un effort qui s'élève au moins à une pression de 1,228 atmosphères.

Résistances des tôles et de leurs assemblages. — Dans une série d'expériences, la rupture de la tôle a été sensiblement constante, tandis que l'allongement extrême correspondant à la rupture, a été au contraire très-irrégulier; la résistance des tôles dans le sens du laminage ou dans le sens transversal varie de 18 0/0 en faveur de la direction des fibres ; d'après un autre expérimentateur, il n'y aurait pas de différence sensible pour la résistance dans le sens des fibres ou dans le sens perpendiculaire.

Voici de quelle façon on peut formuler des conclusions pratiques :

« La solidité des plaques rivées une fois est à celle des plaques rivées double, comme 742 à 1,000.

» La solidité des plaques non rivées est à celle des plaques rivées deux fois, est à celle des plaques rivées une fois, comme 100 est à 70, est à 56.

» Les boulons ou rivets qui réunissent les plaques de tôle sont exposés à être rompus par glissement ou cisaillement transversal des fibres.

» La résistance à l'arrachement par glissement ou cisaillement transversal est proportionnelle à l'aire de la section transversale du boulon, et presque la même que celle d'une barre de même section que le boulon, exposée à une traction longitudinale.

» Enfin, pour proportionner les rivets ou les boulons à la force des tôles qu'ils doivent unir, il faut faire en sorte que la somme des sections des rivets d'un joint soit égale à l'aire de la tôle conservée entre les trous. »

Résistance des bois à l'extension. — Des expériences sur la résistance des bois à la rupture par extension, il résulte :

1° Que la résistance du chêne à la rupture par extension, est proportionnelle à la section transversale des pièces ;

2° Que cette résistance est indépendante de la longueur des pièces quand celle-ci est assez faible pour que le poids propre du solide n'entre pas en ligne de compte;

3° Qu'elle est moyennement de 9,76 kilogrammes par millimètre carré ;

4° Que les circonstances de la croissance du bois n'exercent pas une grande influence sur sa force.

La résistance comparée des câbles en chanvre goudronné ou en fils de fer a fait l'objet de nombreuses recherches et dont voici les principaux résultats. La résistance moyenne à la rupture des câbles de chanvre goudronné employé pour la marine anglaise, est de 4 kilogrammes par millimètre carré, valeur inférieure à celle admise dans la marine française.

Quant aux chaînes en fer, il paraît que le métal employé dans ce but perd de sa force, qui se trouve réduite dans le rapport de 40 à 34.

Pour déterminer les charges limites ou l'effort de traction qu'on peut faire supporter aux corps d'une manière permanente, il ne suffit pas d'appliquer la limite de la charge qu'une pièce donnée peut supporter par chaque unité de section ; pour les cas ordinaires de la pratique, il faut se mettre à l'abri de l'effet des surcharges et des efforts accidentels ; il est donc prudent de s'imposer la condition que la charge permanente soit telle que l'allongement ne dépasse pas la moitié de celui qui correspond à la limite d'élasticité.

Les résultats tirés des expériences directes sont malheureusement encore trop peu nombreux pour qu'on puisse en tirer des conclusions précises.

Dans les travaux, il convient d'admettre la moitié de la charge de la limite d'élasticité ; pour les constructions très-légères, on peut donner les trois quarts.

Des expériences concluantes manquent également sur l'influence du recuit pour les grosses pièces de fer, telles que les essieux, qui paraît les rapprocher de l'état cristallin. Le courant électrique altère pendant sa durée l'élasticité des métaux, qui reprennent leurs qualités primitives dès que le courant a cessé.

§ 2. *Compression.*

Les expériences faites en France sur la compressibilité des corps sont très-incomplètes. En y ajoutant celles faites en Angleterre, on peut tirer les conclusions pratiques suivantes, qui se rapportent aux bois, à la pierre et à la fonte.

Résistance du bois à la compression. — La charge d'écrasement portée à 420 kilogrammes par centimètre carré pour le chêne et pour le sapin de meilleure qualité, doit être réduite à 1/7 pour les charges permanentes.

Les travaux de Rondelet, de Gauthey et de Vicat donnent, à mon avis, pour un sujet aussi simple, tous les renseignements dont on peut avoir besoin dans la pratique.

Il en résulterait que la charge qu'on peut faire porter à des bois soumis aux efforts de compression, d'une manière permanente, est le tiers de celle qui produirait l'écrasement; c'est à ce rapport qu'on devrait s'arrêter pour obtenir la sécurité convenable.

L'ensemble des expériences sur *les pierres* et *les maçonneries* peut fournir les règles suivantes :

1° Les qualités physiques des pierres, telles que la dureté, la pesanteur spécifique, la couleur, ne peuvent pas servir d'indice pour juger exactement de la résistance ; il est nécessaire de recourir à des expériences spéciales sur chaque espèce de matériaux.

2° Dans une même carrière, des pierres qui proviennent du ciel ou *toit*, et du fond ou mur des couches, qui sont en général moins denses, sont aussi moins résistantes que celles du milieu.

3° Pour des figures semblables, la résistance est proportionnelle à l'aire des sections transversales.

4° Pour une même nature de pierre, la résistance est la plus grande possible, quand l'échantillon a la forme cubique.

5° La résistance d'un cube étant représentée par l'unité, celle du cylindre inscrit, posé sur la base, sera 0,80; celle du même cylindre, posé sur une arête, sera 0,32, et celle de la sphère inscrite 0.26.

6° Les pierres dures cèdent fort peu à la pression et se divisent tout à coup en lames et en aiguilles, sans consistance, qui se réduisent facilement en poussière.

7° Les pierres tendres se partagent, dans les premiers instants de la rupture, en pyramides ou en cônes, ayant pour bases les faces supérieures et inférieures.

8° La résistance des supports diminue d'autant plus qu'ils sont composés d'un plus grand nombre de parties.

9° Enfin, dans les constructions ordinaires on ne doit charger les maçonneries en pierre de taille et les maçonneries en moellons, que du vingtième du poids que pourraient supporter, sans s'écraser, les matériaux dont elles sont composées.

Les efforts de compression que l'on peut faire supporter avec sécurité et d'une manière permanente aux matériaux de maçonnerie, sont résumés dans un tableau qui comprend l'énumération des pierres volcaniques, calcaires, des briques, du plâtre et des mortiers. Ce travail, inséré dans le *Manuel du Constructeur en général et des Agents-voyers* (Encyclopédie-Roret), peut être consulté avec fruit. Il serait à désirer que des expériences semblables fussent faites sur l'usure des pierres par le frottement, c'est-à-dire les dalles ou autres matières dont on recouvre les trottoirs et les passages.

Résistance de la fonte à la compression.— Les expériences suivantes, sur les compressions élastiques et permanentes de la fonte, sont extraites du rapport de la commission d'enquête sur l'emploi du fer dans les railways, instituée en 1849 par le parlement anglais.

Les barres soumises à l'essai avaient 3m.05 de longueur sur 6c.q.45 de section; elles étaient contenues dans un bâtis en fer qui les empêchait de fléchir.

D'après ces expériences, les compressions, soit totales, soit élastiques, sont, entre des limites très-étendues, proportionnelles aux charges. Quant aux valeurs absolues des compressions permanentes, elles sont, jusqu'à des charges de 10 à 12 kilogrammes par millimètre carré, tellement faibles, que, dans la pratique, on peut les négliger.

La valeur du modèle d'élasticité pour la compression, ne diffère pas beaucoup de celle pour l'extension. La valeur en moyenne est E = 8,950,417,000 kilogrammes.

La résistance de la fonte à la rupture par l'écrasement est sensiblement proportionnelle à l'aire de la section transversale ; elle est de 4 à 8 fois aussi grande que la résistance à l'extension.

En comparant la résistance de la fonte à celle du fer, on remarque que la compression arrive plus tard, ou sous de plus fortes charges que pour le fer. Mais comme la fonte se déforme davantage à charge égale, il y a lieu, en général, de préférer le fer à la fonte.

Les lois sur la résistance et les dimensions des supports isolés en fonte sont encore très-peu connues ; celles données par la théorie sont loin d'être confirmées par la pratique. Il sera, dès-lors, toujours très-intéressant de consulter les essais qui ont été entrepris à ce sujet.

La question qui a pour la pratique une grande importance, est celle relative aux colonnes pleines et aux colonnes creuses. Les charges que ces dernières peuvent supporter avec sécurité sont plus fortes que celles des colonnes pleines, de même diamètre extérieur ; le diamètre intérieur devant être de 4/5 du diamètre extérieur.

Les efforts de compression ou de tension plusieurs fois répétés, exercent une influence notable sur l'allongement ou la compression permanente, par suite des modifications que le solide éprouve pendant ces efforts. Ces effets s'observent surtout dans les métaux coulés à de grandes profondeurs.

Un exemple remarquable dans ce genre a été observé sur une presse hydraulique destinée à produire des tuyaux de plomb continus, par l'action d'une pression exercée sur le plomb à l'état pâteux. La pression dans le cylindre s'élevait jusqu'à 13,600 atmosphères, et on essayait sans succès l'emploi de cylindres en fonte de 0m.305 d'épaisseur. Ils se déchiraient à l'intérieur et les fentes s'accroissaient graduellement jusqu'à l'extérieur. Une augmentation d'épaisseur ne produisait pas de surcroît dans la résistance, et après avoir brisé ainsi plusieurs cylindres de fonte, on eut recours à un cylindre en fer forgé de 0m.203 d'épaisseur.

Dans les premiers essais, le diamètre intérieur du cylindre s'augmenta tellement que le piston devint trop petit; on fit un nouveau piston plus fort qui bientôt fut aussi trop étroit; cet effet s'étant répété plusieurs fois, on était sur le point de renoncer même au cylindre de fer, lorsqu'en mesurant son diamètre extérieur on s'aperçut qu'il n'avait pas augmenté et l'on en conclut que le métal s'était comprimé et que cet effet devant avoir un terme, le cylindre pourrait atteindre le but proposé. C'est ce qui est arrivé, et par la suite, le cylindre en fer forgé a fait un très-bon usage.

La fonte est employée sous la forme *d'arcs dans les ponts de chemins de fer*. Toutes les parties d'un arc sont également comprimées par des efforts normaux à la section transversale. La principale charge d'un arc est le plus souvent son propre poids. La charge de ces sortes de ponts est d'ailleurs très-différente, selon les circonstances. La plus forte, de 4,40 kilogrammes par millimètre carré, est celle du pont d'Austerlitz, à Paris, démoli en 1853.

D'après les expériences sur la résistance de la fonte à la compression, l'élasticité ne s'altère que sous des pressions au-dessus de 16 à 17 kilogrammes par millimètre carré. Ce sont moins les charges, que les effets de contraction et de dilatation résultant des changements journaliers de température, qui sont une cause de fatigue considérable pour les ponts en fer; par suite de la fermeture et de l'ouverture opposées des joints, et dont les effets inverses ont lieu par le refroidissement. Ces variations produisent, tout comme les charges accidentelles, des exhaussements du cintre, aux dangers desquels on obvie en ayant soin de laisser agir librement la dilatation.

Passons maintenant aux expériences sur la flexion et la torsion.

§ 3. *Flexion.*

Dans toutes les expériences et toutes les théories établies dans le but de rechercher les circonstances qui accompagnent les phénomènes de la flexion, on a toujours considéré le solide posé horizontalement sur deux appuis et chargé verticalement suivant la direction de son axe. On a constaté comment la partie inférieure devenue convexe se déchirait, et comment la surface supérieure, devenue concave, s'écrasait sous les charges. Ces deux parties, l'une allongée, l'autre comprimée, se trouvent séparées par un plan qui ne s'allonge ni se comprime, et auquel on donne le nom de plan des fibres invariables, appelé quelquefois, mais improprement, *fibre neutre*. C'est sur l'existence de cette fibre invariable qu'est fondée la théorie actuelle de la résistance des corps à la flexion. Galilée, Leibnitz et Mariotte n'avaient pas admis cette maxime, appuyée maintenant par le calcul et la pratique. Par une expérience directe sur la compression et l'extension des fibres des solides fléchis, faite tout récemment au Conservatoire des arts et métiers, on a constaté d'une manière formelle l'existence de cette couche de fibres invariables, dont la position restait à déterminer.

Avant d'énumérer les résultats de ces expériences, je crois qu'il est indispensable de donner l'explication de plusieurs effets produits dans les corps fléchis par des efforts extérieurs.

Si un corps fibreux est sollicité par un certain nombre de forces extérieures agissant dans des directions quelconques, il cède d'abord à l'action de ces forces, et aussitôt se développent des réactions moléculaires qui constituent la résistance des fibres. Si ces efforts ou les effets qu'ils produisent ne dépassent pas les limites d'élasticité, le mouvement s'arrête, et l'équilibre entre les forces et les réactions moléculaires s'établit. Les conditions générales de l'équilibre entre les forces extérieures et les forces moléculaires dépendent des proportions des sections transversales. Comme cet équilibre a lieu pour toutes les sections du corps, on peut en rechercher les conditions pour chaque section, en considérant le reste du corps comme solidifié.

Parmi toutes les sections transversales dans le solide considéré, il en est une pour laquelle l'action de la charge a un moment plus considérable que pour les autres. C'est cette section qu'on a nommée la *section dangereuse*. De l'égalité des moments des résistances et de la charge, on peut tirer le moment d'inertie.

La discussion des expériences diverses et en particulier de celles de Hodgkinson conduit à conclure que pour la pratique des constructions on peut admettre l'égalité des résistances à l'extension et à la compression, les valeurs des modules d'élasticité étant sensiblement les mêmes.

Les solides d'égale résistance sont des corps qui dans toutes leurs sections présentent une résistance égale. Leurs conditions d'équilibre sont exprimées par le résultat de la division du moment des forces extérieures appliquées à une section donnée par le plus grand effort que l'on puisse avec sécurité faire subir à la fibre la plus allongée ou la plus comprimée; ce quotient doit être égal au moment d'inertie de la section précitée, divisé par la plus grande ordonnée de ce profil à partir de la fibre neutre.

La courbe élastique, ou simplement *l'élastique*, est la ligne qu'affecte un solide soumis à l'action d'une ou de plusieurs forces qui le font fléchir sans altérer son élasticité.

Les considérations sur les courbes élastiques ont principalement lieu dans la construction des navires, où il s'agit de faire prendre à des pièces de bois des formes obligées et où il faut calculer l'effort à exercer, soit pour les fléchir sur des gabaris, soit pour les maintenir dans l'état de flexion.

Dans la plupart des cas, il ne suffit pas de régler les charges ou les dimensions des corps, de manière qu'ils n'éprouvent pas d'altération permanente dans leur élasticité; il importe surtout de renfermer les flexions qu'ils peuvent prendre dans les limites convenables, pour le service qu'on en attend. Les flexions, qui doivent toujours être très-faibles, peuvent être calculées d'après des formules dont la démonstration élémentaire a été donnée par M. Poncelet. On y voit que la flèche de courbure d'un solide prismatique encastré à l'une de ses extrémités est proportionnelle à l'effort qui tend à le faire fléchir, qu'elle est proportionnelle au cube du bras de levier de cette force, et enfin qu'elle est en raison inverse de la valeur du module d'élasticité et en raison inverse du moment d'inertie de la section transversale du solide. La variation des flèches de courbure de divers matériaux a été observée directement, et les expériences nombreuses faites par divers auteurs ont vérifié dans des limites étendues les conclusions de la théorie.

Des considérations analogues s'appliquent à la flexion des corps à sections variables ; que la charge agisse à l'extrémité ou qu'elle soit uniformément répartie, ou enfin qu'elle agisse à une extrémité et avec une charge répartie uniformément.

Dans la pratique, on voit que les valeurs de la résistance qui représentent la charge qu'on peut faire supporter avec sécurité et d'une manière constante et durable à des solides, sont presque toutes inférieures à la moitié des valeurs pour lesquelles l'élasticité commencerait à s'altérer, et pour lesquelles les flexions cesseraient d'être proportionnelles. — La fonte seule fait exception à cette règle.

En se rendant compte d'une manière générale des phénomènes qui ont lieu dans les corps soumis à l'action des forces extérieures, tendant à les fléchir, on peut se convaincre que la théorie doit être basée sur des faits.

Depuis longtemps la pratique avait devancé la théorie, car la règle des charpentiers a fixé la proportion qui doit exister entre la portée et la hauteur du solide, ainsi que la proportion entre la base et la hauteur du parallélipipède.

Après avoir établi les formules pratiques à l'aide desquelles on calcule les charges qu'on peut faire supporter aux solides de formes diverses et les flexions qu'ils prennent sous ces charges, il reste encore à comparer ces formules avec celles obtenues par l'expérience, pour reconnaître jusqu'à quel point elles peuvent représenter les faits observés. C'est en discutant les résultats d'un grand nombre d'essais qu'on arrive à ce but.

De l'ensemble de toutes ces expériences entreprises lors de la construction des ponts de l'île d'Anglesey, on peut conclure immédiatement : qu'entre des limites assez étendues et qui dépassent celles des charges permanentes qu'on peut faire supporter aux corps avec sécurité, les flexions sont proportionnelles aux efforts qui les produisent et aux cubes des portées ; elles sont en raison inverse du produit de la largeur par le cube de l'épaisseur ; et si on représente ces résultats graphiquement, en prenant les charges pour abscisses et les flexions en demi-grandeur pour ordonnées, on obtient une ligne droite qui figure la proportionnalité des flexions aux charges.

On voit, en outre, que dans les limites où l'on prétend appliquer la théorie, celle-ci offre avec les résultats de l'expérience une concordance bien suffisante pour la pratique ; et on peut admettre, d'une manière générale, que la ligne des fibres invariables passe par le centre de gravité de la section transversale.

Les recherches sur la flexion se rapportent au *bois*, à la *fonte* et au *fer*.

Quant au *bois*, la différence dans la force de résistance contre la flexion des bois de diverse nature, ne pourra être constatée que par des expériences plus complètes et entreprises plus en grand que celles qu'on a faites jusqu'aujourd'hui.

Je passerai donc à l'examen des qualités de la *fonte*, et je remarque :

« Que dans les fontes où les flèches de courbure sont sensiblement proportionnelles aux charges, les flexions totales et leurs rapports aux charges sont proportionnelles aux cubes des portées, comme la théorie l'indique du reste ;

» Qu'entre ces mêmes limites, la résistance de la fonte à la compression étant sensiblement la même que la résistance à l'extension, la ligne des fibres invariables passe par le centre de gravité de la section transversale ;

» Que le procédé du mélange de rognures de fer forgé avec la fonte augmente la résistance à la rupture dans le rapport de 1,36 à 1 ;

» Que dans la flexion des barres de fonte, le coefficient d'élasticité est plus grand que celui qui a été déduit des expériences sur l'extension ;

» Enfin, que pour des tubes creux de diverses formes, la section carrée serait la plus avantageuse, à quantité égale de matière, pour supporter les charges permanentes ; après la section carrée viendrait celle circulaire, rectangulaire et elliptique.

» Poussée jusqu'à la rupture, cette classification comprendrait d'abord : l'ellipse, le cercle ou le rectangle, et en dernier lieu seulement le carré. »

Ces diverses recherches ont conduit à quelques résultats pratiques dont il faudra, à mon avis, tenir compte dans les travaux, et dont voici un aperçu :

» Les observations sur la résistance des pièces à nervures à la rupture, ont démontré que quand la flexion est renfermée dans certaines limites, il importe peu de placer la nervure en dessous ou en dessus ; mais dès qu'on arrive à la rupture, il devient évident que si le solide est posé librement sur deux points d'appui, il doit se rompre plus facilement que quand la nervure est en dessous et exposée à l'extension, que quand elle est en dessus et exposée à la compression.

» L'inverse a lieu s'il s'agit d'un solide encastré par l'une de ses extrémités.

» Les expériences sur l'inégalité de résistance à la rupture, que la fonte présente à la compression et à l'extension, ont démontré que dans l'emploi des solides en fonte, en forme de double T, employés généralement pour la construction des ponts de chemins de fer, il fallait donner à la section de la nervure inférieure, exposée à l'extension, une étendue beaucoup plus grande qu'à la nervure supérieure soumise à la compression.

» Pour la plus grande charge permanente des solives en fonte destinées à des ponts de chemin de fer, on n'adopte généralement que le cinquième et même le sixième de la charge de rupture. Pour les ponts ordinaires et surtout pour les constructions qui ne sont pas exposées à des vibrations, on admet des charges permanentes égales à un quart de celles de rupture. Dans les ponts des chemins de fer, les Anglais s'accordent à estimer la charge à 5,000 ou à 6,655 kilogrammes par mètre courant de voie. L'épreuve à faire subir aux solives n'excède que rarement le tiers de la charge de rupture. Il serait même préférable de n'employer que la charge réelle maxima, et d'observer les flexions dont la limite n'est pas calculable *à priori* d'une façon exacte, car elle dépend de la nature des fontes, et peut dès lors changer dans chaque cas d'application. En général, on compte que la flexion des poutres en fonte ne doit pas dépasser 1/600e de la portée, et qu'il est même préférable de la limiter à 1/2000e. »

Les expériences sur la *résistance du fer forgé* sont très-nombreuses ; elles présentent un côté pratique important, car elles ont eu lieu sur des pièces dont on se sert dans les constructions, et elles ont en cela un avantage incontestable sur des essais avec des modèles, qui ont toujours l'inconvénient de faire juger du petit au grand, et de mener à des conclusions douteuses.

Parmi ces expériences, il y en a de très-curieuses à plus d'un titre ; celles relatives à la résistance des tubes en fer forgé, soudés et sans rivets, sur les proportions usuelles des fers laminés à double T, offrent de nombreux exemples d'imitation.

Quelques-uns de ces essais fournissent une vérification de a proportionnalité des flexions aux charges pour les barres à double T, ainsi que la valeur des coefficients d'élasticité qu'il convient d'adopter pour les barres de ce genre.

Une série d'essais a été faite au Conservatoire des Arts et Métiers de Paris, pour servir de vérification aux expériences précédentes, dont elle a constaté la parfaite exactitude.

Voici de quelle manière on a procédé :

Les poutres étaient placées sur deux plaques épaisses de fer reposant elles-mêmes sur des supports en charpente ou en maçonnerie ; la distance entre les points d'appui a été constamment de 4 mètres. Un repère, tracé au milieu de la pièce avec une pointe fine, était observé à l'aide d'un cathétomètre, dont le vernier permettait de lire directement le centième de millimètre. La charge était distribuée dans dix-sept caisses de sapin disposées pour recevoir un certain nombre de projectiles dont le poids a toujours été vérifié préalablement sur une balance. »

L'application de la théorie et de tous les essais précédents sur la résistance du fer et de la fonte à flexion est résumée dans des considérations : nº 1, sur les tubes en tôle ou les ponts tubulaires ; nº 2, sur la charge admise dans les calculs des ponts de chemins de fer ; nº 3, sur les planchers en fer ; nº 4, enfin sur l'influence du mouvement de la charge.

« Nº 1. Les expériences sur *les tubes cylindriques*, el-

liptiques ou rectangulaires, faites par les ingénieurs anglais, ont prouvé que les tubes cédaient par la partie supérieure, qui se plissait sous l'effort de compression. C'est cette première observation qui a conduit M. Fairbairn à proposer l'emploi de plaques plus fortes pour le sommet que pour le fond; puis la forme cellulaire, qui a été définitivement adoptée par M. Stephenson. Pour les essais entrepris dans le but d'établir les proportions des ponts tubulaires des chemins de fer, on a construit un tube à sommet cellulaire, et dont le fond en feuille de tôle pouvait être successivement renforcé, jusqu'à ce qu'on fût arrivé graduellement à des proportions qui présentassent à peu près la même résistance pour le sommet à l'écrasement par compression, que pour le fond au déchirement par extension. Les dimensions des tubes à expérimenter furent fixées à un sixième de la grandeur réelle des ponts proposés.

» Il résultait de ces proportions, qu'en passant du modèle au tube réel, la section transversale résistante croissait dans le rapport de 1 : 36, et le poids du tube dans celui de 1 : 216. Cette expérimentation a donné la valeur du coefficient d'élasticité qui sert dans toutes les circonstances semblables et a déterminé les cotes pour les tubes en tôle. Ces essais préliminaires ont ensuite été contrôlés par des observations sur le tube du pont de Conway.

» Les formules obtenues par cette manière de procéder ne sont pas généralement employées. Plusieurs ingénieurs Anglais admettent que, par suite de la faible épaisseur relative du sommet et du fond du tube, toutes les fibres du sommet sont également comprimées et toutes celles du fond également étendues. Il faudra, à mon avis, s'en tenir toujours à la règle posée par la commission d'enquête, qui croit que le fer est altéré à une pression supérieure à 23,60 kilogrammes par millimètre carré pour l'extension, et de 18,60 kilogrammes par millimètre carré pour la compression, ce qui donne le rapport de 5 à 4.

» N° 2. Les ingénieurs anglais paraissent admettre dans leurs calculs *des charges à supporter par les ponts des chemins de fer*, qu'un train pèse une tonne par pied courant, ou 3,33 tonnes par mètre courant, ce qui peut paraître excessif, surtout pour les ponts tubulaires, dans lesquels les trains ne doivent jamais se croiser. La charge du pont de Conway n'est approximativement que le tiers du chiffre précédent, en comprenant même le poids propre du tube, qui est, en général, plus considérable que la charge qu'il aurait à porter. Dans la pratique, il faut avoir égard à cette circonstance, et donner au tube la forme d'un arc, qui après la mise en place se baisse, et qui rentre ainsi dans la ligne droite; car il importe pour l'exploitation que la voie du chemin de fer soit horizontale.

Pour établir ce calcul sur la résistance des tubes, on adopte pour règle principale de considérer la partie supérieure comprimée de la même grandeur que la partie inférieure est allongée, et d'admettre que le moment de la moitié de la charge, pris par rapport à section du milieu, est égal au moment de la résistance de chacune de ses parties. Ce calcul doit subir naturellement des modifications, du moment où ces deux résistances n'ont pas une valeur égale. Quant aux détails de construction des tubes et des assemblages des têtes, il est à conseiller de s'en référer au travail publié par M. Clark.

» N° 3. *Les planchers en fer* sont d'un emploi général aujourd'hui. Le prix de ces constructions est à peu près le même que celui des planchers en bois. Les planchers en fer sont composés de barres de fer méplat, posées de champ, et qui, enfoncées de 0m.30 dans les murs, forment les solives principales, que l'on écarte habituellement de 0.m75. Trois épreuves ont été faites sur ces planchers, et elles démontrent que ce mode de construction offre toutes la sécurité nécessaire.

» N° 4. *L'influence du mouvement et la charge sur la flexion des solides qui la supportent* n'avait pas été fixée avec exactitude. Cette question acquiert une haute importance pour le passage des trains de chemins de fer marchant à grande vitesse. L'effet du surcroît de la flexion sur l'augmentation de vitesse, dont bien des personnes contestent encore aujourd'hui la réalité, se trouve expliqué par un développement de force centrifuge sur la pièce courbée, et dont l'action normale à cette courbure concourt, avec le poids de la charge, à augmenter la flexion et même à produire la rupture; car l'effet de cette force centrifuge ou l'accroissement de pression qu'elle peut produire, est en raison du carré de la vitesse et en raison inverse du rayon de courbure.

» Il restait à rechercher la limite dans laquelle cette explication était admissible; on a donc eu recours à des expériences faites en Angleterre par des officiers de la marine britannique. Les dispositions prises pour arriver à des résultats satisfaisants étaient très-simples. Des barres de fonte, de près de 3 mètres de portée, ont été disposées de manière à faire partie d'un petit chemin de fer horizontal raccordé avec des plans inclinés, au moyen desquels un chariot abandonné à lui-même pouvait acquérir une vitesse considérable. Des appareils ingénieux, servant de flectomètres, traçaient pendant le passage des charges les flexions des barres.

» L'examen des tableaux de flexion démontrent : que les flexions *maxima* prises par les solides augmentent avec la vitesse; que la rupture a lieu sous des charges de plus en plus faibles, à mesure que la vitesse devient plus grande; — et enfin que la rupture a lieu, en général, à des points situés au-delà du milieu de la longueur des barres, et qu'elle se produit souvent en plusieurs endroits différents à la fois. »

En discutant le résultat de ces essais, il faut remarquer encore que la force centrifuge dépend de la masse du corps en mouvement, de sa vitesse et du rayon de courbure correspondant à la flexion. Or, ce rayon dépend lui-même de la pression dans laquelle la force centrifuge entre pour une partie souvent très-considérable. L'observation démontre que le point de la plus grande flexion n'est pas au milieu des barres, et sa position est ainsi très-difficile à déterminer exactement ; mais s'il ne paraît pas possible de fixer rigoureusement toutes les circonstances qui se produisent dans de semblables mouvements, l'on peut néanmoins s'en rendre un compte approximatif en prenant en considération que le rayon de courbure d'un solide chargé, abstraction faite de on poids propre, est égal au carré de la demi-portée, divisé par trois fois la flèche de courbure. On calculerait donc facilement l'intensité de la force centrifuge développée dans un as donné, si l'on avait la valeur de la flexion correspondante chaque charge.

La tendance pratique de ces recherches devrait être l'appréciation *à priori* des effets de la vitesse des trains de chemins de fer sur les rails et surtout sur les ponts. Les éléments de ces calculs, appuyés sur des expériences, se trouvent onsignés dans un tableau dressé par les officiers anglais ; ils ont fait figurer le poids et la vitesse du chariot, la flexion u repos, la flexion pendant le mouvement et l'effort total xercé sur les barres, qui est égal à la charge sur chaque arre, plus la valeur de la force centrifuge. Dans la plupart es cas, les efforts totaux ont atteint ou dépassé la charge de upture au repos ; ce qui rend évidente l'action de la force entrifuge dans le passage rapide des trains. Pour les grandes tesses, l'intensité de la force centrifuge atteint et dépasse ême de beaucoup le double du poids du chariot ; et comme tte force est proportionnelle au carré de la vitesse et à la èche de courbure, on peut s'arrêter à cette conclusion pratique, qu'il y a avantage à employer les matériaux et les rmes qui donnent lieu aux moindres flexions. Ainsi, on dea préférer les matériaux pour lesquels le module d'élasticité a la plus grande valeur. Par ce motif, le fer sera choisi plutôt que la fonte et que le bois.

Ces mêmes expériences ont donné lieu à des recherches théoriques très-intéressantes pour la science, mais dont les calculs sont trop compliqués pour être d'une application directe. Du reste une partie de ces essais ont commencé avec des charges, et par conséquent sous des flexions qui dépassaient déjà de beaucoup celles que l'on peut admettre pour des constructions permanentes.

Cette question peut être considérée comme résolue.

L'influence de la vitesse de passage est donc rendue manifeste par ces expériences, et l'action de la force centrifuge dans cet état est incontestable; mais, comme il faut toujours un certain temps pour que les flexions se produisent, et que cette force qui en dépend se développe pendant le passage, il arrive qu'au-delà de certaines limites de vitesse, l'effet ou la flexion diminue au lieu d'augmenter.

Charpentes. — Pour terminer les recherches sur les phénomènes de la résistance des corps contre la flexion, il ne me reste plus qu'à examiner ceux qui se produisent dans les charpentes, principalement dans celles en fer, dont l'usage se répand chaque jour davantage.

Ce qui distingue, relativement à la théorie, les charpentes des autres constructions, c'est que les pièces qui les composent se trouvent presque toujours dans une position inclinée. On peut considérer l'équilibre des charpentes dans deux situations :

« 1° Des pièces inclinées, dont l'une est encastrée à un bout et soumise à deux forces respectivement horizontale et verticale;

» 2° D'un solide incliné encastré à une extrémité et soumis à deux forces, l'une horizontale, l'autre verticale, agissant à son extrémité et à une force uniformément répartie sur toute la longueur. »

Les équations qui expriment leur relation d'équilibre sont applicables à toutes les pièces de charpente et surtout aux arbalétriers, et elles donnent lieu à des observations : sur la condition qui rend la flexion égale à zéro ; — sur les charges des toitures par mètre carré de superficie ; — sur les dimensions des arbalétriers et des tirants ; — et sur l'emploi des fers à T.

Pour soumettre les données théoriques aux épreuves, on peut prendre pour exemple plusieurs charpentes des gares des chemins de fer de Paris, et leur appliquer ces formules avec lesquelles on a pu calculer les tensions dont la valeur a, en outre, été évaluée par des mesurages directs au moyen de dynamomètres ; ce qui a permis de vérifier et constater l'exactitude des calculs.

J'arrive maintenant au dernier, au quatrième paragraphe de la résistance des matériaux contre des efforts extérieurs et qui comprend la torsion.

§ 4. *Torsion.*

Les matières employées dans les travaux publics ne sont jamais soumises aux effets d'une torsion dont l'action soit continue. Les pièces des machines seules, telles que les arbres de transmission de mouvement, les manivelles et surtout les essieux des voitures de chemins de fer, ont à résister aux forces combinées de la torsion et de la flexion.

La théorie de la torsion repose sur le principe de la proportionnalité des déplacements absolus de chaque section du corps tordu à leur distance de l'axe de rotation ; ou en d'autres termes, les déplacements angulaires sont constants ; ou encore, toutes les molécules qui se trouvaient sur une même ligne ou rayon passant par l'axe avant la torsion, se retrouvent sur le même rayon après la torsion.

Les expériences faites sur la résistance des diverses sortes de fer sont très-curieuses, mais elles n'offrent pas un intérêt d'une application directe; car dans les machines, les pièces de transmission de mouvement ne sont pas uniquement soumises à la torsion, et leur diamètre ne peut être déterminé que par des règles pratiques.

Telles sont les considérations générales sur la résistance des matériaux. Quant aux détails, aux chiffres, aux données d'expériences, et quant à la nature des matériaux, nous allons nous en référer aux manuels dont il a été question.

Le deuxième volume du *Manuel des Ponts-et-Chaussées* comprend un aperçu détaillé des matériaux. — Le *Manuel du Constructeur* donne, dans des tableaux correctement établis, toutes les formules et tous les chiffres dont on peut avoir besoin dans les constructions. Ces ouvrages font partie de l'*Encyclopédie-Roret*.

CHAPITRE VI.

LES FONDATIONS DES OUVRAGES D'ART.

La partie difficile des ouvrages d'art, c'est leur fondation dans l'eau courante qui de tous temps a fixé l'attention des ingénieurs, et leur a causé bien des soucis et des veilles. — Dans les fondations sous l'eau, on ne voit pas trop ce qu'on fait et l'on ne sait pas trop ce qui s'y passe. La preuve c'est que les ponts s'écroulent, malgré l'attestation formelle que leurs fondations sont solides.

Quand les affouillements ont lieu au-dessous des piles des ponts et les menacent d'une destruction complète, chaque seconde qui s'écoule procure au constructeur de poignantes inquiétudes. Réputation, responsabilité, position, tout est en jeu dans cette circonstance. On comprend donc facilement quelle importance on donne à ces travaux qui ont formé l'objet de la méditation de tous les esprits sérieux.

Commençons par fixer les idées par la classification des diverses fondations, que nous pouvons emprunter à la seconde partie du *Manuel des Ponts-et-Chaussées* ; cette classification est fondée sur la nature du terrain :

1° Le terrain non affouillable, tel que le roc ;

2° Le terrain affouillable, comme le gravier, ce qui est le cas le plus difficile ;

3° Le terrain compressible, tel que la tourbe, cas heureusement très-rare.

Les anciens systèmes de fondation comprennent les bâtardeaux qui ne peuvent pas se placer à une grande profondeur à cause du prix élevé de l'épuisement des eaux souterraines; il en est de même des caissons échoués. En second lieu, figurent les pilotis qui souvent ne peuvent être enfoncés à des profondeurs suffisantes pour donner la résistance nécessaire ; enfin le béton, une des inventions récentes — renouvelée du reste des Romains qui l'appelaient l'*opus incertum*, — est d'une manutention difficile au fond de l'eau.

Il n'y a pas de règle précise à établir à ce sujet ; il faut toujours chercher à descendre jusque sur le sol non affouillable, et souvent traverser des terrains durs, mais qui ne résisteraient pas à l'action corrosive des eaux, ou garantir les fondations au moyen d'un radier général ; et si on ne le fait pas, on commet une faute dont on se repent tôt ou tard, car la solidité des ouvrages est compromise, et leur chute en est la conséquence infaillible dans un délai plus ou moins éloigné, ce qui malheureusement est arrivé déjà souvent, et ce qui malheureusement arrivera encore, si l'on ne se pénètre pas fortement de ce principe.

§ 1. *Les Screw-piles.*

On se rappelle peut-être ces immenses vrilles sans manches déposées dans la galerie du bord de l'eau du palais de l'exposition industrielle de 1855. C'étaient effectivement des vrilles destinées à perforer le sol et à y rester fixées, pour servir de supports dans l'eau ou dans les terrains marécageux, aux fondations des ouvrages d'art, tels que les ponts, les phares, les murs de quai, les jetées et les stations de chemins de fer.

Ces pieux à vis, ou screw-piles, inventés par l'ingénieur anglais M. Mitchell, consistent en des cylindres de fer forgé, terminés à leur partie inférieure par un disque d'un mètre de diamètre, à surface hélicoïdale. Pour enfoncer cette espèce de tarière, il suffit d'imprimer, au moyen de cabestans, un mouvement de rotation à la tige et d'y appuyer; la vis s'insinue dans le sol jusqu'à ce que le terrain offre une résistance absolue. Quand les screw-piles doivent servir d'amarre, en place d'ancres ordinaires, on n'a qu'à enlever, après l'opération de l'enfoncement, la tige pour y substituer une chaîne; on peut même employer une tige creuse dans laquelle glisse la chaîne.

Ces amarres offrent plus de sécurité que les ancres marines, attendu qu'elles peuvent être descendues à une très-grande profondeur, et qu'elles ne sont pas sujettes à être arrachées à la suite du mouvement érosif des eaux ou à la suite de la traction violente d'un navire battu par la tempête.

Les screw-piles rendent d'incontestables services en Angleterre. Leur introduction en France serait un progrès notable; ils remplaceraient avantageusement des pièces en bois dont le battage est si dispendieux, ou des pieux en sable; pour faire ces derniers, il faut battre des pilots, les extraire ensuite, jeter dans le trou du sable qui est pilonné avec un boulet qu'on y laisse tomber; on fonde là-dessus ensuite comme à l'ordinaire; il va sans dire que cette dernière opération n'a de succès que dans les terrains à l'abri des eaux courantes.

Quant à la sécurité que ces screw-piles peuvent offrir dans le sol affouillable, ce qui veut dire susceptible d'être enlevé par les eaux, elle est de plus haute valeur dans les constructions hydrauliques pour préserver les passages des rivières d'une prompte destruction.

Les ponts qui sont emportés par les grandes eaux ont presque toujours eu pour fondement des constructions faites légèrement. On se plaît à attribuer à des causes de force majeure des accidents qui auraient pu être prévenus par des études plus consciencieuses. On néglige souvent de se mettre à l'abri des crues extraordinaires et à se garantir contre les chocs soit des bois de flottage, soit des bateaux échoués, qui forment obstacle devant les piles ou qui se jettent contre les fondations, qu'elles entraînent; les eaux se creusent alors un passage en dessous en lavant le béton et en l'emportant par morceaux; il s'établit des excavations dans lesquelles s'engloutissent bientôt les maçonneries; le tablier suit les piles, et tout le pont disparaît.

Telle est la marche ordinaire de ce désastre. Pour l'éviter, je le répète, on n'a qu'à descendre le plan des fondations jusque sur le terrain solide, ou à établir un fond résistant au milieu de la rivière, en y échouant dans toute sa largeur d'immenses blocs de pierre, ce qui constitue un radier général.

Les screw-piles offrent aussi une solution facile et économique de ce problème, et c'est dans ce but surtout qu'ils ont été cités.

§ 2. *Les fondations tubulaires.*

L'extension donnée depuis quelque temps aux travaux publics et l'obligation de les exécuter avec promptitude et économie, ont fait rechercher de nouvelles méthodes des fondations des ouvrages d'art.

Abordons maintenant l'examen des moyens employés en Angleterre, où de grands progrès se sont manifestés.

Le premier de ces progrès concerne les pilotis. L'idéal du

battage des pieux serait de réduire la chute en les enfonçant par la compression ; ce serait le pieu à vis, le *screw-pile* dont nous avons déjà parlé.

Le second progrès se trouverait dans les fondations tubulaires en métal qui sont pratiquées de trois manières : à l'aide d'une action mécanique directe, par le vide ou la pression atmosphérique, enfin par l'air comprimé (fig. 8, pl. 1).

Jetons un coup-d'œil rapide sur ces systèmes.

En 1852, M. Brunel employa le premier de ces systèmes : il descendit successivement les uns au-dessus des autres des séries de tubes annulaires en fonte, de 2,50 mètres de diamètre et de hauteur, à travers la vase où ils pénétraient presque par leur seul poids. On a dragué la vase dans l'intérieur des tubes pour aider à leur enfoncement; ce travail terminé, on les a remplis de béton et on a ainsi produit des colonnes très-solides ; sur cette fondation on a placé deux rangs de colonnes en fonte qui supportent le tablier à 30 mètres hors de l'eau et à 58 mètres au-dessus du terrain solide.

Ce système est très-simple, et ne présente rien de particulier dans l'exécution.

Le deuxième procédé est celui du docteur Pott, qui emploie le vide atmosphérique.

Dès 1845, le docteur Pott avait pris une patente en Angleterre pour établir des fondations en terrain compressible, à l'aide du vide atmosphérique ; c'était l'application en grand de la machine pneumatique. L'inventeur posait sur le sol des tubes creux fermés hermétiquement à leur sommet, d'où partait un conduit aboutissant à une machine pneumatique.

Il raréfiait l'air dans l'intérieur du cylindre, et la pression atmosphérique pesant sur l'extérieur tendait à enfoncer dans le sol ce pilot à base tranchante ; on aidait à l'enfoncement par l'addition de surcharges sur le tube.

L'un des premiers essais que l'on fit de cette idée, très-féconde, eut lieu dans des sables. L'expérience se fit comparativement sur un tube de 0m,76 de diamètre et sur une barre de fer de 0m.076 de diamètre. La raréfaction de l'air dans le tube le fit pénétrer de 9m.92 dans un sable peu résistant, en six heures de travail. Sur le même lieu et dans le même espace de temps, la barre de fer, frappée avec un mouton, n'était descendue que de 3m.40, à raison de 0,025 par 46 coups de mouton. Cet essai donnait au procédé Pott l'avantage de l'économie du temps employé, et de la facilité d'exécution. La pression extérieure faisait remonter le terrain dans l'intérieur du tube que l'on ouvrait alors pour le déblayer ; puis, le tube refermé, on faisait de nouveau le vide, et la même opération était répétée.

Voyons maintenant les applications que ce système a reçues sur les chemins de fer.

M. Robert Stéphenson fit la première application du système Pott sur la continuation du chemin de l'Ouest anglais qui aboutit aujourd'hui à Holyhead (dans le pays de Galles), pour la fondation d'un viaduc sis près de Holyhead, à la traversée du bras de mer de l'île d'Anglesey. Il fonda sur 14 ilots tubulaires en fer de 0m.35 de diamètre la pile centrale de ce viaduc, sous 1,20 d'eaux (basses) et 3 à 4 mètres d'épaisseur de sable. Cette pile eut 21 mètres de hauteur et 1m.22 de largeur. Sur la tête des pilots est posée une plaque de fonte ou plate-forme générale qui sert de base à la construction.— Le courant de l'eau était rapide, mais les tubes ne l'obstruaient que peu. Ces tubes avaient 4m.88 de longueur totale, il fallait les enfoncer de 3m.60; pour ce faire, chaque tube était recouvert d'un chapeau luté avec de la glaise, et l'air intérieur aspiré par une pompe pneumatique manœuvrée par quatre hommes, placée sur le rivage; l'enfoncement était de $0^m.68$ par minute. Les tubes étant enfoncés, on a dragué la vase qui était entrée à l'intérieur. —Cette opération conduite d'après la méthode du docteur Pott, s'est faite très-expéditivement et a donné des résultats excellents. Chaque pilot supporte 26 tonnes, ou 26 kil. 71 par centimètre carré.

Depuis on a perfectionné l'application du procédé Pott en évitant l'enlèvement du chapeau ou de la calotte pendant l'enfoncement, car il est nécessaire de vider les tubes de temps en temps. On a fait emploi d'un double cylindre intérieur dans lequel on opère le vide; les matières y montent, et on l'enlève quand il est plein, sans avoir à se servir de pelles ni de dragues.

On avait cru dans le principe que ces tubes ne résisteraient pas sans l'aide d'un remplissage; des expériences ont démontré qu'il n'en est pas ainsi; les tubes seuls résistent par leur matière. Cependant, sur le pont de la Great Pee Dee dans les Etats-Unis d'Amérique, on a rempli les tubes avec du sable, qui par sa pression latérale contribue à la stabilité du pont, comme si les piles étaient fondées sur du sable.

§ 3. *Appréciation du système tubulaire.*

L'enfoncement des tubes par le vide est une utilisation peu coûteuse et peu difficile de la pression atmosphérique et qui offre les avantages suivants :

1° Les appareils sont en dehors des fondations.

2° La pénétration des pilots peut se faire dans toutes les directions, même horizontalement, tandis que dans le battage le mouton n'a plus d'action au-delà d'une inclinaison de 30°.

3° Il faut moins de travaux préparatoires que dans le système ordinaire ; pas d'échafauds dans l'eau, pas de sonnettes coûteuses à établir et à transporter.

4° Comme les pieux à vis, les tubes pénètrent dans les sables où l'enfoncement par le choc du mouton serait presque impossible.

Examinons encore une dernière question : quel diamètre faut-il donner aux pilots tubulaires ; ce diamètre doit-il être grand ou petit ?

Au point de vue du travail à opérer, l'enfoncement est proportionnel à la surface du chapeau du pieu, soit au carré du diamètre du couvercle. D'un autre côté la résistance à vaincre est représentée par la surface du cylindre multipliée par sa hauteur d'enchaussement. Donc la résistance varie comme le diamètre du cylindre, et la puissance utile varie comme le carré de ce diamètre. A ce point de vue, il y a intérêt à augmenter ce diamètre des tubes pour atteindre e plus économiquement possible le terrain solide.

Mais si l'on craint de ne pas arriver au terrain solide et que l'on veuille compter sur la résistance du frottement vertical, on devra chercher à créer la plus grande surface de contact du tube avec le sol, ce qu'on obtiendra en augmentant le nombre des tubes et en diminuant leur diamètre.

Le désir de perfectionner encore le système Pott a donné aissance à l'emploi de l'air comprimé, afin de déterminer ans les tubes une pression assez grande pour empêcher introduction de l'eau pendant que les ouvriers travailleraient ans l'intérieur de ces tubes.

C'est en commençant les travaux d'une pile du pont de ochester, qu'on rencontra les fondations en bois et maçonerie d'un ancien pont ; c'est cette circonstance qui obligea modifier le procédé Pott. — L'ingénieur anglais se rappela s moyens employés à Angers pour foncer un puits de mine ous la Loire, dans des sables perméables, à travers lesquels n atteignit à une profondeur considérable une couche de ouille à exploiter. On y avait enfoncé par l'air comprimé, un atelier de fonçage, une chambre d'équilibre et une chambre débouchant à l'air libre ; lorsqu'on avait comprimé par une machine foulante l'air dans la partie inférieure, on ouvrait la communication, et les ouvriers pénétraient dans l'atelier du fonçage où l'on entretenait une pression suffisante pour refouler l'eau hors de leur atteinte ; les déblais fouillés étaient rejetés dans la chambre immédiatement supérieure, d'où on les emportait au dehors après avoir fermé la trappe inférieure.

Ce procédé eut un plein succès. On appliqua un appareil analogue en Angleterre, mais on le modifia ainsi : Les chambres d'équilibre se trouvent à la partie supérieure de l'appareil dans le nouveau système ; tandis que dans le système primitif on avait placé la chambre de pression à la partie inférieure. Après avoir foncé ses tubes par le vide jusqu'à la partie résistante, on comprima l'air dans la pile et on continua le déblai malgré les difficultés du sol ; l'eau se trouvant refoulée jusqu'à la base des tubes, les ouvriers pouvaient y travailler librement. C'est l'inverse du procédé Pott ; on peut ainsi pénétrer à de très-grandes profondeurs, puisque même sous 20 mètres d'eau les travailleurs n'ont à supporter qu'une pression de deux atmosphères sous laquelle ils peuvent agir.

Il ne reste plus, après avoir décrit l'origine du procédé de fondation tubulaire par l'air comprimé, que de le définir sommairement :

On ferme hermétiquement le tube supérieur à son sommet en boulonnant sur la nervure du joint une plaque circulaire en fer. Cette plaque est percée de deux trous par lesquels on introduit deux cages ou chambres d'équilibre placées, moitié à l'intérieur de la pile, moitié au dehors. Chacune de ces chambres est pourvue à sa partie supérieure d'un clapet que l'air comprimé maintient fermé, et d'une autre ouverture sise latéralement, semblable à une porte. A l'intérieur de la pile, entre les deux chambres d'équilibre, est une grue manœuvrée par un treuil qui sert pour monter les déblais dans des seaux et les déposer dans les chambres d'équilibre. Ces chambres sont mises alternativement en rapport avec l'air libre et avec l'intérieur du tube par l'une ou l'autre de leurs ouvertures; elles peuvent donc recevoir les déblais, qui sont enlevés de là par un treuil placé au sommet de la pile. Lorsque la pile s'est enfoncée de la hauteur d'un tube, on enlève le tube supérieur, avec son couvercle et les chambres d'équilibre pour ajouter une nouvelle section à la colonne, et on le replace ensuite pour continuer le fonçage.

La pression de l'air intérieur rendrait la pile très-instable si on ne la chargeait de poids équilibrés réunis par un fléau reposant sur le tube supérieur; cette charge est disposée de telle sorte qu'on puisse facilement faire cesser son action lorsqu'il est besoin. Il faut des poids énormes; ce système qui a été employé à Rochester est d'une application difficile, il peut entraîner des désastres.

§ 4. *Applications du système tubulaire.*

Le système des fondations tubulaires a aussi été employé en Egypte (pont de Benha, sur le Nil, pour le chemin de fer d'Alexandrie au Caire). — Mais l'application la plus monumentale qui en ait été faite est la fondation du pont de Saltash, exécuté par M. Brunel, l'ingénieur du tunnel de la Tamise.

L'arche principale du pont de Saltash, dont il sera question ultérieurement, a 120 mètres d'ouverture, 14 mètres de moins seulement que la travée principale du pont Britannia. — On avait à rechercher dans le sol une assiette considérable sous 20 mètres de profondeur d'eau et 5 de vase, soit ensemble 25 mètres, ce qui exigeait une grande pression (deux atmosphères et demie) entretenue dans une capacité considérable, car la base de la pile avait 10 mètres de diamètre. M. Brunel employa cependant la compression de l'air, mais avec un artifice ; au lieu de chercher à enfoncer une seule série de tubes de 10 mètres de diamètre, il fit enfoncer en même temps deux tubes concentriques de 6 et de 10 mètres de diamètre.

Le couvercle, les chambres d'équilibre, la compression de l'air, tout cela ne s'appliquait qu'à l'espace annulaire compris entre ces tubes ; en même temps on épuisait l'eau, qui, malgré la compression, pouvait se présenter à la partie inférieure. Arrivé au fond solide, on a maçonné toute la partie annulaire qui a formé un bâtardeau très-résistant, assis sur un fond inébranlable, étanché par la base et par le pourtour ; on a pu facilement déblayer la partie centrale et la maçonner à l'air libre.

Tandis qu'en Angleterre plus de cinquante constructions reposent sur des *pieux à vis* ou sur des *pilots tubes* enfoncés, soit par le vide, soit par l'air comprimé, ou bien encore par l'action seule de la pesanteur, nous n'avons encore à signaler, en France, que le pont de Neuville, près du Mans ; on y a fait usage de tubes de 1,80 de diamètre, composés de six segments boulonnés, enfoncés au moyen du procédé mécanique inauguré par Brunel.

La reconstruction du pont de la Quarantaine, sur la Saône, à Lyon, a été confiée à des entrepreneurs anglais, cessionnaires des brevets Pott.

Nous devons parler, à ce sujet, d'un appareil présenté à l'exposition universelle de 1855.

L'étude des méthodes anglaises, faite au point de vue théorique, a donné lieu à ce projet, qui n'a pas encore reçu d'application, mais qui promet de bons résultats et semble donner une solution du problème des fondations, plus complète encore que celle obtenue à Rochester. — Cet appareil a pour but de produire le chargement et la direction normale des tubes à enfoncer dans le sol.

Pour le cas le plus ordinaire qui est celui des travaux hydrauliques, on propose de disposer quatre bateaux assemblés rectangulairement, ayant à mi-hauteur un plancher qui les partage en deux parties, dont l'une, la partie supérieure, peut être emplie d'eau. L'un de ces bateaux contient une petite machine à vapeur, une presse hydraulique et une pompe foulante : ce sont les engins pour la manœuvre de l'appareil, qui peut servir à fonder trois colonnes circulaires. Les bateaux portent un échafaudage formé de quatre palées reliées par des moises ; il se trouve un seul pieu dans l'intervalle de deux palées. En faisant agir la presse hydraulique, on applique tout le poids de cet échafaudage (bateaux compris) sur les tubes ; s'il est insuffisant, on augmente la charge en remplissant d'eau la partie supérieure des bateaux ; il est évident que les tubes n'ont rien à porter lorsque les bateaux flottent, et que tout ce système presse sur les tubes lorsqu'on vient à soulever les bateaux de manière à ce qu'ils ne flottent plus. Cet appareil sert aussi à diriger les pieux, il évite l'écueil rencontré à Rochester ; le problème, s'il n'est pas résolu, est au moins très-bien posé.

Un système de trois pilots en fonte d'environ 3 mètres de diamètre chacun, et 2 centimètres d'épaisseur, enfoncés simultanément, peut être chargé de plus de 800 tonnes ; sur 5400 centimètres carrés de surface, cela fait 160 kilogrammes par centimètre carré, condition éminemment favorable, excellente épreuve de la résistance du sol qui est ainsi chargé de cinq à dix fois le poids qu'il devra porter sous l'édifice en construction.

Le principe des fondations tubulaires est intéressant ; maintenant il reste à savoir si cette solution est pratique et économique. — La simplicité de ces constructions et la facilité de les descendre à de grandes profondeurs sont incontestables. La rapidité de l'exécution de ce système, et surtout la liberté qu'il laisse à la navigation, lui assurent la supériorité sur tous les autres modes de fondations, sous le rapport de l'économie. Ce système donne un avantage réel à cause de la facilité de son installation et d'une ouverture prompte de la circulation du chemin de fer.

De plus amples détails sur cette manière de fonder se trouvent dans l'excellent journal intitulé : *Nouvelles Annales de la construction*, publication rapide et économique des documents les plus récents et les plus intéressants, relatifs à la construction française et étrangère, — dirigé par M. C.-A. Oppermann, ingénieur des ponts-et-chaussées.

CHAPITRE VII.

LES TRAVAUX DE TERRASSEMENTS.

§ 1. *Construction des déblais et remblais.*

Dans la construction des routes empierrées et des fortifications, le mouvement des terres a une grande importance; mais c'est dans les chemins de fer et les canaux qu'il occupe, à part les ouvrages d'art exceptionnels, la première place, car il s'agit de millions de mètres cubes de terre à déplacer.

La limite à laquelle on cesse de faire des déblais ou des remblais pour leur substituer des tunnels, des aqueducs et des viaducs, est difficile à fixer *à priori*; elle dépend des circonstances locales, du taux du salaire et du prix des matériaux. Généralement, quand la hauteur des déblais excède 16 mètres dans les terrains durs, on perce un tunnel; quand l'élévation des remblais dépasse 10 mètres sur une grande étendue, on construit des arcades; mais ce choix ne peut être fixé définitivement que d'après des projets comparatifs.

Les grands terrassements, dont l'Allemagne nous offre les exemples les plus remarquables, n'ont pas le mérite d'une exécution rapide et économique, par suite du manque de procédés perfectionnés.

Des milliers d'individus ont jeté pelletées de terre sur pelletées de terre pour abaisser la montagne au niveau de la vallée, et le contraste entre les moyens employés et les résultats obtenus, quelque gigantesques qu'ils soient, doit frapper d'étonnement tout observateur qui sait apprécier les effets des forces mécaniques que les hommes savent mettre en œuvre dans d'autres circonstances. Il y a beaucoup d'analogie, quant au mode d'établissement, entre ces immenses masses de terres déplacées et quelques ouvrages construits dans l'antiquité.

Les pyramides étaient élevées au moyen de plans inclinés en terre, qu'on prolongeait de plusieurs lieues souvent, à cause de la pente, pour arriver au sommet; les esclaves y traînaient péniblement les pierres de taille et en formaient des assises de maçonnerie.

Ces pyramides, qui avaient toujours été considérées par les peuples modernes comme des monuments inutiles, viennent d'être réhabilitées. Il est admis aujourd'hui qu'elles servaient de phares aux bateliers du Nil lors des inondations; orientées astronomiquement, elles formaient des points de repère aux caravanes égarées dans les sables du Sahara. Ces pyramides étaient indiquées pendant la nuit par des feux de bitume allumés à leur sommet. Les rois conquérants savaient aussi en tirer parti : ils en faisaient des stations de signaux. De pareilles constructions, indiquant un plan préconçu, ont été découvertes, il y a quelques années, en Amérique. Il est temps de cesser cette digression et de revenir aux chemins de fer.

Heureusement, les travaux publics actuels sont d'une utilité plus directe, et sans ces grands remblais on ne saurait trop comment on franchirait les bas-fonds, tout en restant dans les limites d'une construction économique et d'une exploitation régulière.

Enlever les terres par des tranchées, des déblais, et en faire des terrasses, des remblais, ou travailler par *voie de compensation*; quand le transport à de grandes distances devient trop coûteux, chercher plus loin ces terres, ou faire des *emprunts*; exécuter enfin ce travail le plus sûrement, le plus rapidement et surtout le plus économiquement possible, tel est le problème.

Plusieurs moyens se présentent pour arriver à cette solution :

Des hommes et des femmes piochent la terre et la portent dans des paniers. C'est là le procédé primitif encore en usage en Espagne. Le chemin de fer d'Egypte a aussi été construit de cette façon. Les terrassements du chemin de Naples à Castellamare ont été exécutés en grande partie par des femmes.

Comme deuxième moyen de transport, on se sert de tombereaux ou de brouettes; de ces dernières il y a plus de deux millions en France. On dit que c'est Pascal qui a inventé ce modeste et indispensable véhicule.

Enfin, comme moyen expéditif, on se sert de la gravité et de la vapeur; les wagons chargés sont abandonnés à leur propre poids, ou ils sont mis en mouvement par des locomotives à quatre roues réformées. La vapeur est employée quand la distance de transport dépasse 700 mètres. Pour hâter le déchargement des vagons, on les fait rouler sur une espèce de pont de bois dont l'une des extrémités repose sur le remblai et l'autre sur un échafaud, une ferme, qui avance sur un petit chemin de fer, absolument comme les machines à décharger les bateaux à pierres de taille sur le quai d'Orsay, à Paris. Ce pont locomobile s'appelle en termes d'atelier une *baleine*.

Les transports ont lieu sur deux espèces de voies. La voie

avec rails définitifs, c'est-à-dire ceux qui servent ensuite pour l'établissement du chemin de fer, possède une solidité plus grande et peut supporter des charges plus considérables. La voie formée avec des rails d'entrepreneurs est d'un établissement moins coûteux.

Comme dernier exemple de transport, on peut citer la méthode employée lors des fortifications au bois de Boulogne ; elle consistait à remplir dans les fossés de petits vagons qu'on élevait par un manége à la hauteur du mur d'escarpe; arrivés là, on les plaçait, pour être transportés plus loin, sur un chemin de fer à la Palmer, formé d'un seul cours de rails.

L'exécution des travaux de terrassements au vagon forme l'objet d'une industrie spéciale; elle a été introduite par des entrepreneurs anglais en France et s'y est développée en fort peu de temps.

L'idée de remplacer le travail des hommes par des moteurs mécaniques a pris naissance dans un pays où la réunion l'un grand nombre d'ouvriers est difficile. C'est en Amérique qu'on a inventé l'excavateur, qui est une espèce de mahine locomobile pour draguer la terre ferme; il se compose l'une grue tournant d'un demi-tour sur elle-même ; du bec le cette grue descend une chaîne pour relever ou pour abaiser le *scoop* ou baquet avec des dents en acier qui entaille u pioche le terrain; à l'arrière de cette grue se trouve la haudière à vapeur qui fait marcher tout le mécanisme; il aut moins d'une minute pour remplir un vagon. Cet excaateur a été employé en Amérique, en Angleterre, et sur le hemin de Saint-Pétersbourg à Moscou. Quatre de ces mahines, construites à Paris, ont fonctionné sur les chemins du lord et du Hâvre. Le prix de ces appareils est encore trop levé en France, comparativement à la main d'œuvre; ceendant, dans d'autres conditions, ils rendraient de grands ervices : en terrain facile, l'excavateur fait le travail de uatre-vingt-dix ouvriers.

L'avenir se chargera de résoudre cette question, et on emploiera certes ces machines dès que les salaires des terrassiers seront plus considérables.

§ 2. *Terrains dangereux.*

Disons un mot des terrassements dangereux. Ce sont ceux qui, en glissant ou en s'ébranlant, peuvent occasionner de grands désastres. Des talus descendus sur la voie forment des encombrements contre lesquels se heurtent les voitures lancées à grande vitesse ; des remblais tassés inégalement, ou des terres enlevées par les pluies ou les eaux d'inondation, mettent les supports des chemins de fer à nu et causent des déraillements ; enfin, on a vu des routes se déplacer sur une assez grande étendue, et on en était venu à changer la direction du tracé. Des parties de montagne ont aussi changé de place en donnant lieu à de terribles catastrophes.

Dans la longue pratique des travaux de fortification, le maréchal Vauban a souvent eu à combattre les effets du glissement des terrains. A la fin du XVIIIe siècle, Perronet, premier ingénieur des *turcies et levées* (des travaux de digues contre les inondations), signale dans ses écrits ces accidents.

La cause de ces glissements est parfaitement connue : dès que l'équilibre d'un terrain placé sur une couche inclinée d'argile ou de terre glaise, se trouvera rompu par suite d'un remblai ou d'un déblai, ce terrain descendra sur cette surface inclinée, qui aura été rendue lisse et savonneuse par l'infiltration des eaux de source ou de pluie.

Les artifices pour éviter ces mouvements et pour réparer les dégâts dans les travaux, comprennent : le desséchement des couches par le drainage ou par l'établissement de pierrées. Quand ces moyens ne suffisent pas, on enlève les terres dangereuses au moyen de tranchées auxiliaires.

Il y a encore une autre espèce de danger qu'il ne faut pas passer sous silence : c'est le tassement inégal des remblais.

Les terres remuées occupent un volume plus considérable

jue quand elles sont en place; elles *foisonnent*. C'est à ce oisonnement, qui est d'un septième du volume primitif, ju'il faut avoir égard; il cesse quand les terres ont tassé par 'effet du temps ou par des moyens mécaniques.

Telles sont les questions principales qui se rapportent aux ravaux de terrassements; nous avons dû les examiner dans eurs détails, car elles ne tarderont pas à être soulevées de ouveau et à donner lieu à de nombreux commentaires. Déjà n parle, au sujet des dernières inondations, de détourne- nents de fleuves, de transports de terre sur les montagnes, e creusement de lit de rivières, de reconstructions de gran- es digues, travaux qui tous se réduisent à des déblais et à es remblais.

On a beaucoup écrit sur les terrassements. Parmi les pu- lications spéciales, la plus pratique est celle intitulée : *Ma- uel du Terrassier et de l'Entrepreneur de Terrassements*, ar MM. Etienne et Masson, ingénieurs civils (*Encyclopédie- oret*).

Ce manuel est divisé en quatre chapitres : terrassements, ansports, organisation des chantiers, excavations souter- .ines et travaux accessoires.

Ce cadre embrasse tous les cas qui peuvent se présenter ır le terrain, et il laisse peu à dire sur cette matière.

C'est dans quelques détails pratiques surtout, que ce ma- ıel se distingue des autres publications faites sur le même ıjet.

§ 3. *Les travaux défensifs contre les neiges.*

Comme travaux accessoires de consolidation et de garantie : la voie de chemin de fer, on peut considérer les ouvrages 'ant pour but d'éviter les encombrements par les neiges.

L'accumulation des neiges est due à leur nature, à la force

et à la direction du vent, enfin au climat et à la position topographique des endroits exposés.

Il y a deux espèces de neige, relativement à l'objet qui nous préoccupe : la neige humide, qui, par suite de l'adhésion de ses molécules, n'est pas divisée et n'est pas entraînée facilement par le vent, elle n'est pas dangereuse ; la neige sèche ou poudreuse qui rase la terre au moindre souffle d'air, et se forme dès que le vent devient fort, en tourbillons qui la déposent par grandes masses, au fur et à mesure que le vent perd de son intensité, dans les bas-fonds. De nombreuses observations à ce sujet ont été faites sur les chemins de fer du nord de l'Allemagne ; elles peuvent se résumer ainsi :

1° Les chemins de fer en déblais ne risquent pas d'être enfouis sous la neige quand ils sont entourés de forêts ou quand leur tracé suit la direction des courants de neige.

2° Des arbres, des broussailles, plantés le long des chemins rompent la violence du vent et forcent la neige à tomber suivant une ligne verticale.

3° les vents qui soufflent dans la direction du chemin de fer le débarrassent de la neige.

4° Si le chemin de fer placé en rase campagne ou sur des hauteurs, croise le vent, il est comblé dans ses parties en déblais de peu de profondeur ; dans les grandes tranchées au contraire les neiges restent accumulées sur la crête des talus ; les courants d'air cessent dans ces tranchées et la neige y tombe tranquillement et d'une manière uniforme comme dans les forêts.

5° Le cas le moins défavorable quand le chemin croise le vent, est celui où les rails sont au niveau du terrain naturel ; le vent rase sans empêchement le chemin qui est alors couvert comme les champs environnants.

6° Les grands remblais offrent l'inconvénient que le vent, rasant la terre, se brise à leur crête, tourbillonne sur la voie et dépose la neige sur les rails du côté où il arrive.

7° Dans tous les cas, les remblais sont moins exposés que les tranchées.

8° Les neiges sèches dangereuses arrivent par les vents du Nord et de l'Ouest, et sont toujours accompagnées des froids les plus rigoureux.

Les effets des neiges, quelquefois très-suprenants, dépendent de la direction des vallées, des forêts et de la position des villages. Souvent les endroits placés dans les conditions les plus défavorables à la première vue, sont épargnés; tandis que d'autres localités qui semblent n'avoir pas à souffrir, sont couvertes dès les premières neiges.

On ne s'est pas encore préoccupé dans l'établissement d'une route ferrée, des modifications à apporter au tracé en vue de placer la voie en dehors des atteintes des neiges.

Voici comment on agit pour assurer la libre circulation sur la voie de fer. On a vu que les neiges qui tombent tranquillement quand il fait doux, ne s'accumulent pas sur le chemin; on peut les enlever au moyen de balais attachés aux locomotives. Les neiges sèches poudreuses, qui se forment dans les froids rigoureux, s'élèvent en tourbillons, au moindre vent, à de très-grandes hauteurs, et se déposent pendant le calme dans les bas-fonds: ce sont là les neiges dangereuses.

En France on les évite par des plantations de haies, par l'établissement de treillis placés dans la direction du courant des neiges; le vent s'y trouve brisé et la neige s'y dépose.

En Allemagne, on considère comme le meilleur moyen de garantir les chemins de fer de ces encombrements, les plantations de bosquets entourés de haies de sapins et l'élargissement de la tranchée par une banquette du côté du vent; les talus, peu inclinés dans ce cas, seraient surmontés de parapets ou de cavaliers en terre. On emploie en outre des branches de sapins, des haies vives, des palissades, des treillis et des digues, qui sont mis sur plusieurs rangs parallèles, à moins qu'un massif d'arbres ne se trouve à proximité.

Cette question avait été discutée dans le sein de la Société des Ingénieurs civils de Berlin, qui est d'avis que l'établissement de bosquets avec des haies de sapin forme le meilleur préservatif contre les neiges. — Les frais n'en sont pas considérables; les dépenses ne comprennent que l'achat de terrain dont on peut toujours tirer parti en cas de non-réussite. Ces plantations servent d'embellissement et fournissent du bois.

On a remarqué que les digues exigent des banquettes d'au moins 4 mètres de largeur, et coûtent des terrassements et des terrains. Ce sont les palissades en traverses qui ont réussi également; mais la neige accumulée y reste trop longtemps et empêche les semailles de pousser.

Pour obvier à ces inconvénients, on vient de faire des essais avec une nouvelle étoffe en laine, un véritable paraneige, qui est tendue le long du chemin; le prix de revient est de 1 fr. par mètre courant, pose comprise. Cette étoffe coûte moins cher que les palissades faites avec de vieilles traverses, les digues ou les haies.

L'inventeur de cette étoffe garantit pendant quinze ans la durée de ses paraneiges, à la condition qu'on les enlève au printemps, pour les replacer au commencement de la mauvaise saison.

Ces travaux rentrent dans ceux de l'entretien de la voie; ce n'est que l'expérience qui puisse indiquer les endroits exposés aux neiges; des dissertations théoriques ne conduiraient à aucun résultat. En attendant, il faut faire un appel au zèle et au dévouement des employés, pour maintenir la circulation et pour éviter les accidents.

Dès qu'on néglige les précautions indiquées ou dès que les études météorologiques ne sont pas encore assez complètes pour l'établissement de ces travaux préservatifs, la voie peut être encombrée. On la déblaie au moyen de machines : des traîneaux de neige qui sont tirés par des ouvriers rendent de bons services quand la couche de neige n'est pas trop épaisse ; la charrue de neige est attachée à un vagon fortement chargé avec des rails et poussé par la locomotive ; cependant, cette charrue ne fait que déplacer la neige ; des ouvriers sont ensuite chargés de la sortir de la voie.

Si dans un temps très-court les neiges s'accumulent en trop grandes masses, on appelle au secours du chemin de fer les troupes en cantonnement dans les endroits riverains ; on leur adjoint des brigades d'ouvriers ; tout ce monde enlève à la hâte, avec des pelles, les amas de neiges, sauf à recommencer, le cas échéant, ce même exercice du tonneau des Danaïdes.

Ce serait une occasion nettement définie pour les inventeurs de porter leurs investigations sur un objet d'une utilité démontrée. Il s'agirait de combiner une machine capable de déblayer les chemins de fer, ou de trouver, pour éviter les encombrements, un moyen encore plus efficace que les treillis et les plantations. — Quant à la nouvelle machine à inventer, elle serait peut-être facile à construire : une grande pelle serait appliquée à la locomotive et mise en mouvement par la force de la vapeur ; cette pelle serait poussée dans la neige, s'y remplirait, et déposerait son contenu dans un endroit convenable.

Telles sont les précautions à employer pour garantir la voie du chemin de fer. Pour maintenir les talus, on les couvre de gazon ou de pierrés ; ces travaux sont analysés avec soin dans le *Manuel du Terrassier*, auquel il y a lieu de se référer ainsi que je viens de le dire.

Les terrassements s'exécutent en même temps que les travaux d'art, qui comprennent les diverses espèces de ponts en dessus ou en dessous du chemin de fer.

CHAPITRE VIII.

LES OUVRAGES D'ART.

Les mots pont et viaduc donnent toujours lieu à une confusion ; faisons-la cesser en appelant *pont*, un passage sur un cours d'eau, et *viaduc*, un passage sur tout espace vide.

Dans ces ouvrages, comme du reste dans beaucoup d'autres, la classification est arbitraire ; on peut distinguer les ponts d'après leur ouverture, d'après les localités, divisons-les d'après les matériaux dont ils se composent :

Les ponts en pierre ; les ponts en bois ; les ponts en métal, qui comprennent : les arcs en fonte, les poutres droites, les tubes en tôle droite, les treillis, enfin les tubes ou parois en arc.

Tous ces ponts se divisent en ponts droits et ponts biais.

Quant aux ponts en fil de fer, ils rentrent dans la catégorie des constructions dangereuses ; on ne les a appliquées que dans les circonstances exceptionnelles.

Quand les remblais commencent à avoir de très-grandes hauteurs, on songe à les remplacer par des viaducs. A quelle limite cesse le remblai ? Où commence le viaduc ? En France les viaducs commencent plus tôt qu'en Allemagne, où l'on trouve des remblais d'une hauteur qui ne serait pas admise sur nos lignes ; cette limite est fixée par des considérations locales.

Les deux viaducs les plus remarquables des chemins allemands, et peut-être du monde entier, se trouvent sur le chemin de fer appelé saxon-bavarois, de Leipzig à Hoff, station près de la frontière de Bavière. Deux vallées, l'une de 80 mètres de hauteur et de 600 mètres de largeur, l'autre de 70 mètres de hauteur et de 400 mètres de largeur, ont été franchies par le railway. Un de ces viaducs, composé de quatre étages d'arcades, n'est pas exempt de reproches. L'avant-projet n'avait pas été dressé avec tous les soins possibles. Ce n'est que dans le cours des travaux qu'on a fait les sondages nécessaires d'après lesquels il a été reconnu que le sol incompressible se trouvait à une profondeur telle qu'on a dû modifier l'emplacement des piles en les espaçant d'une manière inégale en quelques endroits ; on a ainsi altéré gravement le caractère architectural de ce monument, en rompant l'unité et la continuité des lignes.

Le deuxième viaduc a été commencé un peu plus tard que le premier ; on a profité de l'expérience acquise et on lui a donné plus de légèreté et d'élégance (fig. 9 et 10, pl. 1).

Ces travaux, remarquables sous plus d'un rapport, datent de dix ans et ont encore le mérite d'être les premiers dans ce genre exécutés en Europe ; leur description et surtout les phases par lesquelles ils ont passé, forment l'objet de deux opuscules intitulés : « *Histoire du chemin de fer de l'Etat saxon-bavarois* (1850), » et « *Description des viaducs en Saxe et du plan incliné en Bavière.* » Une traduction de ce dernier écrit est insérée dans les *Annales des ponts-et-chaussées* (1er cahier de 1854).

Ces deux écrits devront être consultés par tous les ingénieurs chargés des études d'un projet de viaduc tant soit peu important.

Quant aux viaducs de moindre dimension, ils sont très-nombreux en Allemagne. Lorsqu'ils sont placés dans les raccordements, les voies sont courbes, mais les maçonneries sont polygonales.

§ 1. *Les Ponts en maçonnerie.*

Les ponts en maçonnerie, dans les chemins de fer, ne diffèrent en quoi que ce soit des ponts ordinaires ; tels on les a construits il y a des siècles, tels on les construit encore aujourd'hui. Les procédés mécaniques se sont introduits; voilà la seule différence. On cherche toujours à donner à ces travaux un caractère monumental; tous les peuples rivalisent à ce sujet.

C'est dans les livres spéciaux sur la construction des ponts, qu'on devra chercher les renseignements nécessaires; comme la matière est la même, et comme la forme n'a pas changé, les anciens auteurs sont toujours nos maîtres.

La théorie générale des ponts s'applique aussi bien aux routes qu'aux chemins de fer. C'est dans le *Manuel des Ponts-et-Chaussées*, faisant partie de l'*Encyclopédie-Roret*, qu'on trouvera toutes les considérations sur le régime des rivières, sur l'emplacement des ponts et leur débouché. Des tables spéciales pour calculer ces dimensions y sont annexées.

La coupe des pierres, ou la *stéréotomie*, forme la base de la construction des ponts en maçonnerie (les éléments de cet art sont renfermés dans un Manuel spécial intitulé : *Coupe des Pierres*, avec Atlas (*Encyclopédie-Roret*). Il y est joint un vocabulaire auquel on peut se référer pour tous les termes techniques usités dans la stéréotomie; un vocabulaire semblable est joint au *Manuel du Maçon-Plâtrier*, dans lequel on trouve toutes les explications des difficultés qui peuvent se présenter dans les travaux de maçonnerie.

Cette importante catégorie de constructions est, en Allemagne, dans un état d'infériorité manifeste relativement à la France. Il est vrai que chez nous l'abondance et la bonne qualité des matériaux, le cachet de durée et l'aspect monumental qu'on tient à donner aux travaux publics, ont fait aux ingénieurs une véritable spécialité des ouvrages en maçonnerie. La timidité de leurs confrères d'outre-Rhin dans la construction des voûtes, dit M. C. Couche, dans son travail sur les chemins de fer d'Allemagne, tient d'ailleurs en partie à ce que les fondations hydrauliques y sont moins perfectionnées.

M. Couche reproche à ces ingénieurs le manque de hardiesse; il serait dangereux de professer de pareils principes au sujet de la hardiesse, qui ne consiste, en définitive, qu'à faire des arcs très-surbaissés, avec de faibles épaisseurs à la clef, et à établir des piles sur des fondations très-légères, ce qui constitue une véritable faute. Il me semble que sous ce dernier rapport les ingénieurs allemands sont beaucoup trop hardis; il est vrai que leurs arches ne s'écroulent pas par manque de flèche, mais leurs ponts sont emportés par les hautes eaux à des intervalles beaucoup trop rapprochés pour la réputation des constructeurs. Ces désastres tiennent en grande partie à l'insuffisance du débouché.

En fait d'établissement de travaux publics, la prudence est une qualité essentielle, et à ce titre on peut recommander une instruction émanée du gouvernement hanovrien, que je crois devoir relater; les formules adoptées pour la détermination des épaisseurs se résument ainsi :

1° Epaisseur de la voûte $= d$
Ouverture $= w$
Flèche $= \mathrm{H}$

$$d = \frac{3}{4}\,(0.292) + \frac{1}{48}\,\frac{w_2}{\mathrm{H}} \text{ pour les briques.}$$

$$d = \frac{3}{4}\,(0.292) + \frac{1}{96}\,\frac{w^2}{\mathrm{H}} \text{ pour la pierre de taille.}$$

2° Epaisseur de la culée $= a$
Hauteur de la culée $= h$

$$a = 0.292 + \frac{1}{6}\,h + \frac{w}{8}\left(\frac{3\,w - \mathrm{H}}{w + \mathrm{H}}\right)$$

3° Epaisseur des piles $= e = 0.292 + 2\,d$

4° L'épaisseur moyenne des murs en ailes et des murs en retour est $= \frac{1}{2}\,h$ pour les dimensions ordinaires.

§ 2. *Les Ponts biais.*

Les constructions les plus difficiles en pierre sont, sans contredit, les ponts biais ; ils ne sont pas en faveur auprès de plusieurs ingénieurs, qui n'attribuent qu'une stabilité douteuse à ces ouvrages et les évitent presque toujours. Cela tient peut-être aussi au manque d'enseignement de ces sortes de travaux.

Beaucoup de publications ont été faites à ce sujet ; mais ces écrits recommandables sous plus d'un rapport se tiennent dans la sphère des hautes théories, et s'adressent plus spécialement aux mathématiciens. M. Prosper Praly s'est donc proposé d'indiquer le côté pratique de la question dans sa brochure intitulée : *Etudes sur la construction des voûtes biaisés.* Ce travail peut se diviser en deux parties : dans l'une sont décrits sommairement les appareils biais en usage ; dans l'autre se trouve résumée l'étude de l'appareil hélicoïdal appliqué aux voûtes biaises elliptiques.

Voici le résumé de la première partie :

Les voûtes biaises n'ont été pratiquées pendant longtemps qu'en architecture ; pour les routes ordinaires on a préféré souvent faire dévier l'axe du tracé. C'est depuis la construction des chemins de fer sur une vaste échelle que ces sortes de ponts se sont développés.

Autrefois on faisait des voûtes obliques en les appareillant comme des voûtes ordinaires, sans chercher à modifier les angles des voussoirs de tête.

Actuellement on applique les coupes biaises tant pour éviter les inconvénients de l'acuité des angles dans la pierre que pour atténuer autant que possible et neutraliser même les effets de la poussée au vide qui tend à chasser les voussoirs des têtes en dehors de ces voûtes ; mais on n'établit ces constructions qu'à des angles plus petits que 63 degrés ; au-dessus de 63 degrés les angles des voussoirs résistent à la pression.

Quelques constructeurs ont émis l'avis qu'il n'y avait lieu d'employer des appareils spéciaux dans les voûtes biaises que lorsque l'angle des biais ne dépasse pas certaines limites; mais comme il est impossible de fixer une limite précise, il est toujours prudent d'avoir recours aux ressources de la stéréotomie.

Plusieurs appareils ont été exécutés, ils comprennent :

Les zônes biaises;

Les zônes droites;

Le biais passé ;

L'appareil orthogonal parallèle ;

L'appareil orthogonal convergent;

Enfin l'appareil hélicoïdal.

1° *Le système des zônes biaises* consiste à diviser le corps de la voûte en tranches transversales, qui décomposent la douelle en petites voûtes isolées les unes des autres, limitées par des plans verticaux parallèles aux têtes et reliées à leur partie inférieure, depuis l'angle de rupture, au moyen de maçonneries de remplissage. Ces tranches se projettent horizontalement suivant des parallélogrammes; de là le nom de zônes biaises. Cette disposition est insuffisante pour neutraliser l'action de la poussée au vide.

2° *Les zônes droites* reposent sur la division de la voûte en petites voûtes droites accolées et en retraite les unes des autres. La proportion horizontale de chacune de ces parties forme un rectangle, de là le nom de zône droite. Ce système donne lieu à un développement considérable d'arêtes et de parements vus, et à une augmentation de largeur des arches.

3° On obtient le *système du biais passé ou corne de vache* quand on mène par le centre du parallélogramme qui forme le plan horizontal des naissances de la voûte, une ligne perpendiculaire aux plans de tête, et quand on considère cette ligne, appelée axe des joints, comme la directrice de tou les plans de joints de la voûte.

Pour ne pas couper la surface de douelle par les plans d joints suivant les ellipses, on modifie dans la pratique ce pro cédé en substituant au cylindre oblique qui forme la douell une surface réglée qui a pour génératrice une ligne droite et pour directrices les deux axes de tête et l'axe des joints Cet appareil n'est applicable qu'aux petites voûtes.

4° *L'appareil orthogonal parallèle* résulte de la division d la voûte en une infinité de zônes parallèles aux têtes. On obtient ainsi un système de lignes de joints composées de courbes parallèles aux plans de tête pour les joints transversau et coupées à angle droit par une autre série de courbes ou trajectoires formant les joints longitudinaux continus.

Cet appareil présente des difficultés dans l'application ; i a en outre le défaut d'offrir une variation continuelle dans l largeur d'une même zône de douelle comprise entre deux trajectoires, ce qui entraîne la variation de largeur dans un même cours de moellons.

5° *L'appareil orthogonal convergent* ne diffère du précédent qu'en ce que les joints transversaux, au lieu d'être formés par des sections parallèles aux têtes, sont déterminés par des plans verticaux qui se coupent suivant l'intersection commune des plans de tête et de section droite prolongée. Ces deux derniers plans limitent intérieurement et extérieurement la portion de la voûte qui doit être appareillée suivant le système orthogonal convergent.

Ce mode d'appareil fait disparaître les coupes biaises vers les têtes, et remédie en même temps au principal défaut signalé dans l'appareil orthogonal parallèle, mais l'application en est difficile et exige notamment des calculs assez laborieux.

Tels sont les divers appareils actuellement en usage, dont

s défauts peuvent être évités par l'emploi de l'appareil hé-coïdal.

6° *L'appareil hélicoïdal* avec son application aux voûtes liptiques, comprend : la description et le tracé de cet ap-ıreil; les moyens pratiques de construction des voûtes biai-s; enfin l'analyse des mouvements auxquels elles donnent eu.

Examinons maintenant les phases par lesquelles passe né-issairement un projet de pont biais avant d'être exécuté et vré à la circulation.

I. *Appareil hélicoïdal.*

L'idée de développer un appareil qui réunit les diverses nditions de stabilité, d'élégance et de facilité d'exécution, été inspirée à M. Praly par une remarque faite dans l'ou-'age de M. Watson-Buck, intitulé : *Practical and theoreti-ıl essay on oblique bridges.* Cet ingénieur anglais croit que s voûtes biaises à section droite elliptique manquent de abilité et qu'elles sont difficiles à exécuter et par consé-ıent dispendieuses, surtout en maçonnerie. M. W. Buck ne ense pas qu'il se présente jamais des circonstances qui for-nt les constructeurs à établir une voûte elliptique biaise, par conséquent il la rejette. Du reste, il espère que cette iestion sera approfondie.

C'est donc cette remarque qui a déterminé, je le répète, . Praly à réhabiliter le système hélicoïdal elliptique.

Quant au traité anglais, il est loin d'être sans intérêt. Le uxième volume du *Manuel des Ponts-et-Chaussées*, déjà entionné, renferme comme appendice une traduction com-ète du travail de M. W. Buck, accompagné d'une notice storique sur les ponts obliques. L'auteur y expose les pre-iers principes de ces constructions, la recherche des for-ules pour déterminer les dimensions et les angles, la manière pratique de tailler les voussoirs, le mode de construction et les principes de projections. De nombreux détails et tableaux, et des dessins correctement exécutés, terminent ce aperçu, qui peut être complété par la théorie de l'apparei dont il sera question maintenant.

II. *Tracé de l'appareil hélicoïdal.*

L'appareil hélicoïdal consiste, comme tout nous l'indique, dans l'application de l'hélice, comme directrice des surfaces de joints des voussoirs. Ces voûtes comprennent deux classes distinctes :

1° Celles qui ont pour arcs de tête des ellipses, et pour section droite un arc de cercle;

2° Les autres ont pour arcs de tête un cercle, et pour section droite une ellipse.

Un grand nombre de voûtes, rentrant dans la première catégorie, ont été construites en Angleterre; l'application en a été faite également en France depuis quelques années sur nos lignes de chemin de fer. On verra que la forme elliptique, que quelques ingénieurs ont cru devoir rejeter, est infiniment préférable, et que les voûtes de la deuxième catégorie présentent plusieurs avantages sur les premières.

On peut concevoir cet appareil en considérant un demi-cylindre elliptique projeté horizontalement et développé. La courbe de tête développée sera transformée en une nouvelle courbe qui appartient au genre des sinusoïdes. Or, si l'on mène une perpendiculaire aux deux cordes des transformées des arcs de tête, on obtiendra une ligne droite qui, étant ramenée sur le cylindre, s'y enroulera et y dessinera une hélice. Cette courbe offre la propriété que ses tangentes font avec les génératrices de la surface cylindrique, des angles égaux. Si l'on trace sur le cylindre de douelle une série d'hélices, et que l'on fasse mouvoir sur ces lignes, prises comme directrices, des droites qui soient constamment normales aux sections de la douelle parallèles au plan de tête, on obtient des surfaces gauches qui divisent la voûte en cours de voussoirs.

Ces cours de voussoirs étant ensuite coupés par des joints transversaux formés par la suite des normales aux sections parallèles aux plans de têtes, on obtiendra une voûte appareillée suivant le système hélicoïdal.

L'auteur développe très-longuement les divers moyens graphiques que l'on peut employer pour dessiner le réseau des lignes qui constituent l'appareil hélicoïdal elliptique, et pour déterminer rigoureusement les panneaux et les beuveaux que nécessitent le tracé et la taille des différentes faces des voussoirs.

III. *Mode d'exécution de l'appareil hélicoïdal.*

Les moyens pratiques d'exécution des épures en grand sont très-simples. On trace ces épures sur une aire en plâtre près du chantier; elles doivent contenir principalement le dessin des voussoirs de tête, ainsi que le développement de la douelle de ces mêmes voussoirs. Ce développement peut être opéré au moyen des coordonnées de la sinusoïde de tête ou à l'aide des génératrices du cylindre de la douelle.

Maintenant, pour tailler la pierre d'après ces indications, plusieurs moyens se présentent : l'un des plus simples et qui semble être préféré par les appareilleurs, est celui qui consiste à tailler la face de derrière du voussoir à la distance voulue, suivant un plan parallèle à la surface de tête, à déterminer et à tracer sur chacune de ces faces la position du panneau qui lui appartient, et à délarder ensuite la pierre suivant les arêtes de ces deux panneaux.

Quant à la pose des voussoirs, on commence par tracer sur le cintre la place qui appartient à chacune de ces pierres ; on procède ensuite à la construction de la voûte, mais en ayant soin d'exécuter simultanément la pose des claveaux de tête et la construction de la maçonnerie de parement de la douelle, en partant à la fois des deux naissances, et en s'élevant successivement et également de chaque côté de l'axe de la voûte jusqu'à son sommet, de manière à conduire la maçonnerie suivant une ligne brisée à redans. Cette prescription est rigoureuse, afin d'empêcher un mouvement de torsion qui se produit quelquefois sous l'inégalité de la charge et qui peut amener le déversement des têtes.

Voici pour terminer, quelques considérations générales sur l'appareil des divers systèmes de voûtes biaises et qui peuvent se résumer ainsi :

« Les pierres d'angle des pieds droits dans les voûtes doivent présenter une queue suffisante pour pouvoir être solidement reliées avec les massifs de maçonneries. Cette condition essentielle, difficile à obtenir lorsque l'angle du biais est très-prononcé, doit néanmoins être remplie autant que possible par le choix de la forme à donner à chaque pierre, suivant la position qu'elle doit occuper.

« Les murs en aile sont préférables aux murs en retour ; ils consolident davantage les têtes des ponts tant biais que droits. On doit adopter pour le couronnement de ces murs, c'est-à-dire pour leur raccordement avec les surfaces des talus qu'ils ont à soutenir, l'appareil des rampants, dont les divers éléments se raccordent avec les assises du mur par des joints horizontaux et verticaux qui se retournent d'équerre à la surface arasée dans le plan du talus. »

IV. *Mouvements des ponts biais.*

La poussée au vide peut produire un mouvement dans les voussoirs, qui entraîne souvent la déformation, et même la rupture de la voûte.

On a constaté par de nombreuses expériences, que la poussée dans les voûtes biaises produit son plus grand effet aux points de rupture, c'est-à-dire sur la ligne qui se trouve à 30 degrés environ à partir des naissances dans le plein-cintre ; à 45 degrés dans l'anse de panier surbaissée au tiers, et à 55 degrés dans l'anse de panier surbaissée au quart. Cette poussée est naturellement beaucoup plus considérable dans les voûtes surbaissées, que dans les pleins-cintres.

C'est donc pour obvier à ces inconvénients, que tous les constructeurs ont cherché à obtenir aux points de rupture des joints formant avec le plan de tête des angles aussi droits que possible, afin d'atténuer les conséquences qui pouvaient résulter des efforts concentrés sur cette portion de voûte.

L'appareil hélicoïdal atteindrait ce but ; cependant les mouvements s'y manifestent avec plus ou moins d'intensité, selon des circonstances particulières, dépendant de la construction même.

Les premiers mouvements ont lieu sur les cintres qui se contractent par suite de la compression du bois, et auxquels la poussée au vide imprime un mouvement de torsion qui a pour effet de les pousser en dehors du côté de l'angle obtus. Ce même effort agit sur les voussoirs.

Comme moyens préventifs de la compression du bois, on surhausse la surface cylindrique de pose de $0^m.02$ à $0^m.08$ et on charge le cintre à son sommet avec des pierres.

Pour s'opposer au déversement produit par le mouvement de torsion, on relie les cintres par de fortes moises, ou on les étançonne en dehors par de fortes pièces de bois inclinées et solidement fixées sur le sol. Quant au déversement des voussoirs, on peut l'empêcher en reliant deux à deux les quatre premiers voussoirs avec des crampons de fer, scellés dans l'extrados, ou en faisant d'un seul bloc les trois premiers voussoirs du côté de l'angle obtus, en y pratiquant des faux joints pour ne pas interrompre la symétrie de l'ouvrage.

Maintenant, pour combattre les difficultés d'exécution ou les défauts inhérents à la plupart des systèmes de construction, on a cherché les modifications à faire subir à l'appareil biais en général pour le ramener dans les conditions de l'appareil droit.

L'un de ces procédés consiste à considérer une arche en plein-cintre comme une voûte en arc de cercle ayant pour naissance les joints de rupture, et reposant sur deux pieds-droits non verticaux, élégis dans les angles de rupture suivant la courbure de l'arche. On peut alors construire, suivant l'appareil des voûtes droites, la portion de voûte comprise au-dessous des joints de rupture et faire disparaître ainsi l'inclinaison des joints qui avoisinent les naissances.

Les conclusions du travail de M. Praly peuvent se résumer ainsi :

1° Il est possible d'obtenir par des formules simples et par des procédés graphiques, les éléments d'une voûte biaise, à cylindre elliptique ;

2° Ces voûtes ne présentent aucune difficulté dans l'exécution ;

3° L'inclinaison des joints des naissances des voûtes biaises est moindre dans les voûtes elliptiques, que dans les voûtes circulaires ;

4° L'appareil elliptique se rapproche le plus de l'appareil droit ;

5° Enfin, sous le rapport de la poussée latérale, l'avantage appartient aux voûtes elliptiques.

§ 3. *Les Ponts en bois.*

La première chose à examiner dans la construction des ponts en charpente, c'est la nature du bois.

Le *Manuel du Charpentier* (*Encyclopédie-Roret*) donne les éléments complets pour arriver à la connaissance des diverses essences de bois qu'on emploie dans les constructions civiles et les travaux publics en France.

Avant l'emploi des pièces, il faut les examiner avec la plus scrupuleuse attention. C'est une recommandation essentielle que malheureusement on n'observe pas toujours. Beaucoup de bois viciés sont mis en place; des réparations dispendieuses, des reconstructions, qui interrompent la circulation, en sont les conséquences.

Commençons par examiner les vices des bois sur pied qui peuvent se reconnaître avec la hache ou avec la tarière, ce sont:

1° *Les abreuvoirs* ou vides provenant de la perte d'une branche, par lesquels les eaux pluviales s'introduisent dans l'intérieur de l'arbre et occasionnent la pourriture.

2° *Les chancres*, ou espèces d'ulcères, par lesquels suinte une eau rousse.

3° *Les cicatrices* provenant d'anciennes plaies.

4° *Les écoulements de la sève*, à la suite des gerçures de l'écorce.

5° *Les excroissances*, qui sont des superfluités de la partie ligneuse; elles peuvent produire une altération dans la position des fibres; enfin, les champignons, les mousses, indiquent souvent un arbre atteint de mort.

Telles sont les maladies principales dont les arbres peuvent être affectés.

Quand les arbres sans défaut sont choisis, il s'agit de les quarrir; alors d'autres vices se font jour, un redoublement le surveillance est nécessaire pour écarter les bois qui conervent l'*aubier* (bois non mûr), les pièces qui ont des *flâhes*, ce sont des creux qu'on n'a pas pu éviter sans beaucoup e déchet; les *gelivures* ou fentes qui proviennent de fortes elées; les *nœuds* ou centres de branches; les *roulures* ou on réunion des couches concentriques. Les *piqûres* et la *ourriture* sont aussi des vices de rédhibition.

Quant à la conservation des bois, il en sera question en mps et lieu.

Les charpentes en bois, pour cintres ou pour ponts de chemins de fer, ne diffèrent pas des ouvrages semblables sur les routes (fig. 11, pl. 1), et il n'y a rien à ajouter, quant aux détails de construction, au *Manuel du Charpentier* ou au *Manuel des Ponts-et-Chaussées*, qui contient un chapitre spécial sur les ponts en charpente. Le premier de ces manuels contient un vocabulaire complet de toutes les expressions techniques usitées dans les charpentes. L'on pourra aussi consulter utilement le *Vignole du Charpentier*, *Art du trait*, par MM. Michel et Boutereau, ouvrage renfermant 72 planches in-4°.

Les grands échafauds ne se présentent dans les chemins de fer que pour la construction des gares et pour les viaducs très-élevés. C'est sous ce dernier rapport qu'un ouvrage, que la librairie Roret vient de faire paraître, peut rendre d'utiles services. Il a pour titre : *Traité des Echafaudages ou Choix des meilleurs modèles de charpentes, exécutés tant en France qu'à l'Etranger*, contenant la description des ouvrages en sous-œuvre, des étayements des différentes espèces de cintres, des applications de la charpente aux constructions hydrauliques, etc. (Paris, 1856).

Ce travail renferme une collection des meilleurs modèles des échafaudages fixes, coulants, tournants, suspendus ou volants; on y a joint les figures des appareils employés pour étayer les édifices qui menacent ruine, et pour réparer en sous-œuvre des fondations ou des planchers qui fléchissent sous leur propre poids ou par suite d'un excès de charge.

Les échafauds les plus célèbres et les plus artistiques ont naturellement servi à bâtir nos grands monuments historiques, tels que la colonne Vendôme, le Louvre, la coupole de la Halle aux blés, le dôme de l'Hôtel des Invalides; et comme il n'y a rien de tel que de suivre les bons exemples, ingénieurs, architectes, entrepreneurs et conducteurs de chemins de fer, trouveront dans cet Atlas matière pour de nombreuses applications.

Dans l'origine, les ponts des chemins allemands, comme ceux de l'Amérique, étaient en bois. Ce mode de construction avait sa raison d'être dans l'abondance des bois et surtout dans l'économie, à une époque où le produit des chemins de fer était encore problématique. Sur beaucoup de points, ces ponts sont déjà remplacés par des arcs en maçonnerie. On attribue la tendance des ingénieurs allemands à se servir du bois pour les ponts, aux études qu'ils ont faites en Amérique sur les systèmes de chemins de fer.

Le bois peut être employé sous diverses formes et il donne lieu à cinq types auxquels les premiers constructeurs ont attaché leur nom. Ces charpentes placées, tantôt sur des piles, tantôt sur des palées, comprennent :

Les arcs ou cintres sous le tablier (système Brown) ;
Les cintres avec tablier inférieur (système Burr) ;
Les treillis en planches (système Town) ;
Les poutres réunies par des poteaux (système Long) ;
Enfin les treillis avec armatures en métal (système Howe).

Avant d'entrer dans quelques détails à ce sujet, il n'est peut-être pas inutile de retracer en peu de mots l'historique des divers modes de construction des ponts en charpente, qui ont successivement prévalu depuis quelques années aux Etats-Unis. Cela semble d'autant moins superflu, que les derniers renseignements publiés en France sur ce sujet, sont loin d'être de fraîche date et ne présentent pas l'état actuel de la question.

1° *Système Brown.* — L'exemple le plus célèbre est un pont d'un seul cintre de 84 mètres d'ouverture avec 1/6 de flèche, avec quatre fermes sur lesquelles passe le chemin de fer de New-York à Erié. — Ce mode de construction ne s'est pas multiplié.

2° *Système Burr.* — Le seul spécimen de ce système est le pont de Trenton, sur la rivière de Delaware ; il est composé de cinq travées, dont trois à 61 mètres d'ouverture ; le tablier est suspendu à des tirants en fer.

Ce pont remonte à la fin du siècle dernier, il servait depuis plus de quarante ans à une circulation de route fort active, lorsqu'un chemin de fer fut construit, qui l'utilisa en y posant tout simplement la voie sans aucune espèce de consolidation. Cet exemple remarquable de la longue carrière que peuvent fournir les ouvrages en charpente, convenablement exécutés et placés dans des conditions favorables ; cet exemple, dis-je, est cependant loin de corroborer ce qui a été dit de trop avantageux sur les ponts en bois.

3° *Système Town.* — Le système Town se compose d'un treillis formé de madriers reliés entre eux au moyen de chevilles. Il paraît,—la chose n'a jamais été examinée de près,— que ce système n'est pas applicable à de grandes ouvertures.

Le plus célèbre pont de ce genre, à Richmond en Virginie, est une poutre de 600 mètres de longueur divisée en douze travées. Son sort n'est pas bien connu ; après avoir subi toutes les vicissitudes des travaux de consolidation, il a dû être démoli en entier.

4° *Système Long.* — Ce système, abandonné actuellement, se compose de deux cours de pièces en charpente, réunies par des poteaux et des croix de Saint-André dans chaque intervalle des poteaux.

5° *Système Howe.* — Ce système, ou système américain par excellence, comprend déjà l'emploi du fer. Il prévaut maintenant aux Etats-Unis et il est expérimenté en Autriche et en Bavière. Les madriers du système Town sont abandonnés pour les fiches en bois. Les poteaux de Long sont remplacés par des tringles en fer. Telle est, en quelques mots, la disposition générale de ce mode, qui offre des ponts de 55 mètres d'ouverture et dans lesquels les boulons jouent le rôle principal.

Parmi les ponts en bois les plus remarquables de l'Europe figure celui de Wittemberg sur l'Elbe. Cette construction a donné lieu à des études très-approfondies; il peut donc paraître utile d'entrer dans quelques détails à ce sujet.

Compte-rendu des expériences faites sur la stabilité d'un pont construit d'après le système Howe, sur la rivière de l'Elbe.

Avant d'autoriser l'établissement de ce pont, le gouvernement prussien a voulu se rendre compte des conditions de stabilité de ce nouveau mode de construction. — La compagnie concessionnaire de cette ligne a donc été mise en demeure de faire des expériences directes à ce sujet, et voici comment elle a procédé.

(Les données suivantes sont extraites des rapports de l'ingénieur du gouvernement remplissant les fonctions de commissaire près de cette compagnie.)

Description du pont. — Le pont du chemin de fer sur la rivière de l'Elbe a quatorze travées. Onze de ces travées ont une ouverture de 53^{m}.67, les trois autres de 37^{m}.60. Ce pont, fermé par un plafond, présente la forme d'un tube ou pont tubulaire. La hauteur des parois verticales, composées de moises et de croix de St-André, est égale à 5^{m}.90. Le plafond et le plancher ont une largeur de 4^{m}.08. Le plancher est formé de traverses de 0^{m}.26 sur 0^{m}.34 d'équarrissage, qui reposent sur des longrines. Ces traverses dépassent de chaque côté le pont de 1^{m}.40; elles forment trottoir. Les parois sont en outre reliées par des armatures de fer et par des moises horizontales. Le tablier sur lequel les rails sont posés est fait au moyen de doubles madriers d'une épaisseur totale de 0^{m}.13. — C'est dans ce parallélipipède tubulaire que passe le chemin de fer.

Cette figure géométrique n'est cependant pas tout à fait correcte. On a voulu prévenir la flexion de l'axe après la pose; et afin de maintenir une ligne droite, on a donné au tracé des parois une flèche de 0m.026 en bas et de 0m.078 en haut, au-dessus du niveau. Peut-être à cause de cette forme de cintre retroussé, le tube a dépassé la ligne horizontale et a pris une inflexion en sens inverse de 0m.027.

Modes d'expérimentation.—Une travée entière de 53m.67 de long a été placée dans une plaine à proximité d'un chemin de fer en exploitation. Le tablier de cette travée du pont reposait à ses extrémités sur un pilotis à peu de distance du sol. On a pratiqué sous ce pont des excavations à une profondeur telle, que cette construction, tout en restant complètement libre, ne présentait pas de chances d'accidents.

Au moyen d'un embranchement avec le chemin de fer précité on a pu faire passer les locomotives sur ce pont, au-delà duquel on a prolongé cet embranchement de 40 mètres.

Des leviers au nombre de six étaient appliqués aux longrines afin d'indiquer les vibrations et les flexions verticales sur des échelles fixes.

Pour marquer les vibrations horizontales, on s'était servi de lattes horizontales au nombre de huit qui pouvaient glisser sur des roulettes fixées dans des poteaux verticaux. A chaque vibration ces lattes devaient être repoussées, et au moment du repos la distance entre ces dernières et la paroi représentait la mesure du mouvement latéral.

Expériences sur les flexions. — Quatorze expériences ont été faites sur les flexions verticales. Nous n'avons pris en considération que les flexions du milieu que nous avons classées dans le tableau ci-après :

… pont sur l'Elbe construit d'après le système Howe, *ou système américain.*

Nos d'ordre.	EXPÉRIENCES.	POIDS de la charge en tonnes.	FLEXION précédente en mètres.	NOUVELLE flexion en mètres.	TOTAL des flexions en mètres.
1	Passage et repos d'une locomotive.	30	»	0.0143	0.0143
2	Passage d'une locomotive sur deux coins en bois de 0m.013 de hauteur.	30	0.0002	0.0154	0.0156
3	Passage de deux locomotives sur les deux coins précédents, repos des machines au milieu du pont.	61.5	0.0006	0.0284	0.0290
4	Passage et repos de trois locomotives pendant 31 minutes.	94.5	0.0016	0.0440	0.0456
5	Passage et repos de quatre locomotives.	126	0.0068	0.0438	0.0506
6	240 hommes sautant en mesure sur le pont.	18	0.0085	0.0180	0.0265
7	240 hommes marchant au pas.	18	0.0085	0.0047	0.0132
8	Charge uniforme de barres de fer.	50	0.0085	0.0173	0.0258
9	Charge précédente (no 8) et passage d'une locomotive. . .	80	0.0256	0.0150	0.0406
10	Charge précédente (no 8) et passage de deux locomotives.	111.5	0.0269	0.0298	0.0567
11	Charge précédente (no 8) et passage de trois locomotives.	144.5	0.0270	0.0413	0.0683
12	Charge uniforme de barres de fer.	100	0.0335	0.0013	0.0348
13	Charge (no 12) passage et repos de deux locomotives. . . .	163	0.0220	0.0266	0.0486
14	Position du pont après déchargement complet.	»		»	0.0224

OBSERVATION. — Les oscillations étaient de 0m.0276 à chaque saut. Cette expérience a été répétée trois fois. Après la troisième épreuve le pont a fait encore trois oscillations.

En ce qui concerne les oscillations latérales, elles étaient trop faibles pour être appréciées d'une manière exacte ; elles étaient à la dernière expérience au maximum de 0m.002.

Il résulte tant des observations faites pendant les expériences que du tableau ci-dessus :

1° La flexion de 0m.0143 du pont au passage d'une locomotive de 30 tonnes peut être considérée comme très-petite, comparée à celle qu'éprouvent les ponts en fer, qui fléchissent, avec une ouverture de 12 mètres à 24 mètres, de 0m.009 à 0m.016. La flexion restant après le déchargement complet du pont n'est que de 0m.0224.

2° Afin que la flexion disparaisse totalement après le passage des convois, il faut que toutes les parties de la construction aient acquis l'élasticité nécessaire, ce qui ne peut être obtenu que quand, après un certain laps de temps, toutes les pièces se trouvent reliées entre elles d'une manière très-solide.

3° Le choc des locomotives passant par-dessus des coins posés sur les rails est peu sensible.

4° Au passage de deux locomotives par-dessus les coins, la flexion est plus petite que lors du repos de ces deux machines.

5° Les flexions sont presque proportionnelles pour le passage de une, deux et trois locomotives. Cette proportionnalité n'a plus été remarquée au passage de quatre locomotives.

6° Le passage de quatre locomotives ne produit pas une flexion beaucoup plus forte que celle de deux locomotives au repos au milieu du pont. La flexion produite par trois locomotives au repos est plus grande que celle produite par quatre locomotives également au repos ; cela provient de ce que sur trois locomotives il y en a une au centre du pont, tandis qu'avec quatre locomotives la charge commence déjà à être répartie uniformément.

7° La flexion produite par la charge de 50 tonnes, répartie

uniformément, est à peu de chose près la même que celle obtenue par une locomotive du poids de 30 tonnes. Cette machine devrait produire le même effet que 60 tonnes ; mais comme la locomotive et son tender occupent un espace de 10 mètres et comme leurs poids ne sont pas concentrés sur un seul point, l'effet de pression doit aussi être moindre.

L'expérience nº 6 (voir le tableau) a été décisive. Le moment dynamique d'une troupe de 240 hommes sautant en mesure est le maximum des effets que le pont doit supporter.

Le rapport précité conclut en faveur de ce système. La construction du pont, d'après le modèle essayé, a donc été autorisée.

Voici le résumé des épreuves auxquelles la construction a été soumise après son achèvement :

« Trois machines locomotives avec leurs tenders, pesant 90 tonnes, ont été placées au milieu des cinq travées dont se compose le pont; la flèche a varié autour de 16 millimètres.

« Lancées à grande vitesse, ces locomotives ont produit des flèches de 19 millimètres. »

Il se manifeste aujourd'hui une réaction contre ces constructions en bois : leur durée est restée souvent au-dessous des évaluations les plus modérées; leur résistance suffisante pour les routes ordinaires n'est plus en rapport avec les efforts de vibration et avec les tensions exceptionnelles produites par le passage des locomotives; mais ce sont surtout les difficultés des grosses réparations à faire, sans entraver le service, qui parlent en défaveur de ce système. — Aussi on n'emploie plus le bois que pour les ponts peu importants et d'une reconstruction facile. Il n'en est pas ainsi, au même degré, des viaducs dans lesquels le bois est soustrait à l'influence de l'humidité et où les inconvénients signalés n'ont plus la même portée.

En généralisant cette question, on peut dire que la tendance de notre époque est de substituer dans toutes les constructions le fer au bois ; ce métal se présente sous la forme de la fonte, du fer laminé ou forgé en barres et du fil de fer. De là les ponts en poutres et en voussoirs de fonte, en grillage, en tôle, et les ponts suspendus.

§ 4. *Origine des Ponts en métal.*

Les ponts métalliques sont d'origine anglaise. Cette méthode de construction est de date récente. Il y a à peine 70 ans que le premier de ces ponts, composé de cinq arcs en fonte, a été établi.

En comparant les ponts en métal à ceux en pierre, on trouve ces derniers plus avantageux, chaque fois que des circonstances exceptionnelles ne se présentent pas ; mais quand il s'agit de franchir de grandes portées, ou d'obtenir les plus grands débouchés possibles et qu'on veut construire des ponts sous des passages existants sans interrompre la circulation, il faut employer d'autres procédés.

On a donc cherché à substituer dans le principe la fonte à la pierre. Cette dernière matière ne peut résister qu'à l'écrasement, et comme la fonte ne travaille que dans cette même condition, on a commencé par faire des voussoirs en fonte. Cependant le peu de hauteur dont on peut généralement disposer dans les chemins de fer, a fait renoncer aux arcs. On a été conduit aux poutres horizontales. Dans ce dernier cas la fonte n'est plus dans l'équilibre voulu ; car la poutre droite se divise par la fibre neutre en deux parties distinctes, dont la supérieure est soumise à l'écrasement, tandis que la partie inférieure est sujette à l'extension. Ces deux conditions réunies forment un système anormal, incompatible avec la nature du fer fondu.

Le tracé imposé par l'amirauté anglaise pour le passage d'un bras de mer au moyen d'un ouvrage horizontal, a inspiré l'idée du pont tubulaire. Plus tard, au lieu d'y faire circuler les convois, on a construit des tubes plus petits, qui servent pour supporter le tablier. Ces tubes à parois pleines coûtent très-cher. On y a donc fait des coupures et on a fini par appliquer le fer forgé aux ponts américains, de là le système des ponts en treillis en fer; c'est l'économie qui a conduit à cette solution. Nous arrivons enfin au dernier système des ponts en métal : le système Oudry ou la tôle courbée.

En récapitulant ces divers modes et en prenant comme terme de classification l'ordre historique, nous obtenons : 1° les ponts courbes en fonte ; 2° les ponts en poutres de fonte ; 3° les ponts tubulaires droits ; 4° les ponts en treillis; 5° les ponts én tube recourbés ou en arcs de tôle ; 6° ajoutons aussi les ponts suspendus usités pour les chemins de fer, seulement en Amérique, — et nous formons ainsi une liste complète des ponts en métal que nous allons maintenant passer en revue.

§ 5. *Ponts en fonte.*

Les arcs en fonte supportent des poutres verticales, également en fonte, sur lesquelles repose le tablier.

Dans l'origine, en 1785, on considérait ces ponts comme une œuvre de grande hardiesse, quoique leur ouverture ne fût que de 33 mètres.

En 1790, un acte du parlement autorisa la construction d'un nouveau pont en voussoirs de fonte disposés également d'après le principe des voûtes en pierre. Ce pont est composé de six arches de 66 mètres d'ouverture et de 9 mètres de flèche. Chaque arche est composée de 105 voussoirs d'une épaisseur de 1m.50, reliés par des tirants en fer.

Tels sont les modèles des premiers ponts en fonte, qui se

sont rapidement multipliés, grâce aux efforts de quelques ingénieurs célèbres. La ville de Londres possède plusieurs de ces constructions monumentales.

Le reproche qu'on adresse aux ponts en arcs de fonte, c'est d'être facilement déformables et de donner lieu à des vibrations, qui sont supportables pour une circulation ordinaire des voitures, mais qui ne le sont plus pour des vagons. On peut y remédier, dans quelques cas, en donnant aux arcs une grande élévation. Mais généralement on s'est contenté de relier l'arc par la corde et on a donné aussi naissance au système connu sous le nom de *bow-strings*. Mais pour que ces ponts ne vibrent pas facilement, il faut leur donner une masse considérable, et dans ce cas ils ne sont plus économiques.

Le peu de hauteur dont souvent on disposait a conduit aux longerons ou poutres en fonte; leur forme exerce une grande influence sur les résultats du moulage et par conséquent sur la solidité des pièces. Cet assujettissement est un des inconvénients les plus graves de la fonte et qui appelle l'attention la plus scrupuleuse dans le choix du profil : il s'agit d'éviter toutes les tensions initiales qui modifient les conditions de résistance : la chaleur ne peut se répartir d'une manière uniforme, ce qui entraîne un refroidissement inégal et le défeuillement, comme dans la barre horizontale du fer à T.

Cependant les ponts droits en fonte peuvent être d'un bon usage quand leur ouverture est petite. 12 mètres ont toujours été considérés comme maximum dans les chemins de fer; les ingénieurs qui conseilleraient d'aller au-delà de cette dimension, n'accepteraient peut-être pas la responsabilité d'une pareille mesure.

Le désir d'élargir les portées a provoqué des essais pour réunir la fonte au fer, de manière à offrir plus de résistance.

Dans ce but on a relié des poutres en fonte avec des tirants en fer, et on a formé un cadre complet.

On assemblait plusieurs pièces de fonte pour en faire une poutre très-longue, en vissant aux joints des plaques en fonte. Les inconvénients d'un pareil système sont nombreux. Les inégalités d'élasticité et de dilatation de ces deux métaux, du fer et de la fonte, peuvent détruire l'équilibre, occasionner la rupture et entraîner des accidents, ce qui est arrivé en effet.

Cette construction a été essayée par M. Stephenson. On s'est opposé en Angleterre à cette liaison de la fonte et du fer. La chute d'un de ces ponts (1), tout en donnant raison à l'opinion publique, a inspiré au gouvernement anglais une mesure efficace contre le retour de pareils désastres; il a ordonné que les ponts en fonte droits seraient soutenus par des cintres. Dans les faibles ouvertures on s'est contenté de la pose de contre-fiches.

Il serait prudent d'imiter partout cet exemple.

§ 6. *Ponts tubulaires.*

Il y a plus de trente ans, que le parlement britannique fit construire une route directe entre l'Angleterre et l'Irlande, partant de Londres et aboutissant à Holyhead, vis-à-vis Dublin. Pour cette chaussée, on établit, sur la rivière de Conway et dans le détroit de Menai, deux ponts suspendus qui figureront toujours parmi les ouvrages remarquables. Cette route a fini par céder la place à un railway; aujourd'hui la voie de fer longe la voie de pierre presque parallèlement. — Les concessionnaires de la nouvelle ligne avaient espéré franchir les deux passages également au moyen de ponts suspendus : les convois devaient être décomposés, et les vagons traînés séparément par des chevaux. Mais on

(1) Voir mon livre sur les accidents des chemins de fer.

renonça à cet expédient indigne de l'art de l'ingénieur, et on conçut dès lors de nombreux projets : on songea entre autres à des ponts en arc de fonte, et pour laisser toute liberté à la navigation on voulut monter les voussoirs en chargeant les piles des deux côtés à la fois et en rattachant les uns aux autres les voussoirs des arches opposées. Ce plan, comme tous ceux du même genre, rencontra une vive opposition ; on prétendit que la diminution du débouché vertical ne nît obstacle à la mâture des vaisseaux ; que les piles et les tympans des arches ne changeassent la direction du vent et empêchassent l'entrée des navires ; en un mot, on vit partout des entraves à la liberté de la navigation ; on sait que la liberté maritime domine toutes les questions économiques dans le Royaume-Uni. — Enfin l'amirauté ne voulut permettre que le maximum du débouché horizontal et vertical qui ne peut être obtenu que par un pont droit.

Posée dans ces termes, la question fut résolue par deux ponts tubulaires, qui sont une des merveilles du monde, comme les Anglais les appellent à juste titre.

Les phases par lesquelles l'idée primitive a passé dans l'esprit de Robert Stephenson, et les essais qu'elle a subis avant sa réalisation, sont dignes de la méditation de tous les ingénieurs. — Un tube droit en fer avec chaînes de suspension, tel était le projet primitif, qui successivement modifié, à la suite de nombreuses expériences, aboutit à un tube isolé reposant sur deux culées et sur trois piles et construit en tôle, suivant le profil rectangulaire. La longueur totale du plus grand tube, celui de Menai, appelé Britannia-Bridge, est de 550 mètres ; le débouché maximum est de 140 mètres entre les piles du milieu. Le pont de Conway n'a qu'un seul tube de 120 mètres.

L'exécution de ces énormes tubes et leur mise en place, voilà la grande œuvre qui résume les connaissances les plus profondes des lois de la physique, de la mécanique et de l'emploi judicieux du métal.

En Angleterre, ces ponts ont rencontré de nombreux contradicteurs; on les critiquait pour les dépenses, on contestait leur utilité. Mais sur le continent européen, et surtout en France, ces ouvrages n'ont rencontré que des sympathies et n'ont cessé d'être l'objet d'une admiration vraie et méritée. Ce travail a été illustré par de nombreuses publications auxquelles il faut se référer pour une étude plus approfondie.

Actuellement l'usage de la tôle, — qui date de 1780, et qui n'avait été employée en Angleterre, dans le principe, que dans la doublure des navires et dans les chaudières, — se répand, grâce aux travaux de M. Stephenson, qui le premier l'a appliquée aux ponts; on en a construit beaucoup, à partir de cette application, au moyen de cellules ou poutres tubulaires, qui supportent comme des longerons le tablier; mais toutes ces constructions offrent le grave inconvénient que l'oxydation peut faire des progrès dont on ne se rendra compte que quand on aura démonté toutes les pièces, ou quand un jour des catastrophes auront détruit ces constructions ingénieuses et admirables à plus d'un titre, mais qui, par suite de l'impossibilité de visites journalières, ne pourront plus offrir à la longue toutes les garanties de sécurité. Cela fait qu'un pont à poutres tubulaires est toujours un objet d'inquiétude pour les ingénieurs chargés de la surveillance.

Une autre objection contre ces parois en tôle se rapporte aux vibrations horizontales, résultant des coups de vent, et qui sont plus étendues dans les ponts en tôle que dans ceux en grillage, par la raison que ces derniers présentent une moindre surface. (Pl. V et VI.)

Il est cependant constaté que les plus fortes tempêtes n'ont pas encore produit des vibrations sensibles au pont de Britannia, qui est la plus grande construction de ce genre.

D'un autre côté, les vibrations sont capables de disloquer les rivets. Ainsi, l'on sait que les caisses en tôle destinées à contenir l'eau dans les navires, laissent perdre l'eau au retour d'un voyage de circumnavigation; le mouvement oscillatoire du bateau finit par donner du jeu aux rivets.

La troisième objection contre la tôle réside dans l'assemblage des plaques, qui ne peut avoir lieu qu'au détriment de la solidité, par suite des nombreuses ouvertures que cet assemblage exige. Ces vides sont remplis par des rivets et des boulons ; mais le poids de ces pièces, sans remplacer la solidité primitive de la tôle, ne fait qu'augmenter le poids de la construction. Il est de 30 0/0 du poids total du pont de Britannia.

Si cette objection est fondée, elle est la même pour les ponts américains, qui présentent, sous une autre forme, autant de vides dans les pièces, et demandent les mêmes précautions pour l'assemblage des joints. C'est alors par une exécution minutieuse des travaux et par une surveillance active qu'on peut diminuer les inconvénients qui résultent de l'affaiblissement des matériaux employés. Quant aux dépenses, les termes de comparaison manquent encore. Du reste, l'expérience sur la stabilité de ces constructions, consacrée par le temps, pourra seule déterminer jusqu'à quel point ces assertions sont exactes.

§ 7. *Ponts en treillis.*

Les ponts en grillage de bois avec du fer ont pris naissance en Amérique. Les Anglais n'ont adopté ce mode de construction qu'avec cette répugnance que toute invention américaine rencontre chez eux ; ce n'est que sur un seul point qu'ils l'ont appliquée, en substituant entièrement le métal au bois. On a placé le premier treillis de 42 mètres d'ouverture sur le *royal-canal* qui est traversé par le chemin de fer de Dublin.

L'Angleterre n'a pas continué cet essai; la France ne l'

pas commencé encore ; ce n'est qu'en Allemagne et en Suisse que les treillis s'appliquent sur une vaste échelle. Le premier pont en grillage, exécuté en grand, se trouve sur le chemin de fer Badois à Offenbourg. Cet ouvrage mérite une description détaillée. (Pl. II.)

Le nouveau pont, — l'ancien, en fonte, avait été enlevé par les hautes eaux, — est à double voie ; il est composé de trois treillages en fer de 71 mètres de longueur et de 6m.30 de hauteur et reliés dans les parties supérieures par des entretoises et par un cadre qui embrasse l'ensemble de ce rectangle. Ce treillis, posé sur deux culées espacées de 63 mètres et qui entre de 4 mètres dans chaque culée, constitue un véritable pont tubulaire transparent, dont les parois extérieures sont flanquées de deux trottoirs suspendus.

Les traverses de la voie reposent sur la partie inférieure de ces grillages dont celui du milieu a dû être construit de 1 fois et demie plus solidement que les treillis extérieurs pour pouvoir résister dans le cas improbable, mais possible, du croisement de deux trains qui produiraient la charge maxima dans toute son étendue.

Les treillis extérieurs sont composés de deux séries de barres parallèles de fer laminé se croisant à angle droit : ces barres, d'une largeur de 0m.105 et d'une épaisseur de 0m.021, sont rivées entre elles à froid. — Le treillis du milieu est composé de trois séries de barres parallèles. Les barres du milieu sont croisées en sens opposé, par les barres extérieures qui ont une largeur de 0m.105 et une épaisseur de 0m.017, tandis que les barres enveloppées ont une largeur de 0m.105, et une épaisseur de 0m.033. Les mailles des croisements sont espacées de 0m.45. Les cornières ont une largeur de 0m.12 et une épaisseur de 0m.015. Le fer à T du cadre a une hauteur de 0m.18 et une épaisseur de 0m.015.

Les cadres qui embrassent tout le rectangle des treillages et qui sont reliés au moyen de tirants, placés diagonalement, ont été rivés à chaud, attendu que dans ce cas il s'agissait d'obtenir un serrement très-fort par le refroidissement des rivets dans le sens longitudinal. Afin de former la liaison la plus intime entre les barres, on les a rivées à froid ; les boulons ont été travaillés avec un grand soin, et on a pu éviter ainsi le jeu entre les rivets et les barres, ce qui n'eut pas eu lieu dans ce cas, si l'opération de la rivure avait été faite à chaud.

La charpente du tablier du pont est soutenue par des cintres composés de rails de Vignoles qui, par suite de quelques défauts dans leur profil, n'ont pas pu être employés pour la construction de la voie ; ils forment des arcs-boutants et des entretoises qui s'étendent en dehors du treillage du pont, pour servir de supports aux trottoirs. — Sur les traverses du tablier, on a placé des madriers en chêne pour la voie proprement dite ; elle est composée de plateaux en fonte vissés sur le tablier, et dans lesquels se trouvent emboîtées les longrines imprégnées d'huile de lin. Sur ces longrines sont fixés les rails de Vignoles attachés entre eux au moyen de plaques vissées.

Toute la construction du pont est faite de telle sorte, qu'on puisse l'approcher facilement de toutes parts et entretenir les couches de peinture.

Le poids du treillage du milieu est de 100 tonnes, et celui du treillage extérieur de 80 tonnes. Les travaux qui ont duré une année ont exigé une dépense de 250,000 fr. ; non compris les anciens rails et les anciennes culées.

L'opération la plus difficile de ces travaux consistait dans le montage des treillis. On avait établi sur les deux rives des chantiers couverts de 90 mètres de longueur sur 11 mètres de largeur, pour 150 ouvriers serruriers chacun. Des chevalets de 0m.75 de hauteur ont été disposés pour l'assemblage des barres du treillis. Pour mouvoir ce treillage dans une ligne horizontale et ensuite pour le mettre dans une position verticale, on a employé douze vagons sur un échafaud à pilotis traversant la rivière. On a hissé le treillis sur ces vagons à une hauteur de 2m.40 au moyen de crics et de grues mobiles.

Les ouvriers avaient été, au préalable, exercés militairement, afin d'obéir à un signal donné. Malgré le mauvais temps, l'opération a parfaitement réussi; la mise en place du treillis du milieu a précédé la pose du troisième treillis, qui a présenté le plus de difficultés à cause de l'exiguïté de l'emplacement. Pour les manœuvres, on a incliné le grillage vers l'aval, où un deuxième pont de service en pilotis avait été établi.

Ce treillis une fois monté sur les culées, on a relié toutes les parois au moyen des armatures et des entretoises, et on a achevé les maçonneries des portails dont le poids est destiné à empêcher les déflexions latérales.

Cet exemple de treillis a eu de nombreuses imitations. C'est surtout dans le Nord de l'Allemagne que ces ouvrages se sont multipliés; les plus remarquables sont ceux de Marienbourg et de Dirschau, dont l'étude deviendra indispensable si jamais on veut les appliquer en France. (Voir Pl. III, IV, V, et la table des matières de l'Atlas.)

Le reproche qu'on adresse généralement aux treillis, c'est qu'ils se déforment facilement et prennent vers les culées les surfaces gauches. Ces déformations ne peuvent arriver que quand les treillages n'ont pas le degré de force et de résistance nécessaires pour constituer un solide d'égale résistance. Il faut pour cela que la masse supérieure de la section soit réunie à la masse inférieure d'une telle façon, que le pont puisse être considéré comme un corps élastique, dont aucune fibre inférieure ne s'étende sans qu'en même temps les fibres supérieures ne se compriment, ou en d'autres termes : que les deux parties séparées par le plan de la fibre neutre soient soumises à quantité égale à la compression et à l'extension, ce qu'on obtient en donnant une forte section aux barres, ou en renforçant le treillage par des nervures, ainsi que cela a eu lieu pour le pont de Dublin sur le Royal Canal. Ce pont a une ouverture de 42 mètres ; les barres du treillis ont une épaisseur de 0m.012 et résistent à toute déformation. Ainsi, en employant du fer à T et en augmentant le nombre des mailles vers les culées, on peut arriver à établir des grillages d'une ouverture plus grande que celle du pont d'Offenbourg de 63 mètres, qui est la plus forte dimension obtenue jusqu'aujourd'hui.

Quant à la durée des ponts en treillis, elle dépend des soins qu'on a mis dans la rivure et dans l'application d'un enduit convenable. Comme les treillis sont moins exposés à la détérioration par oxydation que la tôle, attendu que les bandes de fer sont plus épaisses, il y a lieu de leur prédire une plus longue durée.

§ 8. *Arcs en tôle.*

Les exemples d'arcs tubulaires sont encore rares. Le spécimen le plus considérable est le pont de Saltash près de Plymouth. Comme le dessin, fig. 1, 2, 3, pl. VII, l'indique, chacune des deux travées de 140 mètres d'ouverture est formée d'un arc tubulaire en tôle rivée auquel est suspendu le tablier. Les poussées horizontales sont détruites par des tirants. Ce pont offre le curieux profil d'une ellipse qu'on a cherché comparer au rectangle, comme nous le verrons plus loin.

Dans le viaduc de Chepstow (fig. 4) le tube de la travée principale est suspendu à un autre tube cylindrique en tôle dont les vibrations sont très-sensibles. Ce pont n'a pas eu un grand succès, car l'étude de la tôle conduit à un emploi plus simple et plus pratique.

Les piles du pont de Chepstow sont en fonte. Dans ce cas le métal reçoit une application normale, il n'est sujet — à part des efforts dus aux vibrations, qu'à la compression. — Dans d'autres circonstances, les piles ont été formées de colonnettes reliées dans leur périmètre par des cadres également en fonte, et par des tirants en fer, dans le sens de leur hauteur.

Voici maintenant le deuxième système : dans le but de ne soumettre la tôle qu'aux efforts contre la compression, M. Oudry a imaginé de courber les tubes qu'il a remplis de béton pour leur donner la stabilité voulue, et il a formé ainsi des ponts en arc. Plus tard, modifiant cette idée, il n'a plus employé que des parois courbes isolées en tôle. Le pont d'Arcole à Paris, qui représente ce type dans son dernier développement, doit être placé à un rang très-élevé dans l'art de l'ingénieur.

Maintenant, pour terminer l'examen des ponts en fer, il ne nous reste plus qu'à entrer dans quelques détails sur leur résistance comparative et sur les avantages et les inconvénients qu'ils offrent dans un cas donné.

§ 9. *Résistance comparative des Ponts en fer.*

Les expériences qui ont été faites sur la résistance des ponts en fer ne se répèteront probablement plus; elles présentent le résumé d'une spéculation scientifique et elles ont le mérite d'avoir conduit directement aux constructions que nous venons d'examiner. Il y a donc un double intérêt à connaître ces essais, dont nous emprunterons — comme toujours — les exemples aux travaux des ingénieurs étrangers.

Cherchons à mettre de l'ordre dans ces recherches et divisons-les en cinq parties distinctes qui comprendront : les essais faits par les ingénieurs du gouvernement de Hanovre, avec différents modèles de ponts en tôle et en fer forgé (n° 1); la détermination du profil des tubes d'après la résistance (n° 2); les expériences spéciales faites sur le pont d'Offenbourg (n° 3); les règles pratiques sur l'établissement des treillis (n° 4); enfin l'opinion des ingénieurs anglais sur la résistance des grillages (n° 5).

Essais faits par les ingénieurs hanovriens sur divers modèles de ponts en fer (N° 1).

Sur quelques-unes de ses lignes, le Hanovre avait établi des ponts américains en bois, mais qui n'avaient pas répondu à l'attente. On s'était donc décidé à employer des ponts en fer forgé.

En ce qui concerne la forme à donner à ces ponts, des doutes se sont élevés sur le profil de plus grande résistance, et on a pris le parti de faire des essais directs avec des modèles d'un huitième de la grandeur naturelle.

Quoiqu'il ne soit pas admissible de calculer exactement la résistance d'un pont d'après celle d'un modèle, les expériences constatées à ce sujet ont cependant fait ressortir les différences de stabilité entre les systèmes usités actuellement.

Nous empruntons au procès-verbal de cette opération les renseignements suivants.

Les ponts qui ont été soumis à des épreuves étaient au nombre de quatre :

Pont avec des poutres creuses ; pont américain en grillages de fer ; pont tubulaire de même dimension que le pont américain ; enfin, le pont américain ci-dessus, restauré et renforcé dans ses assemblages.

---

1. Le modèle soumis aux expériences représentait un *box-girder bridge* (pont avec longerons creux) de 1/8 de grandeur naturelle.

Les deux tubes qui formaient les longerons étaient composés de plaques en tôle. Les parois verticales de ces tubes avaient des ouvertures pour recevoir les traverses sur lesquelles reposaient les rails. Les traverses étaient assujetties au moyen de coins en bois.

Voici les dimensions principales de ce modèle :

Longueur totale des tubes, 3m.70;

Ouverture du pont, 3m.36;

Hauteur des tubes mesurée au milieu, 0m.23;

Hauteur des tubes mesurée aux extrémités, 0m.17;

Largeur des tubes, 0m.09;

Epaisseur du fond et de la couverture des tubes, 0m.002;

Epaisseur des parois du tube, 0m.0025;

Poids du modèle, 90 kilog.

Ce modèle, comme tous les autres, avait été soumis à deux épreuves : l'une comprenait le chargement du pont au moyen d'une voiture à quatre roues qui marchait à petite vitesse ; l'autre épreuve consistait dans l'application d'un poids réparti d'une manière uniforme sur le tablier.

Voici les résultats de la première épreuve :

	Poids de la voiture.		Flèche de la flexion.
1.	387	kilogrammes.	0m.002
2.	755	—	0m.002
3.	1,005	—	0m.003
4.	1,255	—	0m.004

Après le déchargement, le pont s'est redressé totalement.

La deuxième épreuve a donné les résultats suivants :

	Charge uniformément répartie.		Flèche de la flexion.
1.	1,048	kilogrammes.	0m.002
2.	2,034	—	0m.005
3.	2,732	—	0m.006
4.	2,928	—	0m.007
5.	3,320	—	0m.008
6.	3,518	—	0m.009
7.	5,790	—	0m.017
8.	6,207	—	0m.019

Après le déchargement, au numéro 6, la flexion permanente n'était pas encore sensible; au numéro 8, le modèle s'est rompu. Un des tubes longerons s'est brisé au tiers de la longueur; les parois verticales se sont cassées aux joints des plaques de tôle; la partie inférieure des tubes se trouvait complètement déchirée, et la partie supérieure présentait des ondulations.

II. La deuxième expérience a éte faite avec un pont américain de 1/8 de grandeur naturelle. Les dimensions et le poids de cette construction différaient du modèle précédent, au point qu'un terme de comparaison exacte de la force de résistance des deux systèmes ne pouvait pas être déduit de ces deux expériences.

Voici maintenant les dimensions de ce modèle :

Longueur du pont, 3 m.87;

Ouverture du pont, 3 m.60;

Hauteur des entretoises, 0m.39 ;

Largeur des entretoises, 0 m.015;

Epaisseur des entretoises, 0 m.003;

Espacement, 0 m.04.

Poids total du modèle, 105 kilogrammes.

Les parois étaient reliées entre elles au moyen de 11 moises; les armatures étaient en fer forgé; mais aucune précaution spéciale n'avait été prise pour renforcer les assemblages des longrines.

Les épreuves ont donné les résultats ci-dessous :

Poids de la voiture.		Flèche de la flexion.
1.	387 kilogrammes.	0m.001
2.	755 —	0m.001
3.	1,005 —	0m.003
4.	1,255 —	0m.004

Après le déchargement, il n'est pas resté de flexion sensible.

La deuxième épreuve avec la charge uniformément répartie, a donné les chiffres que voici :

	Charge uniformément répartie.		Flèche de la flexion.
1.	3,487 kilogrammes.		0m.006
2.	4,047	—	0.m006
3.	4,614	—	0m.008
4.	5,094	—	0m.009
5.	5,766	—	0m.010
6.	6,355	—	0m.010
7.	7,629	—	0m.012

La charge n° 5 est restée sur le pont pendant 36 heures sans produire une plus grande flexion ; après le déchargement complet, la flexion permanente a été de 0m.003.

Cinq minutes après le déchargement n° 7, la rupture des deux parois a eu lieu instantanément, à 0m.64 des extrémités et aux points de jonction des longerons.

Il est à remarquer que la rupture n'a pas eu lieu au milieu du pont, quoique cet endroit renfermât également des joints.

Le véritable rapport de la base à la hauteur de la section verticale du solide de plus grande résistance, n'avait pas été appliqué à ce modèle. Il aurait dû être calculé d'après la formule connue $\frac{mbh^2}{l}$, dans laquelle m est le coëfficient de résistance, b la base du solide, h sa hauteur et l sa longueur. — m et l étant des données invariables, $\frac{m}{l}$ peut être égalé à 1. — b et h seuls sont variables; donc, en différenciant, pour arriver à un maximum, on a le rapport de la base à la hauteur, approximativement, comme : 9 à 11.

Ces chiffres doivent, à notre avis, être appliqués à toute espèce de longeron, qu'on le charge sur un seul point, ou uniformément sur toute sa longueur.

Il n'est donc pas étonnant que, dans ce petit modèle, la partie inférieure ait dû se rompre et la partie supérieure se replier.

En faisant un rapprochement entre ces deux expériences, on remarque que le pont américain a porté 1,422 kilogrammes de plus que celui tubulaire en tôle, et que l'ouverture du premier pont a encore été plus forte de 0m.24. Il est vrai que la hauteur des parois du pont américain était de 0m.16 supérieure à celle du pont en tôle, et que ce premier ouvrage pesait 15 kilogrammes de plus que le *box-girder bridge*.

Le moment de la rupture d'un parallélipipède croît dans le rapport direct du carré de sa hauteur ou dans le rapport inverse de la première puissance de sa portée; un pont en tôle, avec des poutres creuses, exécuté d'après les mêmes dimensions que le pont américain, ne devrait se rompre, d'après le principe précité, qu'avec une charge de 17,832 kilogrammes uniformément répartie. Le pont américain n'a que deux parois, tandis que celui en tôle, composé de deux longrines tubes, possède en réalité quatre parois. Il est alors possible qu'un pont en tôle, de même grandeur que le pont américain, eût porté la moitié de la charge en sus.

D'un autre côté, si l'ajustement des joints de ce dernier ouvrage avait été exécuté avec plus de soin, il eût supporté un chargement beaucoup plus considérable.

Les expériences (II) faites sur le système américain ayant paru concluantes, on a procédé à l'exécution d'une travée de pont, de la longueur de 30 mètres.

III. Pendant que ces travaux étaient en voie d'exécution, de nouveaux doutes se sont élevés, et on s'était décidé à une expérimentation définitive, dont on profiterait pour des constructions ultérieures. On a donc confectionné un troisième modèle exactement d'après les dimensions du pont américain précédent, avec cette différence, toutefois, qu'au lieu des grillages on a employé des parois d'un même poids; c'était un pont tubulaire proprement dit.

L'épaisseur des parois du modèle était de 0m.001, de manière que, dans l'exécution du pont, la tôle avait une épaisseur de 0m.008. Cependant, il est à conseiller de ne jamais rester au-dessous de la limite de 0m.015.

Dans le modèle, on aurait pu faire les parois d'une pièce; mais on a préféré, afin d'imiter les constructions en grand, les composer de petites pièces de tôle.

Voici maintenant le résultat des expériences faites avec ce modèle. Comme dans les essais précédents, les poids étaient appliqués à un seul point, ou plutôt sur un très-petit espace, et répartis uniformément sur tout le pont.

Premier essai.

	Poids de la voiture.		Flèche de la flexion.
1.	387	kilogrammes.	0m.0005
2.	755	—	0m.0014
3.	1,005	—	0m.0019
4.	1,255	—	0m.0023

La flexion permanente n'a pas augmenté après l'expérience nº 3; elle était de 0m.0001.

Deuxième essai.

	Poids réparti uniformément.		Flèche de flexion.
1.	3,581	kilogrammes.	0m.0033
2.	4,148	—	0m.0038
3.	4,722	—	0m.0044
4.	5,798	—	0m.0054
5.	6,048	—	0m.0059
6.	7,269	—	0m.0070
7.	10,797	—	0m.0117
8.	13,597	—	0m.0157
9.	14,629	—	0m.0240

Après l'expérience nº 4, le poids est resté pendant 40 heures sur le pont, et la flexion permanente a été de 0m.0008.

A l'essai nº 9, la flexion a augmenté rapidement jusqu'à

0m.024, et la rupture du pont a eu lieu au milieu de sa longueur.

La résistance du modèle avec parois en tôle était double de celle du pont américain.

En soumettant au calcul ces moments de résistance, et en se servant dans ce but de la formule de Navier, on obtient des résultats en désaccord complet avec les expériences précitées.

La charge que ce dernier pont aurait dû porter, d'après cette formule, est de 2, 794 kilogrammes plus forte que celle qu'il a supportée en réalité, même en prenant le minimum du coefficient de résistance, et en plaçant la fibre neutre au milieu de la hauteur du solide.

En appliquant cette formule à l'expérience I, on obtient un résultat tout opposé.

Si ces différences provenaient de la malfaçon du modèle ou de mauvais matériaux, elles eussent pu être vérifiées après la rupture; mais il n'y en avait aucune trace. De grandes erreurs n'ont pas pu se glisser dans l'opération des essais; du moins le procès-verbal n'en fait pas mention. Ces différences ne peuvent donc être attribuées qu'à de fausses suppositions ou à des données erronées dans les calculs.

Les bases qui ont servi à l'établissement de la formule analytique ne sont pas admissibles pour une paroi en grillage, tandis qu'elles le sont pour une paroi en tôle.

Cette formule, appliquée d'une manière générale, doit reposer sur les deux principes suivants :

« La résistance des fibres contre l'extension ou contre la compression est proportionnelle à la longueur de cette extension et de cette compression, dans l'instant de la rupture.

» La grandeur de la compression ou de l'extension d'une fibre est proportionnelle à la distance de cette fibre à la fibre neutre. »

Le premier de ces principes peut même être admis d'une façon tout à fait absolue, quoique la nature des matières n'entre pas en ligne de compte, car celles qui ont servi à la confection des modèles sont identiquement les mêmes, et l'erreur qui peut être commise est égale dans les deux cas. La différence entre les résultats ne peut donc provenir que de la deuxième donnée.

Il est possible que le rapport de l'extension des fibres ne soit pas celui indiqué ci-dessus et qu'il soit beaucoup plus faible. Cette supposition, du reste, explique pourquoi le pont américain ne s'est pas rompu au milieu, mais bien vers les extrémités.

IV. Pour pouvoir se rendre un compte exact de ces différences, on a procédé à la restauration du modèle en grillage, en y mettant des longrines sans joints, et en changeant les moises recourbées. — Le nouvel essai a fourni les résultats que voici ; la première expérience comprenant encore le chargement appliqué au milieu :

	Poids de la voiture.		Flèche de la flexion.
1.	387	kilogrammes.	0m.0009
2.	755	—	0m.0014
3.	1,005	—	0m.0021
4.	1,255	—	0m.0033

La flexion permanente après le déchargement a été de 0m.0009.

En deuxième lieu on a réparti la charge d'une manière uniforme.

	Poids réparti uniformément.		Flèche de la flexion.
1.	3,613	kilogrammes.	0m.0056
2.	4,172	—	0m.0061
3.	4,758	—	0m.0075
4.	5,821	—	0m.0101
5.	3,998	—	0m.0086
6.	6,099	—	0m.0101
7.	7,392	—	0m.0148
8.	7,602	—	0m.0178

Après le déchargement du premier poids, la flexion permanente a été de $0^m.0005$; au nº 3 les moises ont commencé à ployer ; le poids nº 4, resté 48 heures sur le pont, a produit une flexion permanente de $0^m.0008$. Les mouvements du pont ont considérablement augmenté au chargement nº 7, et la rupture instantanée a eu lieu au nº 8. Cette fois-ci encore ce pont s'est rompu complètement aux extrémités ; toutes les parties de cette petite construction se sont pliées et brisées en même temps. — Les longrines étaient de moitié plus fortes qu'à l'expérience précédente, et cependant elles sont tombées à la même charge. Ce qui vient d'être dit plus haut, relativement au profil de résistance maxima, se trouve ainsi confirmé.

Voici maintenant la récapitulation de ces quatre expériences :

(*Voir le Tableau ci-contre.*)

Nos d'ordre.	MODÈLES.	OUVERTURE.	HAUTEUR	POIDS du modèle.	CHARGE. Au moment de la rupture.	FLEXION. Au moment de la rupture.
I.	Pont avec poutres creuses.	3m.36	0m.23	90 kil.	6.207 kil.	0m.019
II.	Pont américain avec grillages en fer.	3m.60	0m.39	105 —	7.629 —	0m.012
III.	Pont tubulaire.	3m.60	0m.39	106 —	14.629 —	0m.024
IV.	Pont No II, restauré et renforcé. .	3m.60	0m.39	105 —	7.602 —	0m.017

La résistance d'un tube en fer est une donnée assez neuve pour qu'il puisse paraître intéressant de connaître la méthode employée pour ces essais, qui ont dû être faits avec un grand soin et sur beaucoup de modèles avant qu'ils aient fourni des résultats exacts; car dans ces investigations, on voit souvent apparaître de nouvelles formes et de nouvelles combinaisons; il peut même arriver qu'une expérience, quoique bien conduite, au lieu d'éclairer une question, ne fasse que provoquer des contradictions et ouvrir un vaste champ à des recherches.

L'appareil qui a servi à l'expérimentation était très-simple. Deux culées solides ont servi de support aux longrines. Dans les tubes cylindriques et elliptiques, les poids ont été suspendus au milieu dans une entaille faite par le moyen d'une tige à laquelle étaient attachés des plateaux destinés à recevoir les poids.

Nous ne discutons pas la nécessité de cette entaille, qui a diminué considérablement la résistance des tubes; comme elle a été faite dans toutes ces expériences indistinctement, son influence peut être considérée comme nulle. L'évaluation de l'épaisseur des plaques de tôle a éprouvé quelques difficultés; la méthode graphique employée dans le principe n'a conduit à aucun résultat précis, et on a fini par faire un paquet de tous les petits morceaux de tôle qu'on a serrés dans un étau; on a ensuite pu mesurer facilement l'épaisseur de ce paquet, qu'on a divisé par le nombre de pièces.

Toutes ces expériences, dans lesquelles on faisait abstraction des résultats mathématiques, se trouvaient en corrélation directe avec le pont-tube Britannia qu'on était en train d'exécuter à la même époque. Les modèles avaient tous des dimensions proportionnelles à cet ouvrage.

Détermination du profil des tubes (N° 2).

En ce qui concerne la section à donner aux tubes, la théorie fixe le rectangle, à surface égale de matière. Cependant ces résultats mathématiques ont été contestés, et la forme circulaire a été proposée, comme étant plus appropriée à un pont, d'après des expériences faites en petit par l'ingénieur anglais M. Hodgkinson, et dont les conclusions ont été contestées à leur tour par M. Stephenson, qui a fait refaire ces observations et qui a obtenu des chiffres autres que ceux donnés par son prédécesseur.

Le cadre restreint de notre travail ne nous permet pas de relater le résumé de ces expériences, qui ont toutes fait ressortir la supériorité du rectangle sur le cercle ; du reste, une fois le principe de l'application exclusive du pont tubulaire reconnu, la recherche de la section, à résistance *maxima*, de ce tube est devenue une question secondaire ; et si nous insistons sur ce dernier point, parfaitement éclairé par des démonstrations mathématiques et des applications en grand, c'est uniquement pour aller au-devant d'une objection faite par des ingénieurs célèbres, savoir : que les tubes cylindriques n'ont pas été essayés sur les chemins de fer, et qu'alors leur exécution ne doit pas être rejetée d'une manière absolue. Il est vrai que la solidité d'un cylindre est la même sur toute la surface de ce corps, et que, dans les prismes, les angles sont les endroits les plus faibles ; mais aussi ces parties ont-elles été renforcées par des cornières qui ont ajouté un élément considérable de force à toute la construction, tel que cela a eu lieu au pont de Conway. Comme toutes les expériences dont nous venons de parler ont démontré la supériorité des tubes prismatiques, nous ne citerons qu'à titre de spéculation scientifique les deux propriétés curieuses des tubes cylindriques :

« Ces tubes, soumis à de fortes charges, prennent petit à

petit et avant leur rupture la forme d'une ellipse allongée dont le grand axe est vertical.

» Le rapport du poids du tube à la charge de rupture varie avec la hauteur du tube. »

Comme question pratique, il ne reste qu'à examiner le meilleur mode d'assemblage des pièces de tôle, au sujet duquel des expériences directes ont été faites en Angleterre.

On avait exécuté dans la pratique des assemblages avec un, deux, trois et même quatre rangs de rivets. Les deux derniers genres de jointure ont dû être abandonnés à la suite de la remarque qu'on a faite, de l'affaiblissement des plaques de tôle. Au pont de Conway on a employé des plaques simples pour les parois verticales, et des plaques doubles pour le fond et la couverture du tube, avec un simple rang de rivets.

Les expériences sur la résistance de ces plaques ont eu lieu au moyen d'un puissant levier, qui a déchiré les jointures dans une direction perpendiculaire à la ligne des rivets.

Le résultat de ces essais a été cité dans le chapitre des résistances.

Expériences sur la résistance du pont en treillis à Offenbourg (N° 3).

Avant d'examiner les diverses tentatives faites pour déterminer la résistance des ponts en treillis et de relater des opinions sur ce sujet tant controversé, — citons comme exemple remarquable dans ce genre d'investigation les essais faits sur les conditions de stabilité du pont d'Offenbourg dont nous avons donné plus haut une description détaillée.

Les essais sur la résistance de cette construction n'ont commencé qu'après l'achèvement de la pose de la voie sur le tablier. La plus grande charge uniformément répartie a été de 125 tonnes. La plus grande flèche de flexion du treillage extérieur a été de $0^m.012$, et celui du treillage du milieu, de

0m.010. Après le déchargement, les parois ont repris leur position normale.

Un véritable balancement a été exercé sur cet ouvrage comme dans les ponts suspendus, par 90 ouvriers allant au pas, et traînant ensuite, en marche cadencée, les locomotives et les vagons chargés. La flexion maxima dans cette circonstance a été de 0m.011.

L'essai le plus rigoureux a eu lieu par la chute d'une locomotive, qui a été lancée avec la vitesse ordinaire sur deux coins fixés solidement sur les rails et qui est retombée d'une hauteur de 0m.036 au milieu du pont. La flèche de flexion a été de 0m.008. Le passage d'une locomotive avec une vitesse de 50 kilomètres à l'heure a produit des vibrations de 0m.005 à 0m.006. Après cette expérience provisoire, il a été procédé à l'essai définitif qui a précédé la réception du pont. Deux locomotives accouplées ont franchi le pont sur l'une des voies, et ensuite sur l'autre. Quatre locomotives ont passé en même temps; deux sur chaque voie. Six locomotives, accouplées par trois, sur chaque voie, ont traversé en même temps le pont. Des soins particuliers avaient été pris pour que le croisement de ces locomotives eut lieu juste au milieu du pont. La vitesse a été de 53 kilomètres à l'heure et la charge de 182 tonnes. Comme les voies étaient chargées également, le treillage du milieu a dû fléchir 1 et demi de plus que les treillages extérieurs, attendu qu'il n'est que de 1 fois et demie plus solide que les treillages extrêmes, ce qui a eu lieu effectivement, car leur flexion pendant le croisement des locomotives a été de 0m.019 et de 0m.020, tandis que celle du milieu a été de 0m.029.

Les vibrations horizontales ont été de 0m.007. Après le déchargement, les treillis sont rentrés dans leur position primitive. Ces essais ont été considérés comme définitifs, et le pont a été livré à la circulation.

Pour terminer cette description, relatons quelques observations faites sur les conditions de stabilité de cet ouvrage.

Les observations qui sont faites journellement sur la résistance de ce pont constatent sa parfaite solidité. On a fait la remarque, que les trépidations du tablier, pendant le passage des trains, sont excessivement faibles et ressemblent à celles qu'on éprouve dans ces moments, sur un remblai, quand on est placé près des rails. L'exhaussement du pont, par suite de l'élévation de température, a lieu régulièrement vers midi, et son abaissement dans la position normale vers le soir. En cas de dilatation ou de contraction, les treillages glissent sur des plateaux en fonte, et on laisse pour cela le jeu nécessaire dans la maçonnerie.

Dans d'autres ponts en fer, par exemple le pont Britannia, on a posé les tubes sur des rouleaux, afin que le glissement ait lieu avec plus de facilité, et que les maçonneries n'aient pas à souffrir. On n'a pas suivi dans le pont d'Offenbourg cette méthode, parce que les rouleaux s'incrustent dans les plateaux, et empêchent, plutôt qu'ils ne facilitent, le glissement. Du reste, la force de dilatation à laquelle aucune autre force ne peut faire équilibre, suffit pour vaincre la résistance de frottement sur la culée. Il n'existe pas encore d'observations sur le changement que le fer peut éprouver dans un pont en treillage. Il est à supposer que les chocs et les vibrations de chemin de fer ne peuvent exercer sur le métal du treillage des effets analogues à ceux qui ont lieu dans les essieux des locomotives et des vagons, et qui changent le fer fibreux en fer cristallin. Ces chocs seront très-faibles, car les rails sont posés sur des longuerines en chêne très-solides, et les joints sont fixés d'une manière invariable au moyen de plaques vissées ; les pressions qui s'exercent sur les rails sont donc propagées par des corps élastiques sur les grillages.

Dans les plus grands froids, comme dans les plus fortes chaleurs de 1853, les flexions n'ont pas dépassé $0^{m}.013$ pendant le passage des plus lourds convois de marchandises ou les express ; les trains ordinaires ne produisaient pas une flexion au-delà de 10 millimètres.

Après avoir complété l'énumération des expériences faites sur des modèles, par l'exposé d'un essai en grand, citons quelques règles pratiques qui sont le résultat de ces essais et qui peuvent guider dans la construction des grillages.

Règles pratiques pour la construction des treillis (N° 4).

Des expériences faites avec des modèles sur la résistance et la flexion des treillis en fer, ont permis de formuler les règles de construction que voici :

1° Les dimensions des fers d'angles ou cadres composés de fer à cornières, dans lesquels le treillis est fixé, peuvent augmenter à partir du milieu du pont vers les culées à peu près proportionnellement aux ordonnées d'une parabole.

2° Les rivets des cadres doivent être disposés de manière qu'il n'y ait pas de cisaillement des rivets ou de division des parties rivées par arrachement des têtes des rivets.

3° Le cadre supérieur peut avoir les mêmes dimensions que le cadre inférieur.

4° Les barres du treillis doivent avoir une inclinaison de 45 degrés.

5° Le treillis peut devenir plus fort à partir du milieu vers les culées.

6° Les rivets du treillis peuvent être plus faibles que ceux des cadres. La section des rivets doit être le tiers de la section des barres du treillis. Dans cette expérience on a prouvé que la résistance absolue du fer forgé, ou résistance contre l'extension, est égale à la résistance contre le cisaillement.

7° Les poteaux verticaux sont un renforcement du grillage, ils doivent être serrés au point que les cadres ne puissent pas fléchir d'une manière sensible.

8° La section des barres est égale à huit fois la distance entre les barreaux multipliée par la section du cadre et divisée par la longueur du cadre entre les points d'appui.

9° Dans beaucoup de cas les proportions des grillages pourront être améliorées et les matériaux pourront être économisés ; car il arrive souvent qu'une partie du fer ne travaille pas.

Ces deux thèses opposées de la paroi en tôle et du grillage ont partout des partisans. Il serait donc très-utile de multiplier les expériences dont il existe déjà des précédents, mais qui sont contredits.

D'après les essais précités, la paroi pleine est infiniment supérieure à la nervure en treillis; ce résultat mérite confirmation; le pont d'Offenbourg projeté d'après le sentiment du constructeur et soumis ensuite à l'épreuve du calcul, semble donner un résultat contraire. Du reste il n'existe pas encore de théorie complète sur ce sujet ; car la connaissance de la matière, l'effet de la vitesse des trains, les forces exceptionnelles produites par des déraillements, la perte de l'élasticité du métal par l'oxydation, l'imperfection des assemblages, comme toutes les circonstances accessoires, sont des éléments principaux qui ne peuvent pas être représentés par des signes et entrer dans les évaluations algébriques. Jusqu'à présent on s'est contenté de s'en référer à l'expérience.

Quoi qu'il en soit de cette divergence dans les opinions, il peut toujours être intéressant de connaître celles de deux célèbres ingénieurs anglais sur ce sujet.

Opinion des ingénieurs anglais sur la résistance des treillis (N° 5).

Le gouvernement anglais, dans le but de se rendre compte de la résistance des ponts en treillis, avait chargé les *Commissioners of railroads* de l'analyse de ces calculs. L'ingénieur civil, M. R. Stephenson, appelé à émettre devant la commission son avis sur un sujet de cette importance, a donné les réponses suivantes aux questions qui lui ont été posées :

« Avez-vous fait des expériences sur la stabilité des ponts » en bois construits d'après le système américain ? »

— Non ; je n'ai jamais employé ces ponts, parce que mon expérience dans les chemins de fer m'a toujours conduit à exécuter des ouvrages plus solides, que ne le sont les ponts en bois. Ce n'était que par des raisons d'économie que j'ai établi quelques constructions de ce genre. L'ingénieur Stevens, de New-York, qui est chargé des travaux de beaucoup de chemins de fer, m'a assuré que les ponts américains sont à présent totalement abandonnés ; ils se composent de trop de pièces et se disloquent dès-lors très-facilement. Le bois, dans ce cas, est toujours coupé en petits morceaux, tandis qu'il ne devrait être employé que par grandes masses.

« Cette objection du morcellement des matériaux a-t-elle » lieu aussi pour les ponts en fer forgé? »

— Non. Il est vrai que cette objection ne trouve pas sa place ici. Mais une autre difficulté se présente ; elle consiste dans l'impossibilité de propager la pression à travers cette quantité de petites barres de fer dont le pont se compose, par la raison que la base sur laquelle s'exerce cette pression est si étroite, que les parois doivent nécessairement devenir vacillantes (*wabbly*). Le pont américain n'est autre chose que la réunion des parois, avec de nombreuses ouvertures, d'un tube du pont de Britannia. En allant plus loin dans le premier système, on finira par fermer toutes ces ouvertures, et on obtiendra la paroi d'un pont tubulaire proprement dit.

M. Brunel, qui avait été également consulté, s'exprima ainsi devant la commission :

« Je n'emploierai le système américain que quand je me trouverai dans la nécessité absolue de me servir de pièces d'une certaine dimension. Si j'étais obligé de construire un pont d'une grande portée avec de petites barres, je chercherais dans le système précité les moyens de vaincre la difficulté. »

§ 10. *Ponts courbes, droits, continus, discontinus.*

En adoptant la classification des ponts d'après la matière dont ils sont composés, nous avons fait remarquer qu'ils peuvent aussi être divisés en ponts droits ou courbes.

L'arc doit toujours être préféré pour les ponts à une seule travée, toutes les fois qu'on peut établir les culées dans de bonnes conditions. Mais en général, pour les passages à plusieurs travées, les ponts droits sont préférables. Du reste, ces derniers offrent les avantages suivants :

1° L'action des poutres droites est verticale sur les piles, tandis qu'avec les arcs l'intensité des pressions obliques peut changer sous l'influence des surcharges accidentelles — ou plutôt normales, car le service d'un chemin de fer l'exige ainsi. Quand les piles sont hautes, il y a opportunité à n'avoir que des pressions verticales. Actuellement les poutres droites sont toujours adoptées pour les ouvertures hautes.

2° Les poutres à grande portée permettent de diminuer le nombre des piles.

3° En cas de tassement des piles, on peut relever facilement les poutres droites, tandis qu'il est très-difficile d'équilibrer une arche.

4° Les ponts droits réservent le maximum de débouché, — avantage qui n'appartient qu'au métal et au bois.

5° En cas de réparation des passages de la voie ou de construction de chemins de fer sous des rues fréquentées, on peut établir les poutres droites comme dans une mine, sans toucher au sol et sans interrompre la circulation.

Comme exemple remarquable de la solution de ce dernier problème, on peut citer la construction du pont d'Asnières, près Paris, dans des conditions où, d'après l'état actuel de nos connaissances, l'emploi de la tôle était seul rationnel.

Ce pont a dû être substitué à un pont provisoire sous un

chemin dont la circulation exceptionnelle comporte huit trains par heure.

Le choix entre la courbe et la droite une fois fait, il se présente un nouveau problème qui peut être résumé par trois considérations théoriques sur l'ensemble des ponts en tôle et en grillage, et qui se rapportent : au placement du tablier, — à l'indépendance ou à la réunion des voies des chemins de fer, — enfin à la continuation ou à la séparation des poutres sur les piles.

Formulons de suite des conclusions, afin d'en indiquer les points pratiques :

1° La position du tablier doit assurer le meilleur contreventement possible ; il y a donc lieu, quand le profil de la voie le permet, de faire passer le chemin de fer par-dessus les poutres, pour les entretoiser à la partie inférieure, ce qui n'est plus nécessaire quand la hauteur des poutres est faible.

2° Quand il y a deux voies, faut-il les relier entre elles ou les laisser libres ? En les reliant on ne peut employer qu'un tube avec deux parois, ou deux tubes dont la paroi du milieu est commune. En les laissant libres on place deux ponts-tubes l'un à côté de l'autre, sans liaison aucune. — La solidarité a ses avantages ; elle permet aux vibrations de se répartir sur de plus grandes masses ; mais pendant le passage d'un seul train il se produit des inégalités dans les flèches de flexion, qui peuvent entraîner le gauchissement des poutres. J'ai lieu de croire que cette dernière considération n'a pas l'importance qu'on lui attribue, et en voici la raison : le pont d'Offenbourg, le plus grand qui existe dans le genre des treillis, avec poutre au milieu, ne donne au passage des trains qu'une flèche de quelques millimètres ; les flèches du pont Britannia sont également très-petites, et cependant il est composé de tubes indépendants.

En résumé, pour un chemin à deux voies, trois poutres

ou parois semblent préférables à deux parois s'il s'agit de treillis. Quand on emploie la tôle, on forme des tubes indépendants, d'après la méthode de Stephenson.

3° Les avantages de la continuité des poutres paraissent, au premier abord, évidents; les piles ou palées ne doivent servir que de supports destinés à diminuer la portée du pont; mais la continuité exige des dispositions spéciales pour permettre le libre jeu des dilatations et des contractions.

Après avoir passé en revue les systèmes de ponts qui offrent toute garantie de sécurité, il ne me reste plus qu'à parler de ceux qui ne se trouvent pas dans ce cas, et qu'on peut appeler les ponts dangereux.

§ 11. *Constructions dangereuses.*

C'est à plus d'un titre qu'on peut appeler les ponts en poutres de fonte et les ponts suspendus, des constructions dangereuses. Dans une petite brochure déjà citée, au sujet des accidents sur les chemins de fer et des règles à suivre pour les éviter, la question des poutres en fonte a été traitée, et je n'ai plus rien à ajouter. Le parlement anglais a défendu l'emploi de cette construction pour de grandes portées, et il est prudent de s'en tenir à cette décision, qui a été provoquée par la chute d'un de ces ponts chargé d'un convoi de voyageurs, dont beaucoup ont péri.

Les ponts voûtés en fonte, plus usités en France que dans le reste de l'Europe, commencent à être abandonnés actuellement; les ingénieurs reculent souvent devant l'emploi d'une matière aussi fragile que la fonte, qui se trouve toujours soumise à des efforts autres que ceux qui résultent d'une simple compression.

Quant aux ponts suspendus à des chaînes ou à des câbles en fil-de-fer, il semble que ce système barbare n'aurait pas dû quitter les forêts de l'Amérique, d'où il est originaire; si l'on supputait les dépenses de tous les ponts suspendus qui se sont écroulés, et de ceux qu'on a démolis par mesure de sûreté publique, on pourrait changer, avec ces sommes, la surface des emplacements, et y établir des voûtes en belle pierre de taille.

Stephenson a construit sur le chemin de Stockton à Darlington un pont suspendu ; les oscillations de ce pont étaient tellement fortes après le passage des convois, que pour ne pas risquer la chute de cet ouvrage on a pris le parti... sage de soutenir le tablier au moyen de cintres en bois. A la bonne heure ! Malgré cette précaution les oscillations ont continué et ont fini par détruire le pont en bois. Finalement toutes ces constructions ont été démolies.

Les Annales des ponts-et-chaussées viennent de mentionner dans tous ses détails un désastre arrivé récemment à un pont suspendu, en Suisse ; il s'est rompu pendant les épreuves qui ont eu lieu, d'après la méthode française, laquelle consiste à mettre, avec certaines précautions, des sacs remplis de terre sur le tablier. Toutes les personnes qui se trouvaient sur le pont ont été précipitées dans la rivière.

Faut-il se laisser décourager par ces insuccès, faut-il reléguer définitivement les ponts suspendus dans la classe des constructions dangereuses, malgré les avantages d'une exécution commode et économique, et faut-il les faire disparaître à tout jamais du domaine de l'art de l'ingénieur ? Telles sont les questions qui se présentent naturellement et dont la solution est difficile en effet : les ponts suspendus échappent par la nature des éléments qui les composent, à toute appréciation exacte ; leurs parties mal reliées entre elles, et leurs chaines dont la flexibilité change à chaque instant, ne peuvent pas être soumises au calcul, qui ne peut embrasser ni les surcharges momentanées, ni les oscillations horizontales, lesquelles produisent des forces supérieures à l'équilibre stable.

Cependant il existe aujourd'hui des constructions de ce genre qui semblent se soustraire à toute critique ; mais ces exemples se trouvent en Amérique et on n'en connaît en Europe que des détails très-vagues. On en a fait un éloge pompeux, répété partout, mais aucun rapport officiel n'en a encore été livré à la publicité.

Heureusement on n'appliquera pas les ponts suspendus aux chemins de fer en Europe ; il y a lieu d'espérer qu'aucun gouvernement n'en permettra jamais l'emploi.

La Société des ingénieurs civils de Berlin a émis dernièrement l'avis suivant sur cette question, un de ses membres ayant présenté, dans le but de parer à la rupture des ponts suspendus, une nouvelle théorie : « La Société prend en considération les nombreux accidents arrivés aux ponts suspendus ; elle estime que cette expérience est concluante, qu'il n'y a pas lieu d'appliquer ces ponts aux chemins de fer, ni d'examiner le mémoire présenté, et passe à l'ordre du jour. »

Il existe encore une autre espèce d'ouvrages dangereux ; ce sont les ponts tournants qui, souvent, jouent le même rôle que les rencontres en sens opposé des convois : résultat de l'aberration de l'esprit humain.

Partout où l'on a construit des ponts tournants, principalement dans les pays plats traversés par des canaux, il paraît que les hommes ont subi une sorte d'hallucination ; ils l'ont prouvé en ouvrant ou en laissant ouverts ces ponts juste au passage des convois ; — il est très-facile, du reste, dans beaucoup de cas, de les éviter en dirigeant d'une manière intelligente les tracés de nivellements et en ayant présent à la mémoire le spectacle des épouvantables catastrophes auxquelles des négligences ont donné lieu.

---

§ 12. *Les Tunnels.*

Souvent on ne classe pas, dans les travaux d'art, les souterrains; en effet ils n'offrent à la première vue rien d'artistique. Une longue galerie voûtée ou taillée dans le roc avec deux portails, — tel est en résumé cet ouvrage qui cependant présente dans son exécution, — sauf des difficultés de fondations, — tous les problèmes de l'art du constructeur.

Avant d'entrer dans les détails de ces travaux, examinons-en l'opportunité, qui est loin d'être soumise à une règle fixe. En effet, on peut éviter les tunnels par de grands déblais, ou par des détours dans le tracé, et auxquels il n'y a pas de limites à assigner.

Pour les tunnels se présente exactement la même question que pour les viaducs. Quand cessait le remblai, quand commençait le viaduc? Actuellement il s'agit d'examiner quand cesse le déblai, quand commence le tunnel?

C'est, répétons-le, une équation à deux inconnues ; je dirai même à quatre inconnues, car pour éviter les tunnels, il faut arriver le plus près possible vers le faîte de la montagne, et c'est avec des viaducs et des remblais qu'on atteint ce but.

Ce qu'il y a de mieux à faire, c'est de dresser des projets comparatifs, et ce qui a lieu, du reste, chaque fois qu'on étudie les tracés sans idées préconçues.

Pour fixer un point de départ, on peut dire, qu'un tunnel est avantageux à établir, si la tranchée dépasse 16 mètres de hauteur dans les terrains durs.

On peut distinguer deux espèces de souterrains : ceux creusés dans le sol ; — ceux construits à ciel ouvert au moyen d'une tranchée perpendiculaire et recouverts ensuite de terre.

Les tunnels creusés comme galeries de mines rencontrent des rocs, ou des terrains sans consistance. Ces derniers sont les plus dangereux pour les ouvriers et demandent le plus d'attention.

N'oublions pas la troisième espèce : les tunnels sous l'eau, dont celui de la Tamise à Londres est le plus remarquable.

L'exécution des tunnels cause de grands retards dans l'ouverture de l'exploitation des chemins de fer; l'essentiel est donc de pousser ces travaux avec une grande activité.

Dans le principe, les procédés employés étaient imparfaits; on marchait avec une lenteur extrême. Les tunnels qu'on exécute aujourd'hui en trois ans, eussent demandé, avec les moyens défectueux d'autrefois, au moins huit à dix ans.

Voici comment on procède généralement. Dans les terrains durs qui tiennent droit sans revêtement, on fonce dans l'axe du chemin de fer des puits verticaux destinés au percement du tunnel sur plusieurs points à la fois. Le nombre de ces puits dépend de la rapidité qu'on veut imprimer à ce travail. On forme une galerie dans laquelle on fait circuler les vagons de terrassement, pour enlever les terres ou les quartiers de roche, au fur et à mesure que la galerie s'élargit pour former le tunnel. Pour recueillir les eaux, on creuse les puits en contrebas du niveau du ballast; les eaux coulent dans ces cavités et on les épuise par les moyens employés dans les mines avec des pompes à bras, à manége ou à machine à vapeur, suivant les circonstances. Dès que la galerie est ouverte en entier, on trace au fond une rigole pour les eaux.

En même temps qu'on exécute le tunnel, on débarrasse ses entrées par les déblais.

Dans le terrain non consistant, on procède de la même façon, mais avec des blindages, car les terres doivent être fortement soutenues pour ne pas donner lieu à des éboulements.

§ 13. *Les tunnelling-machines.*

Depuis l'emploi de la poudre dans le percement des roches, l'art du mineur n'a presque pas fait de progrès ; si ce n'est qu'on est arrivé à allumer les mines avec du feu électrique.

Il restait donc à remplacer le bras de l'homme par des moyens mécaniques. Les chemins de fer, surtout ceux des Etats-Unis, ont hâté cette solution ; aussi c'est dans ce pays que les machines à perforer la pierre sont les plus nombreuses. Elles peuvent se diviser en deux classes : celles à forer les trous de mine et celles destinées à enlever les pierres sans le secours de la poudre ; parmi les premières figure la machine à trépan, laquelle travaille par son propre poids et verticalement ; dans une deuxième machine, le trépan agit dans toutes les directions. Ces trépans sont attachés à la tige de piston des cylindres à vapeur. Dans une troisième machine, le trépan est lancé par la force de détente d'un ressort en acier ou par un ressort en gutta-percha ; avec cette machine le trépan peut également fonctionner dans toutes les directions ; il est frappé par un marteau que la machine met en mouvement.

Parmi les *tunneling-machines* de la seconde catégorie pour tailler directement le roc, figure celle à trépans circulaires, qui taille des rainures sur le front du tunnel en pulvérisant la pierre.

Les machines à vapeur qui font marcher ces mécanismes n'ont ordinairement qu'une force de quatre chevaux. Elles sont à cylindre oscillant horizontal et alimentées par une chaudière tubulaire. Un seul homme suffit pour conduire et la machine à vapeur et l'appareil à forer. La machine est placée à l'entrée du tunnel ; la vapeur entre par un tuyau et s'échappe par un autre tuyau, qui tous deux sont suspendus le long de la galerie.

C'est autant pour activer le travail, que pour éviter l'accumulation des vapeurs de poudre résultant des explosions des mines, qu'on a imaginé ces sortes de machines.

Maintenant résumons la question des ouvrages d'art, en récapitulant comme exemple les systèmes de travaux exécutés en Angleterre.

§ 14. *Traversée des fleuves, viaducs, tunnels, en Angleterre.*

Ce qui importe le plus pour la régularité et l'économie des transports par chemins de fer, c'est que les expéditions aient lieu, sans transbordement, jusqu'au lieu de leur destination. Cette règle, encore inexécutée sur le continent, où les grands fleuves ne sont pas traversés par les railways, a été appliquée en Angleterre ; là les obstacles contre l'exécution des lignes non interrompues se sont trouvés sur le littoral, où de longues et larges baies et des embouchures de fleuves coupent les routes ferrées.

Des ouvrages gigantesques qui font la gloire des Anglais et l'admiration du monde entier, ont été élevés dans la plupart de ces endroits. Les ponts tubulaires dus au talent de l'ingénieur Stephenson, se montrent en premier lieu ; ils sont suffisamment connus ; leurs dessins et plans, la description des opérations de leur montage sont répandus partout.

Les embouchures de quatre fleuves qui présentaient des difficultés trop grandes sont contournées par les chemins de fer ; sur trois autres points, les deux abouts des lignes sont rejoints au moyen de la navigation à vapeur. Des vagons roulent par des plans inclinés sur les ponts des steamers, et sont hissés ensuite sur le chemin de la rive opposée.

Les arrangements faits pour égaliser les différences de niveau sont en général très-ingénieux, et méritent, sous plus d'un rapport, de fixer l'attention des constructeurs ; les vagons sont soulevés et abaissés perpendiculairement au moyen de presses hydrauliques, mues par des machines à vapeur; les voyageurs, pour plus de sûreté, ne sont pas expédiés par ce procédé, qui ne s'applique qu'aux vagons à marchandises. Les personnes descendent momentanément des voitures et entrent dans les salles du bateau à vapeur, pour remonter ensuite en voiture. Dans cette circonstance on voit encore la tendance des Anglais de remplacer partout la main-d'œuvre par des dispositions mécaniques.

Les ponts et viaducs forment la partie intéressante des travaux des chemins de fer. La variété de formes que tous ces ouvrages ont dû prendre pour franchir les rivières, les rues, les vallées, a fait que cette partie de l'art de bâtir s'est beaucoup perfectionnée. Les tunnels sont aussi très-fréquents, même où des tranchées les auraient remplacés, sans les difficultés d'acquisition et le prix très-élevé des terrains.

Parmi les tunnels les plus curieux, on peut citer celui, à une voie, du chemin de Manchester à Sheffield ; il a une longueur de 5 kilomètres. Pour rendre impossible une rencontre de deux convois dans cette galerie, on a pris une mesure décisive ; chaque train est remorqué dans le tunnel par une locomotive spéciale. Comme la pente du chemin de fer change avec la rampe au milieu de la galerie, cette deuxième machine, sans laquelle aucun convoi ne peut passer, sert également de locomotive de renfort.

Il n'y a pas de système prépondérant pour la construction des ponts en Angleterre. La fonte n'est maintenant employée que dans des cas exceptionnels. La réunion de la fonte et du fer est rejetée à cause des inconvénients qu'offre l'inégalité de dilatation des deux métaux ; de nouvelles constructions en bois sont très-rares ; le bois ne présente pas une assez grande durée et une sécurité suffisante contre l'incendie.

La suspension des ponts au moyen de chaînes ou de câbles en fil de fer, a pu réussir pour les communications ordinaires, mais il n'en a plus été ainsi pour les chemins de fer. Le premier essai de ponts en chaînes fait à Stockton sur un chemin d'exploitation de houillères, n'a pas réussi ; on n'a donc plus répété en grand cette expérience; une petite construction, exécutée depuis, n'a fait que confirmer les défauts inhérents à ce système.

On avait essayé sur le chemin de fer de Chester une nouvelle espèce de ponts en fonte projetée par M. Stephenson ; quoique cette construction ait éveillé des craintes, on l'a cependant introduite, avec quelques modifications, sur toute la ligne. Ces ponts sont composés de poutres horizontales d'une pièce pour les ouvertures de 10 mètres, de deux pièces pour les ouvertures de 20 mètres, et de trois pièces pour les parties de 30 mètres. Dans les joints, on a renforcé ces poutres par des plaques vissées; des armatures en fer de diverses sortes ont ensuite relié entre elles ces séries de poutres, qui forment le tablier du pont proprement dit.

Beaucoup de voix se sont élevées en Angleterre contre cette liaison du fer et de la fonte. On était encore en discussion à ce sujet, quand la rupture d'un de ces ponts, et qui a coûté la vie à plusieurs personnes, a démontré le danger de ces travaux, qui depuis cette époque ont été abandonnés. Les ponts construits d'après ce système sont soutenus actuellement par des cintres en bois; dans les faibles ouvertures on s'est contenté de poser des contre-fiches. Ce fait a produit une impression tellement fâcheuse, qu'on a songé immédiatement à remplacer la fonte par le fer laminé, et l'invention des ponts-tubes en a été le résultat.

On distingue deux espèces de ponts tubulaires dans lesquels le principe est le même. Le pont-tube de Stephenson et le pont avec des longerons-tubes de Fairbairn. Les constructions en tôle sont devenues très à la mode en Angleterre, et tout système destiné à porter des charges est exécuté actuellement avec de la tôle et des cornières en fer forgé. Les tubes sont appliqués depuis quelque temps aux petits ponts dont la faible portée n'exige que des parois dont la hauteur serait insuffisante pour passer dans les tubes mêmes. Ils servent alors, avec leur ouverture étroite, de longerons ou de supports aux tabliers du pont.

Ces ponts, appelés en anglais *box girder bridge*, auxquels on croit pouvoir donner une portée de 60 mètres, remplacent avec avantage les ponts en bois, car la tôle, à l'abri d'une prompte dégradation, offre l'élasticité du bois.

Le côté faible des ponts tubulaires réside dans la difficulté de les garantir contre les influences atmosphériques; les tubes du pont de Conway sont couverts d'un toit commun, et des échafauds volants permettent de visiter chaque partie des parois et du fond et de renouveler la couche de peinture.

Les ponts américains composés dans le principe de treillages en bois, sont actuellement établis en fer. Il a fallu cinq ans avant que ces constructions fussent reçues en Europe. Ces ponts sont encore peu usités en Angleterre ; dans ce pays on a manifesté de tout temps une certaine répugnance à adopter les inventions venues d'Amérique.

CHAPITRE IX.

LA VOIE DE FER (RAILS ET SUPPORTS).

§ 1. *Classification des profils des rails.*

Le choix du profil des rails et de leurs attaches occupe toujours au plus haut point l'attention des constructeurs. En France et en Angleterre on procède encore par des essais; en Amérique et en Allemagne on est à peu près fixé à cet égard.

La spéculation scientifique a fait de vains efforts pour conduire à une solution directe ; on n'est jamais arrivé à établir une théorie complète, par suite de la complication du problème; on ne peut y faire entrer toutes les considérations techniques et économiques d'où dépend l'adoption d'un système de voie ferrée.

C'est en général le défaut de toutes ces théories, qui n'embrassent qu'une partie de la question. Les mathématiciens ont une tendance naturelle à élaguer de leurs calculs tous les chiffres qui les gênent, et qui ne peuvent être introduits dans les équations et manœuvrés avec facilité; chaque ingénieur a donc établi une règle à sa façon, d'où est sortie cette quantité innombrable de rails, que je diviserai en six grandes catégories que voici :

1° Le rail à double champignon ou double T usité en France et en Angleterre;

2° Le simple T employé en Belgique;

3° Le rail creux, rail de Brunel, U renversé, adopté en Angleterre, dans le midi de la France, et autrefois dans le grand duché de Bade;

4° Le rail américain, à large base et à champignon; rail de Vignoles ou rail T renversé, en usage dans les Etats-Unis et en Allemagne;

5° Le rail *Barlow*, V renversé, essayé en Angleterre, en France, en Espagne et en Australie;

6° Enfin le rail fendu dans toute sa longueur et vissé, dont les Américains font usage, et que j'ai appelé, d'après le nom de l'inventeur, rail de Winslow.

Il ne sera pas question ici des anciennes formes de rails, telles que la forme ondulée, rectangulaire, qui sont complètement abandonnées aujourd'hui.

Comme chacune de ces espèces renferme une infinité de variétés, on a de la peine à sortir de ce chaos, à moins de se lancer à l'aventure dans les essais, et d'adopter un système de rail au moment même qu'une compagnie parallèle l'abandonne et le renvoie dans les usines.

On choisit d'habitude dans cette liste un rail suivant le sentiment, on en modifie la forme, on élargit la base, on rétrécit la tête, on bombe la surface de roulement ou on l'aplatit, on fait subir des modifications dans le poids et le mode d'attache, et on crée, sans s'en douter, souvent un nouveau rail, qu'il est difficile ensuite de classer dans une de ces catégories.

§ 2. *Exemples d'un choix de système de rails.*

Une autre marche, tout aussi rationnelle et peut-être plus pratique, a été suivie en Allemagne; on a soumis l'adoption d'un système de rail à une réunion de comités de chemins de fer et on a tranché cette question par un vote de majorité.

Trois exemples se sont présentés à ce sujet : le premier en Autriche, les deux autres en Prusse. Citons-les pour la curiosité du fait.

En 1848, l'administration du chemin de fer de l'Empereur-Ferdinand (du Nord), sur la demande générale des actionnaires, devait choisir un nouveau modèle de rail plus en harmonie avec une circulation active, et ayant la force nécessaire pour résister à la pression des lourdes machines locomotives.

La compagnie s'est adressée à toutes les administrations de chemins de fer d'Allemagne, en leur posant la question suivante :

« Quel système de rail adopteriez-vous en cas de reconstruction de votre voie de fer? »

Vingt et une administrations ont envoyé leurs réponses, qu'on peut diviser en quatre classes, car elles se rapportent à quatre espèces de rails.

Premier cas. — Trois administrations ont employé le rail creux, ou rail Brunel; aucune ne se prononce en faveur de ce système.

Deuxième cas. — Le rail à simple champignon est posé sur quatre chemins. Deux administrations sur les vingt et une proposent ce rail en cas de reconstruction de leur voie ferrée.

Troisième cas. — Trois comités votent pour le rail à double T. Quant aux autres administrations, quelques-unes se prononcent contre ce système, d'autres s'abstiennent de donner leur avis..

Quatrième cas. — Enfin, dix-sept compagnies ont employé le rail américain, soit sur toute l'étendue de leurs lignes, soit sur quelques sections seulement; douze de ces administrations se prononcent en faveur de ce système.

Ainsi le rail de Vignoles ayant obtenu la majorité des voix, a été adopté à titre définitif par le Nord-Empereur-Ferdinand.

Le deuxième examen de la question des rails a été entrepris par la direction générale des travaux publics en Prusse, qui était appelée à prendre une décision à cet égard, comme nous le verrons plus loin.

Quatorze comités ont été consultés; neuf se sont prononcés pour le rail américain; trois pour le double champignon, et les deux derniers ont demandé très-humblement au ministre qu'il veuille bien les dispenser d'exprimer leur opinion, dans la crainte qu'elle ne soit consignée sur des procès-verbaux officiels, et que dans un temps donné elle ne se trouve plus à la hauteur de la science.

En troisième lieu, cette proposition a été soumise à la Société des ingénieurs civils de Berlin, qui a adopté le rail américain par vingt voix contre treize, et a rejeté toutefois son application absolue aux dépens de tout autre système, par dix-sept voix contre seize.

Ainsi, une voix de plus et le gouvernement prussien érigeait l'application du rail américain en loi fondamentale de ses chemins de fer, qu'une révolution seule, dans l'art de l'ingénieur bien entendu, eût été capable de renverser.

Eclairée enfin sur ce point, l'administration a soumis le

ésultàt de son enquête à une commission spéciale pour aire des expériences sur la résistance des rails, et d'après esquelles le rail américain offre, à poids égal, par mètre ourant, des avantages marqués sur toutes les autres fornes.

En récapitulant maintenant ces votes, on peut classer les ombres qui les représentent de la manière que voici :

1° Votes provoqués par la Compagnie de l'Empereur-Ferinand (du Nord).

Nombre des comités consultés : 21.

	POUR.	CONTRE.
Rail creux.	0	21
Rail simple T.	2	19
Rail double T.	3	18
Rail américain.	12	9

2° Votes demandés par le gouvernement de Prusse.

Nombre des comités mis en demeure de s'expliquer : 14.

Voix perdues : 2

	POUR.	CONTRE.
Rail double T.	3	9
Rail américain..	9	3

3° Votes de la Société des Ingénieurs.

Membres votants : 33.

	POUR.	CONTRE.
Préférence à donner au rail américain, avec attaches fixes, sur les rails à coussinets.	20	13
Application absolue du rail américain dans toutes les circonstances. . . .	16	17

Ce n'est pas sans raison que je me suis étendu sur cette anière d'agir, qui offre le spectacle assez curieux de la sotion d'un problème scientifique par un vote de majorité.

Cette question des rails se trouve soulevée en ce momen par une de nos grandes compagnies, qui, ne voulant pas en treprendre une enquête elle-même, profitera peut-être d celles faites par ses voisines.

Je vais donc examiner rapidement, et sans entrer dans beau coup de détails, l'opinion exprimée par les administration précitées : Il leur paraît hors de doute qu'une voie stable e solide puisse être établie indistinctement avec les deux profil de rails; mais s'il s'agit du profil auquel il faut donner la pré férence pour obtenir une voie également résistante, dans le deux cas, avec le minimum de dépense, alors il faut adop ter les rails à large base. La différence entre les divers sys tèmes à large base, est si petite et si dépendante des détail de construction, qu'elle ne suffit pas pour décider l'adop tion de l'une ou de l'autre de ces nombreuses formes.

En résumé, les administrations sus-mentionnées sont d'a vis, que si les rails américains exigent, à cause de la largeu de leur pied, un poids plus grand que les rails à double T, à résistance égale contre la flexion, d'un autre côté, les coussi nets, indispensables à ces derniers rails, se trouvent suppri més par les rails à large base; qu'alors il peut y avoir com pensation pour le poids; et, enfin, qu'à poids égal, la résistance est dans le rapport de 21 à 19 donné tant par le calcul appro ximatif, que par la pratique.

Nous avons parlé des profils tels que l'expérience, les exigences du service ou le hasard les ont produits. Il y a cependant encore une voie plus logique pour déterminer la section d'un rail, outre celle du calcul : c'est la mé thode de l'expérimentation; alors le problème devient plus simple et les éléments en deviennent faciles à établir. Ils rentrent dans la catégorie de ceux sur lesquels repose l'appréciation de la résistance contre les forces auxquelles un prisme placé entre deux appuis est soumis, et d'où la forme de la section transversale est déduite. C'est sur le terrain du raisonnement et de l'analyse qu'on s'est placé, et voici maintenant ce qui en est résulté.

§ 3. *Résistance comparée des rails.*

Les recherches sur la résistance comparée des rails, faites sous le point de vue théorique, n'ont pas donné, jusqu'à présent, des résultats concluants, ainsi que cela vient d'être dit.

Les opinions sont partagées sur la force des rails à large base, ou rails américains, ou rails de Vignoles, et des rails à coussinets à simple ou à double T. Des ingénieurs de grand mérite font valoir, en faveur de ces deux systèmes, des arguments appuyés sur des raisons scientifiques et sur une longue expérience. Aussi, en Angleterre, on donne actuellement la préférence aux rails à très-large base; en France, aux rails à double champignon; et en Allemagne, aux rails de Vignoles.

Dans le présent paragraphe sur la recherche de la meilleure forme à donner aux rails, par rapport à leur résistance, je me bornerai à l'examen des deux systèmes bien distincts, qui comprendront : les rails à champignons : à large base et à base étroite.

Posée dans ces termes, cette question avait été portée devant les chambres prussiennes, lors des discussions qui ont eu lieu sur la construction, aux frais de l'Etat, du chemin de fer de l'Est.

Voici comment les journaux spéciaux se sont exprimés à ce sujet :

« L'importance des fournitures de rails pour le chemin de
» l'Est, a déterminé le ministre du commerce, de l'industrie
» et des travaux publics en Prusse, à faire faire des re-
» cherches sur le meilleur profil à donner à ces rails. D'un

» côté, l'administration de ce chemin de fer a proposé les » rails de Vignoles, placés immédiatement et sans coussinets » sur les traverses en bois, espacées de 1 mètre. D'un autre » côté, des propositions ont été faites en faveur des rails à » double T, avec leurs attaches ordinaires, tels qu'ils sont » usités en France. La solution définitive de ce problème a » été confiée aux ingénieurs prussiens et à plusieurs comités » de chemins de fer. Ces derniers, au nombre de quatorze, » ont répondu à l'appel, et neuf se sont prononcés d'une fa- » çon absolue pour le système de Vignoles ; trois autres ont » préféré les rails à double champignon, et, enfin, les deux » restants ont discuté la question ; mais ils ont demandé à » être dispensés de donner leur avis. »

Si je n'ai pas rendu compte plus tôt de ces discussions, c'est parce que j'ai toujours attendu que, dans d'autres pays, ce sujet fût traité de la même manière, et qu'alors les résultats obtenus m'eussent mis à même de les contrôler les uns par les autres.

Examinons maintenant les expériences directes sur la résistance relative des divers rails, qui est toujours le point capital de la controverse.

Je commencerai par la *description de l'appareil* qui a servi dans ces essais.

Les données ci-dessous sont extraites des procès-verbaux dressés sur ces opérations. L'appareil consiste en deux chevalets en fonte, reliés au moyen de fortes traverses et espacés d'un mètre. Les plaques en acier, destinées à porter les extrémités des rails, sont fixées sur la tête de ces chevalets. La pression sur le rail est produite au moyen d'un levier ou balancier en fonte, multipliant neuf fois la charge. Le pivot de ce levier peut s'élever et s'abaisser, de manière à ce que sa position reste horizontale à chaque flexion du rail. A l'extrémité libre du balancier se trouve suspendu un plateau pour recevoir les poids ; au moyen d'un système de poulies, le rail peut être déchargé avant chaque augmentation de chargement. Par suite de cette disposition, les poids sont descendus lentement et sans choc; comme il s'agit de déterminer la rupture par une simple pression, ces précautions ne sont pas superflues.

Mesurage de la flexion et de la rupture. — Au commencement de l'expérience, le morceau de rail, d'une longueur moyenne de 2 mètres, a été placé sur les supports en acier; le balancier a été ensuite descendu avec précaution, et les flexions ont été marquées par un levier attaché à une échelle proportionnelle; le balancier a été soulevé, le plateau rechargé et l'opération a recommencé de la manière indiquée, jusqu'à la rupture du rail. Les flexions permanentes ont été notées, dès que la limite de l'élasticité avait été dépassée; jusqu'à cette limite, les flexions ont été peu considérables.

En général, ces opérations ont été très-délicates. Des circonstances particulières, provenant de la compressibilité des supports, ont exigé des appréciations spéciales des flexions au point d'attaque de la charge. Jusqu'à la limite de l'élasticité, le chargement du plateau a eu lieu par 50 kilogrammes à la fois; à partir de cette limite, le chargement a été de 150 à 250 kilogrammes, jusqu'à l'approche présumable de la rupture où le chargement a été de nouveau pesé quintal par quintal. De cette façon, on a pu évaluer, aussi exactement que possible, les pressions correspondant à l'élasticité et à la rupture; vers la fin, les expériences ont nécessité certaines mesures de précaution; car les rails à fer dur se sont rompus instantanément, et les morceaux ont été lancés avec une grande force.

Résultats des expériences. — Il résulte de la description précédente que les difficultés qui se sont présentées dans le cours de ces essais étaient fort nombreuses, quoique le problème en lui-même fût très-simple. Il s'agissait de mesurer la résistance des rails, posés librement sur deux appuis. Les premières tentatives n'ont servi qu'à la recherche du meilleur mode d'expérimentation et de la construction d'un appareil convenable.

Les expériences ont fait ressortir, dans l'état de cohésion du fer laminé, de notables différences, non-seulement dans divers rails d'une seule et même forme, mais aussi dans un seul et même rail. On a trouvé souvent que le premier tiers d'un rail avait une structure fibreuse, tandis que les deuxième et troisième tiers présentaient un aspect cristallin. Cette structure du fer n'exerçait cependant aucune influence appréciable sur les flexions.

Voici maintenant les résultats des expériences, dont je n'indiquerai que les chiffres moyens. Les dimensions normales du profil du rail américain sont :

Hauteur.	0m.135
Largeur du champignon.	0m 065
Largeur de la base..	0m.120
Epaisseur de la tige.	0m.019
Longueur du rail.	1m.800
Portée.	0m.900

Pour éviter autant que possible les différences résultant de la qualité des matériaux, chaque rail avait été coupé en trois morceaux, dont deux ont eu la base réduite successivement, pour être convertis en rails à double T et ensuite en rails à simple T.

DÉSIGNATION DU RAIL.	POIDS du rail par mètre courant	LIMITE de l'élasticité.		RUPTURE.	
		Chargement — Kilos.	Flexion. — Mètres.	Chargement. — Kilos.	Flexion. — Mètres.
Américain. . . .	36	9200	0.0021	30.800	0.093
Réduit à double T	31	6900	0.0022	23.600	0.074
Réduit à simple T	30	6500	0.0023	23.200	0.066

Observation. — La surface de rupture a été à gros grains et vers les bords à petits grains.

Les trois expériences ci-dessus ont été répétées dix fois sur des rails de diverse fabrication, mais de même poids. Les surfaces de rupture ont présenté de grandes différences, et on a pu se convaincre que la force des rails d'un seul et même profil peut varier suivant la structure du fer, qui dépend autant du mode de fabrication que de la nature du métal.

En considérant chacun de ces essais, fait avec un seul et même rail coupé en trois morceaux, on voit que par suite de la transformation du rail américain en rail à double T et à simple T au moyen de la réduction de la largeur de la base, la résistance a diminué proportionnellement à cette réduction, quant à la limite de l'élasticité et quant à la rupture.

Voici cette proportionnalité résumée dans un tableau :

NUMÉROS des rails.	RAPPORT DU POIDS des trois morceaux de rails.
1	100 : 85.0 : 84.0
2	100 : 84.6 : 83.7
3	100 : 100. : 84.4
4	100 : 85.1 : 84.3
5	100 : 84.6 : 84.8
6	100 : 86.0 : 84.4
7	100 : 86.0 : 84.9
8	100 : 81.1 : 75.6
9	100 : 80.9 : 75.2
10	100 : 95.7 : 89.9

RAPPORT DE LA RÉSISTANCE DES MORCEAUX DE RAILS SUIVANT LEUR POIDS.

Nos des rails.	Dans les limites de l'élasticité.	Pour la rupture.
1	100 : 77.5 : 70.6	100 : 77 : »
2	100 : 79.2 : 72.3	» : » : »
3	100 : 100 : 78.3	» : » : »
4	100 : 60.7 : 52.8	» : » : »
5	100 : 72.9 : 89.1	100 : 73.2 : 71.6
6	100 : 84.6 : 79.4	100 : 77.2 : 72.3
7	100 : 80.4 : 60.9	100 : 77.5 : 76.0
8	100 : 58.5 : 48.5	100 : 66.0 : 53.4
9	100 : 58 : 39.3	100 : 66.3 : 53.2
10	100 : 94.5 : 84.4	100 : 91.20: 78.0

Observation. — Les rails Nos 2, 3 et 4 se sont pliés sans rompre.

En comparant les colonnes 2 et 3, qui contiennent les chiffres proportionnels pour le poids et la résistance, dans les limites de l'élasticité, et les numéros 1, 2, 3, 4, 5, 6, et 7, on trouvera que les moyennes de la colonne 2=100 : 85,2 : 84,3 correspondent aux moyennes de la colonne 3=100 : 65,8 : 60,7 et que la résistance a diminué de 19,4 et 23,6 0/0 de plus que le poids.

Quant à la rupture des rails, les diminutions du poids et de la résistance sont moins grandes dans le cas précédent. Pour les rails N° 1, 5, 6 et 7, le rapport moyen du poids est de 100 : 85,4 : 84,5 et la différence de 9,20 et de 10,80 0/0, tandis que pour l'élasticité ce nombre est de 19,40 et de 23,60 0/0.

En résumé ces expériences démontrent : « que le moment d'élasticité des rails américains décroît au fur et à mesure que leur base est réduite, et que cette décroissance est beaucoup plus rapide que la diminution du poids ; elles démontrent encore, que par l'enlèvement complet du pied, coupé verticalement, la diminution de la résistance est double de la réduction du poids. » Ce résultat ne doit pas étonner ; il est conforme au principe développé du solide de plus grande résistance, dont la distribution de la masse dans la section du rail n'est qu'un corollaire.

On a souvent émis l'opinion que le pied d'un rail n'était utile que pour les attaches, et que toute la matière, après la formation du champignon, devait être employée dans le but d'augmenter la hauteur de la tige. Je crois que les personnes qui partagent cet avis se sont probablement servies de la formule applicable au prisme de plus grande résistance $= \frac{m\,b\,h^2}{l}$ qui différenciée donne le rapport approximatif de 5 : 7, b étant la base, h la hauteur, l la longueur, et m le coefficient ; donc $\frac{m}{l}$ est égal à l'unité ; mais je fais observer que cette formule ne se rapporte qu'au prisme rectangulaire et qu'on a donné à cette équation une application trop générale. Le principe que je viens d'émettre est relatif à toute espèce de rails, qu'ils soient à large base ou à base étroite.

Dans toutes les expériences précitées, la rupture a eu lieu de bas en haut par le déchirement des fibres inférieures : moins leur masse a été grande, plus la rupture est devenue facile.

Ainsi, un rail avec le champignon placé en haut s'est rompu sous une charge de 15,950 kilog. et sous une flèche de $0^m.105$, tandis qu'un morceau du même rail retourné avec la tête en bas ne s'est pas brisé sous une charge de 20 tonnes et une flèche de $0^m.15$.— Cet essai, souvent répété avec des rails de toute espèce de profil, a constamment donné le même résultat.

Il est inutile, à mon avis, de pousser plus loin les recherches pour déterminer par la théorie seule la section du rail, attendu que cette forme est déjà commandée en partie par la conicité des jantes des roues, par le mode de fabrication et par les exigences de la pose et de l'attache de la voie.

Elasticité des rails. — En restant dans les limites fixées par la théorie pour la distribution de la masse de fer, la meilleure disposition à prendre serait d'égaler la somme des moments de flexion des deux côtés de la fibre neutre ; ce qui serait exact, si la résistance du fer contre la compression ou contre l'écrasement était égale à celle que ce métal offre à l'extension ; mais il existe une différence entre ces deux résistances, qui est dans le rapport de $\frac{1}{9}$, d'après la Commission anglaise instituée en 1849 pour examiner la question de l'emploi du fer dans la construction des railways. Cependant les chiffres de cette fraction ont été vérifiés, et on m'a assuré que la différence était excessivement petite et qu'on s'était probablement trompé dans le calcul de la position des centres de gravité.

On voit par là que les limites de la parfaite élasticité sont souvent illusoires; elles dépassent la première flexion permanente, qui correspond à la plus forte pression à laquelle un rail est soumis, et qui est celle exercée par les roues motrices des locomotives. Après chaque passage de train, le rail se redresse jusqu'à la flexion permanente, qui reste la même tant que le poids et la vitesse de la charge n'augmentent pas.

La limite de ces flexions permanentes peut être fixée d'après le principe : « qu'une barre de fer résiste à une charge en mouvement quand la flexion produite par cette charge ne dépasse pas le 1/3 de la flexion au moment de la rupture. »

La Commission anglaise, dont je viens de parler, a soumis ce principe à l'épreuve des essais pratiques, et elle a trouvé que la rupture a lieu après l'effet réitéré d'une charge, quand la flexion est la moitié de celle produite au moment de la rupture.

On peut conclure de là que la flexion des rails causée par le poids ne doit pas inspirer de grandes inquiétudes; si ces flexions augmentent dans des proportions inaccoutumées, elles proviennent du choc des roues sur les inégalités de la voie, qui résultent de l'affaissement des supports, après les fortes pluies, la gelée et autres circonstances dont l'effet est nul du moment où le service d'entretien est fait avec exactitude et intelligence.

Il y a même avantage à ôter les rails courbés, car ils s'opposeraient tôt ou tard à l'emploi des lourdes machines des express et des trains de marchandises.

Après cette digression, je reviens aux expériences pratiques.

Pressions latérales. — De nombreux essais ont été faits sur les rails pour examiner leur résistance contre les pressions latérales. Je me bornerai à citer deux expériences moyennes, dont l'une est relative aux rails à large base, et l'autre aux rails à base étroite.

RAILS.	POIDS du rail par mètre courant	Largeur de la base.	Hauteur du rail.	Epaisseur de la tige.	LIMITE de l'élasticité.	
					Chargement en kilo.	Flexion en mètres.
Large base	34	m. 0.12	m. 0.135	m. 0.0200	16150	m. 0.0105
Base étroite	30	m. 0.06	m. 0.135	m. 0.0225	15000	m. 0.0025

En comparant ces résultats entre eux, on trouve que les rails à large base offrent une résistance plus grande aux pressions latérales que les rails à base étroite à hauteur égale; que cette différence devient plus grande si la largeur de la base augmente, et enfin, que la proportion de cette augmentation dépasse celle du poids.

Si le rapport du poids est de 1 : 1,13, les flexions latérales sont de 3,15 : 1.

En comparant deux rails à *T* à hauteur égale et à poids égal et dont la base est dans le rapport de 1 : 0,75, on trouvera les flexions 1,7 : 1.

Il résulte encore du tableau précité, que plus les hauteurs sont petites, plus les flexions sont petites. Les poids étant de 18,6 : 22,8, et les hauteurs de 3,25 : 4,5, les flexions sont égales.

Le procès-verbal de ces opérations fait mention d'une circonstance qui ne me paraît pas dénuée d'intérêt : pendant les essais le pied et la tige des rails suivaient les inflexions du champignon, d'où je puis conclure que la tige est proportionnellement trop épaisse, attendu que jamais les rails ne sont soumis sur un chemin de fer à des pressions latérales aussi fortes que celles qu'on a exercées pendant les expériences.

Application pratique. — Pour donner une direction pratique au présent travail, j'examinerai la résistance des rails contre les forces auxquelles ils sont soumis pendant l'exploitation de la ligne. On peut poser en principe que les rails n'ont à supporter que les efforts des roues motrices et des roues couplées des locomotives. Les machines à roues accouplées destinées au transport des marchandises sont en général plus lourdes que les locomotives à voyageurs; mais comme la charge est répartie sur toutes les roues au moyen de balanciers, la charge sur l'une des roues est plus faible que dans les machines à voyageurs à roues libres et plus legères.

La répartition de la charge dans les machines qui ne sont pas munies de balanciers dépend des idées individuelles des constructeurs; les uns donnent 1/6 aux roues portantes de derrière, 2/6 aux roues portantes de devant et 3/6 aux roues motrices. D'autres constructeurs admettent le rapport de 3 : 5 : 7 ou 3/5 de la charge totale aux roues motrices. En général, on peut admettre que le maximum de pression d'une roue ne doit pas dépasser 7,000 kilogrammes. C'est à cette pression verticale seule que le rail aurait à résister, si la voie ne présentait aucune inégalité dans son tracé, ni aucune irrégularité dans sa pose.

Mais comme il n'en est pas ainsi, il faut obtenir une résistance sextuple contre la pression maxima ordinaire; car il peut arriver dans certains cas que le poids total de la locomotive repose momentanément sur les deux roues motrices.

Rails encastrés. — Dans les expériences qui précèdent, les rails étaient posés librement sur deux appuis, tandis qu'en réalité ils peuvent être considérés comme encastrés, surtout quand les joints sont attachés au moyen de plaques vissées.

Plusieurs ingénieurs se sont occupés de rechercher la proportion entre la résistance des poutres posées librement, des poutres encastrées d'un côté, et enfin des poutres encastrées des deux côtés ; ils ont consigné dans les diverses publications qu'ils ont faites à ce sujet, les proportions suivantes :

2 : 3 : 4 = 3 : 4.5 : 6 (Long).
3 : 4 : 5 = 3 : 4 : 5 (Ghega).
3 : 4 : 6 = 3 : 4 : 6 (Navier).
2 : — : 3 = 3 : — : 4.5 (Barlow).
2 : 2.75 : 3.5 = 3 : 4.13 : 5.25 (Egen).
La moyenne = 3 : 4.06 : 5.35.

Comme l'encastrement n'est pas fait d'une manière invariable dans les rails, on peut admettre le rapport de 3 : 4 : 5.

L'application de ce résultat théorique ne présente aucune difficulté.

Flexion des rails par la vitesse des convois. — Je ne terminerai pas le présent paragraphe sans mentionner les recherches qui ont été faites au sujet de l'influence de la vitesse des convois sur la flexion des rails. Cette flexion est déterminée théoriquement par un membre de l'Université de Cambridge, le docteur Willis. La formule qu'il a obtenue m'a semblé reposer sur le calcul de la flexion d'un point quelconque du rail, ajoutée à la flexion antérieure, produite par un même poids, à une distance infiniment petite, et avant que le redressement de la fibre comprimée ait pu avoir lieu ; elle est uniquement l'intégration des flexions successives sur une longueur l. La flexion sur une longueur $d. l.$ s'ajoute à la flexion suivante. C'est donc une série qu'on a obtenue et qui est :

$$F' = F + \frac{F}{\beta} + \frac{5\,F}{2\,\beta_2} + \frac{13\,F}{\beta_3} + \dots$$

F la flexion produite par le poids P au repos ;
l La longueur du rail ;
v La vitesse ;

F' La flexion avec la vitesse v;

$$\beta = \frac{24.15\ l^2}{v\ P} \text{ constante.}$$

Je n'entrerai pas dans le développement de cette formule; je me bornerai à en faire une seule application :

« Une barre qui, avec un poids au repos, offre une résistance égale à 158 fois le moment de rupture, ne donne plus à une vitesse de 60 kilomètres à l'heure qu'une résistance de 1,5 plus forte que celle du moment de rupture. »

Cette appréciation ne peut être que purement théorique, d'autant plus que, pour faciliter les calculs de l'équation, il a été admis que le poids de la barre était égal à la charge, tandis que dans les chemins de fer, le poids des rails est presque nul à l'égard de celui des locomotives.

Ce résultat théorique est d'accord avec de nombreuses expériences faites dans ces derniers temps, et d'après lesquelles la flexion des rails augmente proportionnellement à la vitesse des convois. Dans ce cas, cette flexion doit alors être prise en considération, car elle augmente avec la vitesse des machines, laquelle implique un surcroît de leur poids.

Différence dans le prix des rails. — Une autre considération qui ne doit pas être négligée, est celle relative au prix de revient, lequel est un élément principal dans toutes ces sortes d'appréciations. Le prix des rails à large base est plus élevé que celui des rails à pied étroit, à poids égal. Cette différence provient, tant des soins qu'exige le fer dans le feu et dans les cylindres, que d'une qualité supérieure du métal que la fabrication de la base exige. La différence peut être évaluée, pour 500 kilogrammes, entre 5 et 7 fr.; elle est rachetée par une plus grande durée et une plus grande sécurité contre la rupture; ce qui augmente aussi la valeur intrinsèque du rail.

Conclusions générales. — Il résulte de ce qui précède,

qu'il y a avantage à employer les rails de Vignoles, de préférence à toute autre espèce de rails posés sur traverses.

C'est le cas de citer l'origine de ce rail. M. l'ingénieur civil, Ch. de Vignoles, à Londres, avait obtenu il y a plus de 15 ans, par des calculs et par des essais, cette forme de rails à laquelle les Américains ont donné son nom; introduit ensuite en Europe, on l'a appelé rail américain. Cette dénomination est restée concurremment avec celle de rail Vignoles. Je crois que c'est rendre témoignage à la vérité et au mérite de M. Ch. de Vignoles, que de consigner ici cette observation.

§ 4. *Attache des Rails* (*Plaques vissées ou éclisses*).

Le choix de la forme des rails une fois résolu, tout n'est pas encore dit; il s'agit de fixer ces barres de fer sur des longuerines ou des traverses, et de les relier fortement les unes aux autres aux points de jonction, afin d'avoir une ligne non interrompue. Cette opération est une des plus délicates de la pose de la voie ferrée.

Les joints des rails sont les parties faibles de la voie d'un chemin de fer; il est donc essentiel de rechercher les moyens d'attacher ces rails d'une manière fixe et invariable, pour que leur déplacement vertical ou horizontal devienne impossible.

L'attache des rails aux joints exerce une grande influence tant sur la solidité de la voie, que sur les dépenses d'entretien; le mouvement des trains et l'usure des bandages paraît en dépendre beaucoup.

Il est inutile de citer les nombreux inconvénients des attaches mobiles par des coins en bois simples, et d'énumérer tous les systèmes qu'on a projetés et partiellement exécutés pour consolider les rails au moyen de coussinets, il suffit de faire valoir les immenses avantages des attaches fixes, tant pour l'entretien de la voie et du matériel roulant, que pour la sécurité des convois; elles constituent le perfectionnement le plus important appliqué dans ces dernières années à la construction des chemins de fer, et dont la nécessité ne peut plus être révoquée en doute.

La société des ingénieurs civils de Paris admet également l'importance de la fixation invariable; dans une de ses dernières séances, elle a donné communication d'un nouveau système d'attache de rails sur traverses, qui consiste à couler sur place le coussinet de joint. Ce procédé est en expérimentation en Angleterre. Un moule en fonte qui emboîte le rail et qu'on transporte d'un joint à l'autre, reçoit la fonte que fournit un petit cubilot porté par un chariot roulant sur la voie à mesure qu'elle s'avance. En cas de remplacement d'un rail, il faut nécessairement briser le coussinet.

L'expérience seule pourra apprendre jusqu'à quel point ce mode d'attache est avantageux.

Presque tous les anciens systèmes offrent, à cause de leur mobilité, de graves inconvénients. Aujourd'hui on paraît à peu près d'accord sur la nécessité d'une attache fixe et invariable des bouts.

Pour arriver à cette fixation, il s'agit de considérer le joint comme une rupture, et de la lier fortement avec deux plaques de métal appliquées contre les joues des rails.

La forme de ces plaques et leur mode de liaison sont très-variés; on en fait en fer forgé, en acier; dans le principe on les a vissées, plus tard on les a boulonnées, maintenant on les rive à chaud.

Dans l'état actuel de la science des chemins de fer, le plus grand nombre des ingénieurs de chemins de fer considèrent les plaques en acier, rivées à chaud, naturellement, sur place, comme le système le plus parfait.

On les applique aux rails à champignon, mais le plus avantageusement aux rails *T* renversé.

Ce mode d'attache originaire d'Allemagne y est usité depuis 1847 sur une vaste échelle; déjà, en 1850, je l'ai fait connaître à nos compagnies, qui ont entrepris des essais; le chemin de fer d'Orsay est le premier qui l'ait adopté à titre définitif, et j'ai lieu de croire qu'il s'en trouvera bien.

Par cette consolidation on évite, lors du passage des convois, la surélévation et l'abaissement des bouts des rails. Ce mouvement produit des chocs par les roues et entraîne leur détérioration, ainsi que celle du matériel roulant.

Cette attache invariable des joints exerce quant au matériel les meilleurs effets, dont les voyageurs peuvent se ressentir presque instantanément, quand leur attention est fixée sur la marche du train. Dès qu'il passe sur une ligne à plaques vissées, les lacets diminuent, les chocs disparaissent, le ferraillement cesse, et on se sent glisser doucement sur la voie, comme à l'entrée dans les gares ; de manière, qu'on croit ralentir, si on n'est pas au courant de ces effets.

La seule objection qu'on puisse faire contre les attaches fixes, réside dans la difficulté du dévissement des plaques pour cause de réparation, changement, etc. Ce dévissement ne présente pas la moindre difficulté; en outre, un coup de ciseau suffit pour faire sauter la tête du rivet.

Commençons par décrire les systèmes qui paraissent les plus dignes de fixer l'attention des constructeurs, et relatons ensuite les essais sur la résistance de ces nouvelles attaches contre les efforts auxquels elles sont soumises dans l'exploitation.

Citons maintenant des exemples, et, comme toujours, prenons-les chez les étrangers.

La ligne de Dusseldorf est la première sur le continent qui ait adopté, en 1847, les plaques vissées; sans cette amélioration, elle eût été forcée de changer ses rails d'un poids de 24 kilogrammes par mètre courant contre des rails plus forts, ce qui, jusqu'à présent, n'a pas encore été nécessaire; après la pose de ces plaques, on a même remplacé les longrines des joints par des traverses.

On sait qu'à l'époque où les coussinets étaient à la mode, les formes les plus bizarres avaient été proposées; il en est de même aujourd'hui des plaques vissées; en voici quelques spécimens. (Pl. VIII.)

Chemin de fer rhénan, ancienne voie (fig. 1). — Le rail simple T est placé par son milieu sur des coussinets ordinaires; aux extrémités, il est fixé par des plaques à cornières et attaché avec son plateau en fer forgé, qui le supporte sur la traverse au moyen de crampons.

Chemin de fer rhénan, nouvelle voie (fig. 2). — Ce rail, d'une forme étrange, à simple champignon et à base large (modification du rail de Vignoles), ne paraît pas se prêter facilement à l'application des plaques vissées, attendu que sa tige est trop courte. Sa fixation sur les traverses se fait également au moyen de crampons avec plateaux.

Le chemin d'Aix-la-Chapelle à Maestricht (fig. 3) vient d'adapter les plaques anglaises ou bombées aux rails de Vignoles. Les points intermédiaires sont fixés par des crampons.

Chemin de Silésie de Francfort à Berlin (fig. 4). — Sur cette ligne on a fait l'observation que la forme conique du rebord du rail neutralisait, par suite d'une pression oblique, une partie de la résistance des plaques; et, lors de la reconstruction d'une portion de la voie, on a été conduit à faire une entaille sous le champignon, de façon que le rail presse la plaque dans le sens perpendiculaire et évite ainsi un déversement horizontal.

Chemin de Lubeck (fig. 5). — Les plaques n'atteignent exactement leur but que quand les profils des deux rails sont identiquement les mêmes, ce qui n'a pas lieu la plupart du temps. Comme les plaques sont inflexibles, la différence d'épaisseur entre les bouts des rails, provenant des variations d'espacement entre les cylindres lamineurs, laisse du jeu entre eux, et les avantages de ces attaches se trouvent neutralisés du moment où le rail n'est plus invariable dans le sens horizontal. Pour remédier à cet inconvénient, on a choisi un profil de rail qui puisse à son tour, s'appliquer aux plaques. La figure du pied forme des surfaces de support pour la plaque, qui est laminée suivant le rail; sa résistance est égale à celle du rail contre lequel elle est serrée au moyen de quatre vis, de façon qu'elle s'appuie sur la tête et le pied et qu'elle transmet la pression de la roue d'un rail sur l'autre.

Le prix d'une de ces attaches, fournie à pied d'œuvre, est de 8 francs, y compris la perforation des rails et le limage de leurs bouts.

Chemin de Hambourg à Francfort (fig. 6). Sur cette ligne, on se sert d'une nouvelle modification d'attache au moyen de rivets. Les plaques ne sont pas faites pour s'appliquer fortement contre les joues des rails, mais pour soutenir les têtes de ces derniers et pour les maintenir en ligne droite.

Examinons maintenant l'application des éclisses aux rails à double T.

Sur beaucoup de chemins anglais, les plaques sont libres, c'est-à-dire qu'elles se trouvent entre deux traverses. On a considéré le joint comme une fracture dans la ligne ferrée, et on y a appliqué deux plaques, courbées dans le sens vertical (fig. 3), qui portent par leurs bords sur les deux parties concaves des champignons du rail; ce système a été employé au chemin de l'Eastern-Counties sur une longueur de neuf lieues.

Une modification de la plaque est le coussinet long, qui, divisé en deux parties longitudinales, embrasse les rails comme le feraient les deux mâchoires d'un étau. Les deux moitiés du coussinet sont vissées entre elles et laissent les rails intacts et par conséquent libres. On n'a essayé que d'une manière exceptionnelle ce mode d'attache, dont les anglais eux-mêmes ne paraissent pas être partisans. Je ne connais sur le continent qu'un seul exemple de doubles T vissés.

Sur le *chemin du Taunus* (fig. 7), on a placé les plaques vissées des doubles T dans des coussinets. Du côté intérieur de la voie, les têtes de boulons se trouvent dans une entaille pratiquée sur la plaque même; du côté extérieur ces boulons sont vissés. Ce système, qui est la réunion de tous les modes d'attache, me semble trop compliqué; la répartition, sur une plus grande surface, des efforts auxquels ces attaches ont à résister, est plutôt théorique que pratique.

§ 5. *Fixation des plaques.*

La fixation des plaques contre les rails a lieu de trois manières différentes :

1° Par des boulons à simples écrous;

2° Par des doubles écrous;

3° Et enfin par des rivets.

Dans le principe, on a appliqué deux et trois boulons et ensuite quatre, chiffre actuellement en usage.

Les vibrations auxquelles la voie est soumise font que les écrous se relâchent avec beaucoup de facilité et demandent à être resserrés fréquemment; on y a remédié par deux écrous placés l'un sur l'autre, ce qui est une amélioration, mais qui cependant n'empêcherait pas la perte de ces pièces. Avant de procéder au remplacement définitif des boulons par des rivets, on a aplati, au moyen de légers coups de marteau, le bout sortant du boulon dont l'écrou peut être ainsi maintenu, et qu'on peut néanmoins dévisser en cas de réparation.

Les rivets appliqués sur place serrent les plaques à la suite de leur refroidissement, comme dans les ponts tubulaires.

Pendant la pose de la voie on emploie la même force et le même temps pour dévisser les plaques que pour faire sauter la tête du rivet d'un coup de ciseau. Outre la fixation invariable, les rivets offrent un prix inférieur, ils ne coûtent que la moitié des boulons à vis. Il n'y a pas à craindre que pendant le passage des trains les rivets se détachent, comme pourraient le faire les écrous, qui demandent une surveillance très-active.

Toutes les opérations de la fixation des attaches se font sur place; les nouveaux rails sont perforés dans les usines; les anciens rails déjà posés auxquels on veut appliquer les plaques sont troués sur la voie même au moyen d'un mécanisme très-simple.

Les ouvertures faites sur place, dans les rails, sont circulaires; celles des plaques ont une forme ovale, à cause de la dilatation du fer. Quand le percement se fait dans la fabrique même, l'opération inverse a alors lieu; ce sont les plaques qui ont l'ouverture circulaire, et les rails celle ovale.

Les trous des plaques vissées sont ou ovales ou d'un diamètre plus grand que celui des boulons ou rivets pour éviter les effets de la dilatation dans le sens longitudinal; quant à la dilatation latérale, le jeu entre le rail et la plaque est suffisant. Par une élévation de température de 5 degrés centigrades, la longueur d'une barre de fer augmente de 0,000,305. Si la pose de la voie a lieu par une chaleur de 20 degrés et si on admet une différence de température de 25 degrés, un rail de $4^{m}.50$ de longueur doit se dilater de $0^{m}.0014$. C'est cette quantité de 2 millimètres, approximativement, qu'il serait convenable de donner comme ovale à l'ouverture du boulon.

Je passerai maintenant à l'examen détaillé des efforts auxquels les plaques vissées sont exposées et de la résistance qu'elles peuvent offrir.

§ 6. *Résistance des plaques vissées.*

Envisagées sous le point de vue de la résistance, les plaques vissées, — à l'époque où je les ai décrites pour la première fois on les vissait, maintenant on les rive, — ces plaques peuvent être divisées en quatre classes :

1° Les plaques soutenues par des longrines (rails de Vignoles, ancien système) ;

2° Les plaques posées sur des traverses (rails de Vignoles) ;

3° Les plaques maintenues par des coussinets sur des traverses, ou sur des dés en pierre (rails à double champignon, du chemin du Taunus) ;

4° Enfin, les plaques supportées entre deux traverses (rails double T des chemins de fer anglais).

Les attaches qui offrent, à dimensions égales, la moindre résistance aux efforts qui tendent à les fléchir ou à les rompre, sont évidemment les plaques posées entre deux appuis, et auxquelles les expériences ci-dessous se rapportent.

Avant de présenter le résultat de ces essais, je crois devoir entrer dans quelques considérations sur les efforts qui agissent contre les joints des rails et auxquels les assemblages ont à résister.

Si les supports de la voie de fer étaient immobiles, il suffirait, pour éviter un changement momentané ou permanent dans la position des rails, de les poser sur une plaque en fonte, dont la largeur serait assez grande pour l'empêcher de s'incruster dans la pierre ou le bois qui la soutient. Au commencement de la construction des chemins de fer, on a cherché à faire porter la charge du train sur des corps incompressibles, et on a employé la pierre, à laquelle on a renoncé généralement à cause de son manque d'élasticité.

D'un autre côté, la pourriture du bois, sous le coussinet ou sous la plaque de support, est inévitable; les eaux restent même de préférence dans les interstices et finissent à longue par produire l'affaissement; en voulant ainsi évit un inconvénient, on est retombé dans un autre. Voilà doı ce qui concerne les effets de la force verticale; quant à force latérale, résultant de la décomposition de la force no male, elle tend à produire l'écartement des rails. Ce chaı gement de la largeur de la voie se trouverait empêché p: la rigidité de la traverse, si les roues par la pression cont nuelle ne produisaient pas une tendance au déversement qı fait que la plaque s'incruste dans le bois plus d'un côté qu du côté opposé. On a tâché d'y remédier par l'inclinaison d rail, au moyen d'une entaille oblique ou en biseau dans l traverse, et correspondant à la quantité du déversement, qı se trouve ainsi neutralisé par le changement de la pressio normale en une pression verticale sur le support. Cette mé thode — l'opération du sabotage — est correcte en théorie mais elle ne l'est pas autant en pratique, à cause des per turbations accessoires, telles que les lacets, qui ne peuven pas entrer directement en ligne de compte.

Comme les éclisses sont appelées premièrement à neutraliser la force qui tend à fléchir les rails aux joints dans le sens vertical, et en second lieu, à les empêcher de se déverser, j'examinerai si elles atteignent ce double but.

Dans l'origine on a employé deux plaques en fer forgé, et on a remarqué bientôt que l'inégalité d'épaisseur des tiges de rails permet leur mobilité, qui détruit en partie les avantages des plaques, entre lesquelles les bouts de rails se trouvent encastrés. On a cherché à remédier à cet inconvénient par l'emploi d'une plaque simple; mais elle ne constitue qu'un appui isolé et exposé à un relâchement, si les champignons des deux rails ne sont pas exactement les mêmes. Ce relâchement augmente dès que le pied du rail est pressé inégalement dans la traverse; du reste, cette plaque simple ne peut pas présenter une résistance aussi forte contre la pression latérale qu'un assemblage double, convenablement exécuté.

La distance entre ces traverses de joint est assez grande pour que, pendant le passage des convois, les plaques vissées puissent fléchir, quelque solides et quelque rigides qu'elles soient; au bout d'un certain temps, une flexion permanente est produite, et la voie finirait par suivre une ligne ondulée, dans le sens vertical, si des soins constants apportés à l'entretien ne prévenaient cette déformation.

Il n'en est pas de même des plaques élastiques en acier; quoiqu'elles donnent lieu, par suite de la descente des traverses intermédiaires, à un affaissement des rails aux points de jonction, elles permettent, après tout déchargement, un redressement vers leur position primitive, sans laisser la trace d'une flexion permanente.

Avec quelques précautions dans le relevage des traverses, un changement dans la forme des plaques ne peut pas avoir lieu. Il est, en outre, nécessaire que la rigidité et l'élasticité des traverses soient en rapport entre elles.

Les plaques élastiques en acier peuvent être plus minces que celles en fer; la faible épaisseur de ces premières permet, quand les boulons sont espacés convenablement, de serrer les rails de manière que le pied et le champignon se placent avec exactitude contre la plaque. Après quelque temps de l'exploitation, quand on a mis du soin dans le serrage des boulons, un contact parfait s'établit entre le rail et la plaque. Mais comme ces plaques, à cause de leur densité plus forte s'incrusteraient facilement dans le rail, on les fait très-longues, pour donner une surface de contact suffisante. Cette augmentation de longueur contribue également à la solidité de tout le système, et offre ainsi un nouvel avantage.

La supériorité des plaques en acier sur celles en fer est démontrée par des recherches théoriques et des applications pratiques; il me reste, pour épuiser ce sujet, et avant passer aux expériences directes, à comparer les plaques ; tachées par trois boulons à celles fixées par quatre boulc ou rivets.

Je prends pour exemple le chemin de fer de Berg, Prusse, où les essais ont eu lieu. Lors de la construction cette ligne, on avait placé trois boulons dans des plaqu d'une longueur de 0m.45. Le boulon du milieu passait exa tement à travers le joint, de façon que chaque bout de r embrassait la moitié de ce boulon. Les plaques avaient u épaisseur de 0m.024; le jeu entre les deux rails était 0m.004; les boulons avaient un diamètre de 0m.024. Cet combinaison était, comme on le voit, toute scientifique, faisait abstraction des dérangements auxquels la voie d'u chemin de fer est constamment soumise. On a voulu fortifi directement la partie faible, c'est-à-dire le joint, en mai tenant avec exactitude les rails à la même hauteur dans leu points extrêmes. Mais cela supposait une identité parfai de la forme des rails et une position immuable des tr verses de joint. Cette plaque à trois boulons n'a pas résis à l'épreuve de la circulation; on y a remarqué immédiat ment les défauts suivants :

« En cas de différence d'épaisseur des bouts de rails, l plaques se serrent, même avec le boulon du milieu, cont le rail le plus épais, tandis que l'autre rail, plus mince, res toujours libre entre les plaques; et dès que la traverse joint s'affaisse, le rail faible, pressé par en bas, agit comn un levier sur le boulon du milieu qui a du jeu et qui doit avoir. L'écrou du boulon du milieu se relâche facileme par le choc du bout du rail, et ne peut être maintenu, ma gré tous les soins apportés à l'entretien de la voie.

» Les plaques sont affaiblies par le trou de ce boulon dai leur milieu, qui est l'endroit où elles auraient à offrir le plu de résistance.

» Les champignons aux joints sont sujets à l'aplatissement, attendu que par le trou du milieu, leur point d'appui leur est enlevé.

» Les plaques à trois boulons sont trop courtes, et par conséquent, pas assez solides pour résister à l'affaissement de la traverse de joint.

» Enfin, les joints des rails sont très-difficiles à perforer, attendu que l'ouverture se compose de deux cercles indépendants. »

Il résulte de ces observations, qu'il n'y a plus lieu de revenir sur l'application des attaches à trois boulons.

Voici maintenant les résultats des expériences, au nombre de six, sur la résistance des éclisses.

L'appareil qui a servi aux essais est très-simple. Deux bouts de rails, assemblés au moyen de plaques, ont été posés sur des traverses espacées de 0m.75. Le piston d'une presse hydraulique a agi sur le joint. Les flexions ont été mesurées avec une règle appuyée sur les rails. Le vide entre cette règle et la plaque a indiqué la quantité de la flexion.

Première expérience. — Une plaque, en fer forgé, et à trois boulons, soumise à l'action de la presse hydraulique :

La longueur de l'attache était de.. .	0m.450
Sa hauteur.	0m.065
Son épaisseur.	0m.024
Le diamètre des boulons.	0m.025
Le poids d'une paire de plaques. . .	5kil.50
Le poids des trois boulons.	5kil.50

Avec une pression de 2,500 kil., la surélévation des rails était de 0m.004.

Sous une pression de 2,590 kil., les plaques se sont fléchies d'une manière permanente, et la rupture s'est produite sous une pression de 6,540 kil.

Deuxième expérience. — Plaque en fer forgé avec quatr boulons.

Longueur de la plaque.	0m.630
Hauteur.	0m.075
Epaisseur.	0m.015
Diamètre des boulons.	0m.020
Poids d'une paire de plaques.. . . .	7kil.50
Poids des quatre boulons.	1kil.75

La flexion permanente s'est produite sous une charg de 3,125 kil.

Avec une pression de 5,640 kil., une pression latérale a e lieu, et les plaques se sont courbées complètement. — Le dispositions étaient les mêmes qu'à l'essai précédent.

Troisième expérience.— Plaques bombées en acier puddlé à quatre boulons. Les dimensions étaient les mêmes qu celles de l'essai précédent, à cette différence près, que l'é paisseur des plaques au milieu de la hauteur n'avait qu 0m.015, et vers les extrémités, 0m.035 dans le sens vertical La flexion permanente de 0m.002 a eu lieu avec une charg de 3,845 kil.; la flexion a été de 0m.008; avec une charg de 8,340 kil. les plaques se sont rompues.

Quatrième expérience. — Plaques droites en acier, ave quatre boulons; cet essai a eu lieu dans les conditions pré- cédentes.

Longueur des plaques..	0m.630
Hauteur.	0m.075
Epaisseur.	0m.015
Diamètre des boulons..	0m.020
Poids d'une paire de plaques.. . . .	7kil.50
Poids des quatre boulons..	1kil.75

La flexion permanente a eu lieu sous une charge de

3,845 kil. Une pression de 6,990 kil. a produit la rupture des plaques.

Cinquième expérience. — Plaques bombées en fer forgé et à quatre boulons.

Longueur de la plaque.	$0^m.630$
Hauteur.	$0^m.075$
Epaisseur au milieu.	$0^m.015$
Epaisseur aux extrémités.	$0^m.035$

Une pression de 2,630 kil. a détruit l'élasticité de ces plaques; une courbure complète a été produite avec une charge de 6,085 kil.

Sixième expérience. — Pour dernière expérience on a fléchi un bout de rail; la limite de l'élasticité a été atteinte sous une flèche de $0^m.004$ et sous une pression de 9,000 kil.; la flexion permanente à été produite par une charge de 9,500 kilogrammes.

Quoiqu'il n'y ait pas lieu de déduire des essais précédents la résistance relative des attaches au moyen de plaques vissées, on peut cependant établir une comparaison entre les diverses espèces de plaques, et qui est toute en faveur des plaques droites en acier à quatre boulons.

Avant leur réception définitive, les plaques doivent être soumises à certains essais pour reconnaître leur solidité et leur qualité.

Sur le chemin précité, on a fait subir aux plaques en acier les épreuves suivantes:

1° Une plaque de $0^m.63$ de longueur a été serrée par son milieu dans un étau et frappée sur la partie libre à coups redoublés avec de lourds marteaux; ce n'est qu'au soixantième coup qu'elle s'est courbée suivant un angle de 140 degrés.

2° Cette même plaque mise sur une enclume a été recou bée en fer à cheval. Il a fallu deux cents coups pour lui doı ner une courbure de $0^{m}.18$ de diamètre.

3° Serrée totalement dans un étau, cette plaque s'est cou bée à 10 centimètres. Les deux extrémités ont pu être ra prochées au point qu'elles se sont touchées ; une fois rel chées, elles ont repris leur position primitive, c'est-à-dire l courbure de $0^{m}.10$. Aucun défaut n'est devenu appare pendant ces essais.

4° Jusqu'à présent on s'était servi d'une plaque en acie non cémenté ; quoiqu'elle fût plus dure que le fer, elle s'e laissée entamer par la lime. Dans la cassure cet acier a pré senté un grain demi-fin ; sa couleur était terne. Dans plu sieurs essais on a pu apercevoir la soudure ; dans d'autre la masse a présenté un aspect homogène.

5° Une plaque cémentée a présenté dans la cassure u grain fin, serré et brillant ; les soudures, peu apparentes d l'acier non cémenté, sont devenues très-visibles dans l métal cémenté.

6° Une plaque chauffée à blanc dans un feu de forge e aplatie sous le marteau à une épaisseur de $0^{m}.006$, a conserv ses arêtes, dans lesquelles on n'a reconnu ni fentes ni la melles.

7° L'aplatissement a été continué jusqu'à une épaisseur d $0^{m}.0015$, la plaque ne s'est pas effeuillée ; la cassure a ét fibreuse ; mais la plaque, une fois cémentée, a présenté u grain très-fin.

8° Une plaque a été réduite à une épaisseur de $0^{m}.0015$ e taillée en biseau ; elle s'est conservée intacte sur une grand étendue.

Tous ces essais ont été répétés sur des plaques trouées à chaud.

Pour dernière vérification, on a perforé des plaques à froid ; pour voir à quelle limite elles se fendraient, on a fai des ouvertures de $0^{m}.03$ de diamètre, à différentes distances des extrémités. Ces essais ont démontré que la distance minima du centre de l'ouverture à l'extrémité de la plaque devait être de 0m.40, ou la partie restante de 0m.026. Dans l'exécution, les trous des plaques sont éloignés de 0m.054 des extrémités.

Conclusions. — Il résulte des expériences précédentes que l'application des plaques en acier offre des avantages notables. Quant aux essais de réception, ils sont plutôt scientifiques que pratiques ; car sur les chantiers, on ne pousse les épreuves jamais aussi loin. Des indices plus simples suffisent pour faire ressortir la qualité des matériaux fournis.

Le prix de la pose de ces attaches a été de 1,200 fr. par kilomètre, y compris les plaques, les boulons, le trouage des rails et la main-d'œuvre. Cette dépense sera évidemment réduite dès que la fabrication des plaques sera plus perfectionnée, et dès que les procédés d'attache seront entrés dans les habitudes des constructeurs.

§ 7. *Doubles coins.*

Le manque d'élasticité qu'on a reproché aux plaques dans les rails de Vignoles, par suite de l'absence du bois, a conduit plusieurs ingénieurs prussiens à se servir de coussinets avec des coins doubles, qui constituent une attache fixe.

Sur le *chemin de Saarbruck* — prolongement de la ligne de Paris à Metz, — on a adopté, comme moyen de consolidation des rails de Vignoles, deux coins en bois, enchâssés dans le coussinet en sens opposé et maintenus par une vis qui les traverse dans le sens longitudinal. Pour presser les coins on serre la vis, et pour les ôter, en cas de réparation, on les dévisse complètement. Le coussinet est aussi vissé sur la traverse ; cet ensemble peut constituer un perfectionnement, mais c'est encore une complication : les vis peuvent se casser, les écrous se perdre, et alors les coins, ne se trouvant plus soutenus, peuvent se détacher et rendre libres le rails; ce qui est l'inconvénient grave qu'on a toujours re proché au système double T, et auquel les plaques vissée sont appelées à remédier. — J'ai cru devoir citer ces coins parce qu'ils sont nouveaux et appliqués déjà sur quelque chemins allemands; mais je ne les adopterai pas, car, quel que soient les avantages qu'ils présentent, ils restent au-des sous des éclisses qui attachent plus solidement, qui main tiennent les rails dans le sens vertical, et qui, finalement, coû tent moins cher. (Planche VIII.)

Employés dans un autre sens, ces deux coins constituen un système connu sous le nom de *serre-rails* Barberot. L rail s'arcboute contre deux courtes contre-fiches placées sou le champignon. Ces morceaux de bois qui serrent le rai comme dans un étau, sont fixés sur les traverses au moyer de brides et de vis; c'est le placement debout du bois qu produit le serrage. On est généralement satisfait de ce système économique.

§ 8. *Rails Winslow.*

Pour terminer cet exposé sur les attaches fixes des rails, il ne me reste plus qu'à parler d'une nouvelle espèce de rails fendus et rivés dans toute leur longueur; ils ont pris naissance en Amérique, où ils sont appliqués sur un grand nombre de lignes. J'ai eu connaissance de plusieurs sortes représentées planche VIII (voir l'Atlas).

La base de ce système, que j'appellerai désormais *rails Winslow* (nom de l'inventeur, fabricant breveté), consiste dans la répartition du joint sur toute la longueur de la voie. Ces rails fendus sont vissés les uns contre les autres, et fixés avec des crampons sur les traverses. Le prix d'acquisition de ces rails est plus élevé, par suite des difficultés de fabrication, que celui des rails ordinaires; on croit que cet excédant de dépense est compensé par les avantages techniques des rails Winslow; ils sont plus solides, à poids égal, que les rails ordinaires; des essais directs n'ont pas encore été faits à ce sujet, mais il paraît que ces rails sont mieux fabriqués, et que même une soudure défectueuse n'aurait pas un très-grand inconvénient, par suite de la discontinuité dans le profil.

Du reste, depuis quelque temps, on a remarqué dans les rails ordinaires de 45 à 50 kilogrammes par mètre courant, tant de défectuosités provenant du laminage, qu'on en est revenu et qu'on a repris des rails plus légers. La deuxième raison qui milite en faveur de ce nouveau système, est que les frais de pose et de réparation sont moins élevés que ceux des rails anciens, ce qui a pu être constaté par des expériences contradictoires. Sur un de ces chemins, un des côtés a été construit avec des rails ordinaires, et il est resté inférieur sous le rapport d'une réparation facile et d'un mouvement égal des trains, à l'autre côté exécuté avec des rails Winslow.

Les rails précédents, de même que ceux à large base et à éclisses, offrent, je le répète, cet avantage incontestable d'une construction permanente, sur laquelle glissent doucement et sans choc les roues des vagons; ils donnent une garantie contre les déraillements, et ainsi établis avec intelligence, et après une étude très-approfondie, ils pourront, à mon avis, constituer une amélioration qu'on appréciera en Europe autant qu'on l'a déjà fait en Amérique.

D'après les dessins des rails Winslow, on a vu que des formes inusitées sont appliquées en Amérique. Sur le continent, elles n'ont pas encore reçu la consécration de l'expérience; aucun essai n'a encore été fait. Cela ne doit pas nous empêcher de propager cette idée nouvelle, dans laquelle on trouvera peut-être le germe d'une invention utile. Pour aller plus loin dans cette voie, je citerai l'article d'un journal américain intitulé : *Potts ville Register* :

« La moyenne de la durée d'un rail est de sept ans, c'est-à-dire qu'on peut affirmer qu'en remplaçant constamment les rails qui ont besoin de l'être, au bout de sept ans les rails de la ligne entière ont été renouvelés. Un pensylvanien vient d'inventer un nouveau rail qui dure cinq fois plus. Ce rail est un tube creux de fer forgé, fabriqué de la même manière que les tubes à gaz. En faisant usage de ce rail, lorsqu'un côté s'use, un homme va le long de la route et le tourne simplement avec une clef, et cela aussi souvent que le besoin s'en fait sentir. Le rail étant un tube, il en résulte qu'à poids égal de fer, il est au moins trois fois plus fort que le rail ordinaire ; la roue le parcourt aussi bien, et comme le plan est parfaitement incliné, et qu'aucun angle ne peut venir heurter la saillie des roues, il est à peu près impossible qu'avec ce système un convoi déraille. Le coussinet est en fonte, avec un disque creux de chaque côté, dans lequel le rail peut glisser ; ce disque forme un joint parfait, qui permet néanmoins au rail de tourner, lorsqu'on le désire. »

§ 9. *De l'usure et de la rupture des rails.*

L'usure, lente ou rapide, des rails de chemins de fer, provient de la méthode de fabrication des fers et de l'état de la voie.

Ces deux causes, séparées ou réunies, ont produit et produisent encore journellement la détérioration des rails, malgré les perfectionnements apportés dans le service de surveillance du chemin. C'est principalement sur les lignes récemment construites que cette usure se montre, et qu'elle doit frapper les chefs des travaux de la voie.

Souvent, quelques mois après leur pose, les rails montrent des fissures dans le sens longitudinal, les rebords des champignons se détachent de la tige, la tête du rail s'effeuille, de manière que ces fers sont bientôt mis hors de service.

Nous jetterons un coup-d'œil rapide sur les causes de destruction des rails et du matériel de la voie, et nous examinerons ensuite le meilleur mode technique et financier de conservation ou de changement de ce matériel.

La détérioration des rails ne provient pas de leur forme, car un seul et même profil, employé sur divers chemins, a tantôt parfaitement résisté avec une circulation égale et des machines très-lourdes, et tantôt il s'est brisé sous le choc de locomotives plus légères.

La confection des rails, qui avait dans le principe pour condition expresse l'emploi de fers laminés trois fois, n'exigeait qu'un poids de 16 kilogrammes par mètre courant pour des locomotives de 10 à 12 tonnes. Si l'on compare la forme de ces rails légers à celle usitée de nos jours, on doit s'étonner de la résistance qu'ils ont offerte, même à des voitures légères. Les procédés actuellement en usage dans la fabrication des rails diffèrent de ceux employés autrefois.

Dès que le fer dans les fours à puddler est arrivé au degré de soudure, on en forme une loupe qu'on porte sous le marteau pour lui donner la figure quadrangulaire; quelquefois aussi on lamine directement. Après cette opération, le fer est tiré en barres, et il donne des fers laminés une fois. Cette opération répétée donne du fer laminé deux fois, puis du fer laminé trois fois. Par cette triple opération, le fer est épuré, et les rails acquièrent la résistance nécessaire.

Aujourd'hui, généralement, on ne prend plus autant de soins; malgré la présence officielle des agents des compagnies, la surveillance est moins active.

On forme des paquets de neuf barres en plaçant en haut et en bas une barre laminée deux fois; aux angles on pose des plaques laminées une fois. Le paquet ainsi préparé pour la fabrication du rail est chauffé au point voulu pour être soudé; mais comme les parties laminées une fois exigent un degré de chaleur autre que celles laminées deux fois, elles ne sont pas encore en état de soudure, quand les dernière se trouvent souvent complètement brûlées.

Une liaison parfaite entre les parties qui ont une densit spécifique différente ne peut donc jamais avoir lieu. Pour s'e convaincre, on n'a qu'à entailler un rail et à le briser en ce endroit. On trouvera bien une adhérence étroite des deu parties laminées, mais on reconnaîtra aussi une limite entr les deux espèces de fer, et une soudure incomplète. Il n'es donc pas étonnant qu'après quelques passages de convois qui laminent à froid les rails, les champignons s'en détachent au point de contact du boudin des roues, et par morceaux qui pendent dès lors le long de la route. La mauvaise soudure est donc uniquement la cause de cette destruction, qui doit être d'autant plus rapide que les trains sont plus fréquents. Quand ces rails se fendent de haut en bas, principalement aux points de jonction, cela provient de ce que les surfaces de soudures ne sont pas parallèles à la tête du rail, et cela arrive chaque fois que pendant l'opération du laminage, le paquet est placé horizontalement au lieu de l'être dans le sens vertical. Quand le rail est terminé, il est impossible de voir dans quel sens il a été laminé ; mais une fois qu'il est brisé, il est facile de se rendre compte de la cause de ses défauts.

La qualité naturelle du fer est pour beaucoup dans la durée des rails ; mais ici nous ne parlons que de la fabrication.

On pourrait faire disparaître tous ces inconvénients en exerçant une surveillance active sur les ouvriers, et il suffirait de mettre à leur tête un chef d'atelier responsable des erreurs commises pendant la fabrication et qui pourraient être constatées sur le chemin de fer même.

Un troisième défaut de fabrication consiste dans l'irrégularité du chauffage des machines à vapeur fixes. Dans ces cas, à la vérité exceptionnels, le mouvement rapide et régulier des cylindres n'a plus lieu ; les obstacles provenant des déviations ou imperfections des appareils ne peuvent pas être franchis instantanément, le fer commence à se refroidir, et la mal-façon en est la conséquence inévitable.

A part les vices que nous venons de signaler, le laminage des ràils est porté à un degré assez élevé dans les pays où le travail à la tâche ou à la pièce est introduit, tels que la France et l'Angleterre. Ce procédé, quoique généralement connu, n'est pas mis en usage partout, par la raison qu'il coûte souvent plus cher que le travail à la journée ; dans cette circonstance, le maître de forges reçoit seul les bénéfices, qui deviennent d'autant plus considérables, que des tarifs protecteurs écartent toute concurrence étrangère, surtout dans les Etats de l'Europe centrale. Quand, en Angleterre, on a dû employer des rails laminés, le gouvernement britannique a provoqué une conférence entre les principaux maîtres de forges et les ingénieurs civils, qui ont déclaré d'un commun accord pouvoir fournir des rails qui ne s'useraient que par le frottement et l'oxydation ; les experts ne songeaient même pas à cette époque que d'autres causes de détérioration pussent exister. Les premiers rails laminés étaient cependant si faibles que les trains y produisaient à chaque passage une forte flexion. Pour s'assurer de l'usure par le frottement ou par l'oxydation, on a pesé très-exactement les rails avant leur pose ; cinq ans après, on les a pesés de nouveau, et comme on n'y a remarqué qu'une usure très-minime, on a cru pouvoir calculer la durée de chaque rail à cent ans, en écartant, nous le répétons, l'idée d'une autre détérioration.

Les causes de rupture des rails sont attribuées :

« 1° A un vice de fabrication ;

» 2° Aux chocs des roues, dont les jantes, usées inégalement, présentent des facettes prononcées ;

» 3° Aux chocs des roues des locomotives dont le rebord devient trop élevé, soit par l'usure de la jante, soit par un défaut de fabrication : ce rebord porte sur les coussinets ; la locomotive est soulevée et retombe sur le rail, dont elle caus la rupture ;

» 4° A un porte-à-faux provenant d'une traverse de join ou d'un dé mal calé, surtout après de longues pluies et d fortes gelées ;

» 5° A la cristallisation du fer, résultant des vibrations Cette question est très-délicate, et pour pouvoir se prononce à cet égard, il faudrait avoir un grand nombre de renseigne ments qui ne se trouvent pas encore réunis. Les rails per dent peu à peu leur élasticité primitive et deviennent d plus en plus cassants. Cette perte d'élasticité est un fai grave qui doit motiver la mise hors de service des rails cris tallisés. Il s'agit donc de connaître les limites d'emploi d ces fers pour leur restituer leur qualité primitive par un re cuit au rouge-brun; cette opération, usitée pour les essieux s'appliquerait avantageusement aux rails, qui doivent, dans toutes les conditions, être en fer dur non cassant à froid e surtout très-tenace.

» 6° Enfin, la rupture des rails peut provenir d'un chan gement brusque de température. Après de fortes gelées, le rails cassent très-facilement. »

Il résulte maintenant de ce qui précède :

» Que l'usure rapide de la voie provient, tant de la mau vaise fabrication des fers que de l'attache imparfaite des rails à leurs points de jonction ; et que cette usure entraîne des dépenses considérables, tant pour l'entretien de la voie que pour les réparations continuelles du matériel roulant ; car le mécanisme des voitures doit bientôt être disloqué si les con vois passent sur des rails qui présentent des inégalités ;

» Qu'il y a moyen d'obvier aux inconvénients précités, et d'établir toute une voie d'une résistance uniforme, en per fectionnant les attaches et en surveillant d'une manière plus efficace qu'on ne le fait souvent la fabrication des rails.

Passons actuellement à la deuxième partie du chapitre de la voie de fer, et qui comprend les supports.

§ 10. *Divers supports de la voie.*

La voie d'un chemin de fer est posée de trois manières différentes :

Sur des supports discontinus, dés ou traverses ; sur des supports continus ou des longuerines ; directement sur le balast : rail Barlow. — Sur une section du chemin de fer de Leeds à Manchester, on a nivelé avec le plus grand soin le roc qui composait ce sol, et on y a établi directement la voie de fer. Comme on le pense bien, au bout de quelque temps le matériel était disloqué, les voyageurs étaient cahotés, et le chemin présentait de nombreuses chances d'accidents.

Mais ne critiquons pas encore ces systèmes ; commençons par les exposer :

Dans le principe, on s'est servi de dés en pierre ; ils offrent de nombreux inconvénients, ils manquent d'élasticité, se fendent sous l'action des chevilles qui attachent les coussinets ; ces coussinets se creusent à la longue un lit anormal, malgré l'interposition de morceaux de feutre, de bitume, etc. Mais le défaut le plus saillant, c'est la tendance à l'écartement des dés, à moins qu'ils ne soient reliés entre eux au moyen de tirants. Malgré cela on les a repris, et voici dans quelles circonstances.

Les supports des rails du Taunus (*de Wiesbaden à Francfort*) sont formés de blocs de grès rouge de 0m.66 d'équarrissage et de 0m.33 de hauteur ; on n'y a pas ajouté des entretoises pour les maintenir dans l'écartement voulu. Entre le coussinet et la pierre se trouve un morceau de feutre goudronné ; quatre trous cylindriques sont creusés dans ces dés et remplis de chevilles en bois de même calibre. Avant de placer ces chevilles, on a mis au fond de ce trou un coin également en bois ; le tranchant de ce coin entre, au moment de l'enfoncement, dans la cheville dont il écarte les extrémités et les retient fortement dans la pierre. Des chevilles en fer, forcées à coups de maillet, fixent définitivement ce coussinet.

Les travaux dont je viens de parler sont du reste très-connus, attendu que, sauf quelques petites modifications, ils sont les plus anciens ; mais ce qui m'avait paru curieux et instructif en même temps, c'était de rechercher les causes qui ont déterminé les chefs de la voie à reprendre un système généralement abandonné, pour le mettre à la place des traverses, qui remplacent partout ailleurs les dés en pierre.

Avant d'émettre un avis sur une question qui offre un intérêt technique et historique, j'ai dû consulter l'ingénieur de la voie; son opinion peut se résumer ainsi : « Les prétendues raisons qui, depuis quelques années, ont fait abandonner les dés en pierre, sont le manque d'élasticité de ces supports, la difficulté du maintien de l'écartement fixe entre deux lignes de rails, et, enfin, leurs dépenses plus considérables d'établissement et d'entretien. Les expériences faites depuis bientôt treize ans contredisent cette opinion généralement reçue. Sur les remblais très-élevés dans des courbes de 750 mètres de rayon, on a remplacé les traverses par des dés; l'écartement des rails n'a jamais pu être maintenu par suite de la détérioration à laquelle ces traverses sont constamment exposées. Si les Anglais n'ont pas obtenu des résultats analogues en faveur des supports en pierre, c'est qu'ils ont employé des blocs trop légers, et qui, placés dans le sens de la diagonale, ont fonctionné par suite de la pression latérale des rails, comme des coins, et se sont écartés; tandis que si on les avait placés parallèlement à la ligne de fer, comme on le fait actuellement, on aurait obtenu une solidité parfaite et un écartement invariable. »

Telles sont les raisons principales qui ont déterminé ce chemin de fer à reprendre l'ancien système, avec les modifications indiquées. En résumé, je le crois trop compliqué, et par ce motif je n'en proposerai pas l'adoption, quoiqu'il soit reçu sur une des plus anciennes lignes de l'Europe, où de longues expériences ont pu fixer les idées des constructeurs.

En combinant le principe des dés avec les traverses, M. Pouillet a obtenu un système mixte qui paraît donner d'assez bons résultats; voici comment son auteur s'exprime à ce sujet :

« La traverse, désignée sous le nom de *Traverse à tables de pression*, ne ressemble en rien à la traverse ordinaire. Elle n'a que 2m.10 de longueur et 0m.06 sur 0m.16 de grosseur; mais à chacune des extrémités et en dessous, on ajoute une table de pression en deux morceaux de 0m.60 de côtés et 0m,05 d'épaisseur; tout est fait en bois vif dressé à la scie sur toutes les faces.

Les traverses ainsi disposées, on y place les coussinets qui y sont arrêtés d'abord par une nervure circulaire ou goujon qu'ils portent à leur surface inférieure, et ensuite par des boulons qui servent en même temps à fixer les tables de pression : en outre, la partie inférieure de la chambre des coussinets intermédiaires porte, dans son milieu, une nervure sur laquelle les rails reposent quand ils sont en place. Cette nervure se prolonge et se relève pour former la joue intérieure de ces coussinets, contre laquelle les rails s'appuient; la joue extérieure, au contraire, a beaucoup plus de largeur que dans les coussinets ordinaires, afin de presser les coins sur une plus grande surface, ce qui donne un coinsage plus solide et plus sûr.

« Comme on le remarque, toutes ces traverses ont mêmes dimensions et même surface; toutes fonctionnent de la même façon ; toutes résistent avec la même puissance à la pression exercée par les convois. Le sabotage se fait avec la plus grande précision. L'inclinaison des rails est la même pour tous et partout, les roues des machines et des voitures portent et se trouvent en contact sur toute la largeur de la table des rails. Le coinsage de ceux-ci se fait avec des coins fabriqués à la machine et parfaitement calibrés; de telle sorte que les rails ne peuvent prendre aucun mouvement, ni sur leur longueur, ni sur leur largeur. (Voir planches IX et X.)

« Ces traverses, avec leurs tables de pression, ne cubent que 0m.055 millistères en bois vif au lieu de 0m.120 que cubent les traverses ordinaires, et comme elles sont toutes semblables, qu'elles ont toutes même hauteur, on peut, sans le moindre inconvénient, réduire à 0m.35 l'épaisseur de la couche de ballast; c'est-à-dire réduire de plus de moitié la quantité de ballast à employer pour les voies ordinaires. — Quant aux coussinets, ils ne pèsent en moyenne que 9 kilogrammes au lieu de 11 que pèsent les coussinets ordinaires.

« Les voies faites avec l'emploi de ces éléments nouveaux sont parfaitement régulières et présentent la plus grande stabilité. Le roulement des convois est infiniment plus doux que sur les voies ordinaires. Les frais de traction sont beaucoup moindres; car il n'y a plus à vaincre de résistances étrangères au poids des convois. Le matériel roulant n'étant plus exposé à des chocs, à des oscillations brusques et continuelles, se conserve en bon état de service bien plus longtemps; les voyageurs éprouvent moins de fatigue et sont moins exposés.

« D'un autre côté, on peut, sans le moindre danger, augmenter la vitesse des convois dans une grande proportion, par conséquent économiser le temps des voyageurs, et se donner la possibilité de faire le même service avec moins de matériel. — Le service des mécaniciens-conducteurs des machines est plus facile et présente moins de péril. Enfin, les frais d'entretien de toute nature se réduisent d'une manière remarquable.

« Trois applications d'essai ont été faites : l'une pour le compte de l'Etat sur le chemin de fer de Chartres, conformément à l'avis du conseil général des ponts-et-chaussées. Cette application a été faite en deux parties, dans des conditions différentes; elles forment ensemble une longueur de 2 kilomètres et demi. — 2 pour le compte de la compagnie du Nord : à la gare de la Chapelle, une longueur de 1,000 mètres en plusieurs parties. — Entre Compiègne et Noyon, une longueur de 4 kilomètres en trois parties.

« Quelle que soit la différence des conditions de terrain ou de pente; partout ces essais sont parfaitement satisfaisants. Les voies présentent une stabilité et une régularité remarquables. Les jonctions des rails ne se laissent plus apercevoir et les rails fonctionnent comme s'il n'y avait qu'une seule longueur de rail pour toute la voie. »

L'ingénieur en chef du chemin de l'Ouest donne son avis sur ce système, dans un rapport dont le passage suivant est extrait :

« M. le ministre des travaux publics a prescrit, à l'époque de la construction du chemin de fer entre Viroflay et Chartres, l'effet de différents systèmes de supports de voie. On sait qu'aux abords de la station de Versailles on a employé, sur la voie de droite, dans la rampe de 0m.01 qui accède à la station, une longueur de 1,467 mètres de voie dite à plateaux métalliques. Un peu plus loin, entre les stations de Saint-Cyr et de Trappes, on a construit une longueur de 2,500 mètres de voie sur traverses dites à tables de pression : nous ne reviendrons pas sur la description de ces systèmes qui sont connus. Nous nous bornons à donner les tableaux de la dépense de main-d'œuvre de chacun d'eux, comparée à celle de la voie ordinaire parallèle. Cette voie est portée sur traverses au nombre de cinq par rail de 5 mètres de longueur. La traverse voisine du coussinet de joint en est à 0m.76.

La main-d'œuvre d'entretien de la voie Pouillet a été de 45 fr. 20 par kilomètre; mais nous nous hâtons de remarquer que l'entretien de la voie parallèle a été seulement de 244 fr. 50, de telle sorte que l'entretien de la voie Pouillet n'a été, en main-d'œuvre, bien entendu, que 18 pour 100 de la voie ordinaire.

« Le système Pouillet a été adopté pour le chemin de fer de ceinture qui est construit autour de Paris. »

Une troisième espèce de dés a été employée ; ce sont les dés en fer, système Greaves ou supports en fonte en forme de cloche ou de calotte sphérique, le bourrage se fait par-dessus à travers deux petits trous. Mais ce métal ne peut être d'un bon usage que quand il est employé en masse continue.

Quant au deuxième système de supports, celui des longrines, il n'y a pas beaucoup de détails à en donner; le rail Brunel et le rail Vignoles y étaient fixés. C'est en Allemagne que ce système a été le plus répandu. Aujourd'hui on l'abandonne presque partout, à cause des nombreux inconvénients qu'il présente, et ce n'est que dans des circonstances exceptionnelles qu'on l'emploie.

Si la pose directe des rails sur les longrines produit un mouvement plus doux pour les voitures et un support plus rigide, d'un autre côté, le gonflement du bois et la détérioration des arêtes des longrines peuvent changer ces avantages en défauts. L'opinion généralement reçue chez tous les ingénieurs qui ont employé les deux systèmes à la fois, est que les déraillements sur des longrines sont moins dangereux que ceux sur traverses et à coussinets. Ces derniers sont toujours brisés, quand même ils ont été bien fabriqués; tandis que les plaques qui reposent sur les longrines, laissent peu d'action aux roues.

Il y a encore un autre mode de supports continus, ce sont les supports en fer.

La substitution du métal au bois, dans la voie des chemins de fer, a été l'objet de longues discussions en Angleterre, où le système des supports en fer a pris naissance.

On cherche surtout à diminuer les frais d'entretien dus au

dépérissement du bois; en donnant aux supports en métal l'élasticité du bois, qui est sa qualité essentielle, on espère conserver aux trains la douceur de leur mouvement, et entretenir le matériel et la voie en état de viabilité.

Une compagnie anglaise s'est formée pour l'exploitation de ces systèmes en fer, et en faisant connaître ses travaux, on peut résumer cette question de l'emploi du métal dans la pose de la voie.

§ 11. *Permanent railway-company.*

Sous ce titre exotique s'est présentée en France, lors de l'exposition universelle de 1855, une compagnie anglaise composée de six sociétaires, qui a pour but d'établir la voie des chemins de fer d'une manière permanente.

Les améliorations que cette société cherche à introduire dans les nouvelles voies de communication, comprennent : la fixation invariable des joints et l'emploi du fer dans la construction entière de la voie.

La *permanent-company* avait exposé ses produits dans l'annexe (côté gauche) ; ils comprenaient :

Le *fish-joint* (joint à éclisses) ; le *coussinet-fish-joint* (à éclisses) ; le coussinet-support en auge, doublé de bois ; le coussinet-support en fonte ; le rail-barlow avec selles ; enfin le support en fonte pour bridge-rails (∩).

Voici maintenant quelques détails sur ces diverses attaches :

Le *joint à éclisses* boulonnées est posé entre deux traverses. L'expérience de plusieurs années a démontré que ce système répond à la résistance. Il a donné des résultats très-satisfaisants. Cependant l'économie, pour le matériel roulant, est difficile à apprécier d'une manière exacte, parce qu'un seul et même train circule également sur les chemins construits d'après les anciens systèmes ; une partie seulement des chemins anglais fait usage des éclisses.

Le *coussinet à éclisses* est un coussinet qui forme éclisse d'un côté du rail ; de l'autre côté on place une éclisse à boulons. Le joint repose sur un appui ; dans le cas précédent il est suspendu entre deux appuis. Ce système s'applique quand on ne veut pas interrompre la circulation.

Le *Coussinet-support en auge*. C'est une espèce de longuerine en fonte dans laquelle le rail double T se trouve enchassé et maintenu par des pièces de bois ; il remplace plusieurs coussinets placés les uns à côté des autres. La pression des roues contribue au serrage de ces coins. Ce coussinet peut servir pour toute espèce de rails ; les pièces de bois seules doivent en avoir le profil. Ce système offre l'avantage de laisser intact le dessus du rail ; l'élasticité est parfaite. L'écartement de la voie est maintenu par des traverses en fer, comme dans le système-Barlow.

Le *Coussinet-support en fonte*. Le rail se trouve serré dans une espèce d'étau entre deux pièces de bois, comme entre deux mâchoires. C'est à peu près le coussinet à auge dont il vient d'être question.

Le *rail-Barlow* appartient également à la *permanent-company*. Elle a exposé ces fers de 36 à 62 kilogrammes par mètre courant. Plusieurs systèmes de ces rails sont en usage, dans lesquels il s'agit, en résumé, de donner au rail une base assez large pour qu'il puisse reposer directement sur le ballast. Les rails sont assemblés au moyen de rivets. L'expérience a démontré qu'en Angleterre il ne fallait prendre aucune précaution particulière pour la dilatation. — Ce rail se dilate inégalement, parce qu'une grande partie en est enfouie dans le ballast. Il pourra cependant se présenter des circonstances où des mesures particulières soient nécessaires.

Enfin le *bridge-rail* ; le dernier brevet de la *permanent-company* a pour objet la fixation du rail ∩ (bridge rail ou de Brunel). La base est vissée sur des supports en fonte, afin de prévenir tout mouvement latéral.

§ 12. *Les rails à l'Exposition universelle de* 1855.

Pour compléter l'énumération des divers systèmes de voie de fer, nous n'avons plus qu'à faire connaître dans un tableau sommaire les rails présentés à l'Exposition universelle de 1855. Ce tableau n'offrira peut-être pas un intérêt très-pratique, mais simplement un moyen de constater l'état d'avancement de cette partie de la technologie des chemins de fer.

Tableau des Rails présentés à l'Exposition universelle de 1855.

NUMÉROS d'ordre.	PAYS EXPOSANTS.	NOMS DES USINES OU DES FABRICANTS.	PROFILS DES RAILS ET MODES D'ATTACHE.
I.	AMÉRIQUE.	Compagnie de Rhymney (Newport).	⊥. 16 mètres de longueur ; poids, 19 kilogrammes le mètre courant.
II.	ANGLETERRE.	Réunion des principaux fabricants de la Grande-Bretagne.	Rails Barlow, Λ de 14 mètres de longueur ; poids, 44 kilogrammes par mètre courant. — ⊥ de 18 mètres de longueur ; Ո de 24 mètres de longueur ; poids de 30 kilogrammes le mètre courant. — Double T de 23 mètres de longueur, poids de 40 kilogrammes le mètre courant.
		M. Seaton de Londres	Double T de 25 mètres de longueur, poids de 40 kilogrammes le mètre courant. — Modèles de toutes les anciennes formes.
			Rails à selle, U renversé, posés sur longrines en pyramides, longrines triangulaires, écartées au moyen de traverses en bois.
		Permanent-railway-Company.	Doub. T avec les divers systèmes d'attache au moyen d'éclisses.
		Patent-railway-Sleeper-Company.	Double T, système Greaves adopté pour les chemins de fer des pays chauds : Alexandrie, Barcelonne et Parahyba.
		MM. Wild et Parson, de Londres.	Double T avec coussinets de joint perfectionnés : clef en fer avec coin en bois.
III.	AUTRICHE.	Etablissement de Prévaly (Carinthie).	Plusieurs rails ⊥ de 11 mètres de longueur.
IV.	BELGIQUE.	Usine de Bruxelles	Double T avec plateaux en fer.
		— de Charleroy	Divers modèles de rails d'ancienne forme : double T, ⊥.
		— de Marcinelle	Double T axec plaques vissées aux joints. — Modèle de toute

			[illegible] attaché avec selles boulonnées.
		— de Châtillon.	Nouveau modèle A. — Système des plateaux Greaves appliqué au double T.
		— de Hayange.	Collection complète des rails : double T et Ω fournis aux principales compagnies françaises.
		Société de Denain et d'Anzin.	Rails double T de 13 à 15 mètres de longueur, avec éclisses boulonnées.
V.	France.	Etablissement d'Aubin. . . . (chemin du Grand-Central).	Deux rails de Ω de 13 mètres de longueur, d'un poids de 30 kilogrammes le mètre courant. — Deux rails double T de 11 mètres de longueur, du poids de 35 kilogrammes le mètre courant.
		M. Armengaud, à Paris. . . .	Rails en cornières, posés triangulairement sur bois, à l'usage des chemins de fer des Landes.
		M. Barberot, à Paris.	Double T avec attache : serre-rails (coins en bois s'arcboutant contre les joues des rails).
		M. Nepveu, à Paris.	Double T avec attache au moyen d'un contre-fort en fonte fixé dans le coussinet avec une clavette en fer.
		M. Dervaux, à Condé.	Double T.
		M. Pouillet, à Paris.	Double T placé sur des plateaux en bois (table de pression), d'après le système Pouillet.
		M. E. Martin, à Fourchambault	Double T, plusieurs espèces de supports-plateaux.
		Société du Phœnix (bassin houiller de la Ruhr).	Plusieurs rails double T et ⊥.
VI.	Prusse.	Usines de la Saar (bassin houiller de Saarbruck).	Rails ⊥ de 25 mètres de longueur.
		Etablissement de Hoerdt. . .	Plusieurs rails ⊥ rompus et recourbés.
VII.	Toscane.	Compagnie du chemin de Florence.	Modèle d'un rail rectangulaire.

§ 13. *Le Ballast.*

Le ballast joue un rôle important dans la pose et dans l'entretien de la voie; la durée des traverses, des rails et du matériel roulant, en dépend, et par conséquent aussi la sécurité des voyageurs. Quelle que soit la voie de fer, elle repose toujours sur du ballast, qui est une couche de sable ou de pierres concassées, destinée à donner de l'élasticité à la voie si le sous-sol est du roc ou de la maçonnerie, et une base solide qui ne puisse pas se réduire en boue, si le sol est terreux, ce qui est le cas le plus général.

Cette chaussée artificielle doit être perméable; dans les tranchées elle est toujours bordée de deux fossés, où se réunissent les eaux. Il faut, dans l'intérêt de la viabilité, que le ballast soit le plus sec possible, et que les eaux n'y séjournent pas. Dans ce but on creuse aussi des puits absorbants dont la profondeur et l'espacement ne peuvent être déterminés que par les circonstances locales

Pour faciliter cet écoulement, on taille le sous-sol à angles de faible inclinaison. Ce travail préliminaire fait, on porte sur des rails provisoires le ballast nécessaire pour un côté de la voie, sur laquelle on pose ensuite les rails définitifs qui servent pour établir l'autre côté. Sur la voie provisoire on transporte le ballast dans des vagons d'ensablement, au moyen de chevaux, et sur la voie définitive au moyen de machines.

Dans les déblais, le ballast se maintient par son talud naturel; quelquefois on le flanque de petits murs en pierres sèches.

Dans les remblais, on taille le profil voulu pour le ballast entre les accotements; mais il vaut toujours mieux couvrir entièrement la crête des remblais avec du sable dont le talud se raccorde alors avec celui des terres.

Comme nous l'avons vu, le ballast doit être perméable. On

a souvent recours, à défaut de sables, à des pierres concassées ou à des briques pilées mélangées avec les scories des hauts-fourneaux. Il faut chercher, autant que possible, à éviter l'emploi des sables très-fins ou mélangés de substances qui se réduisent facilement en poudre que le vent, résultant du passage des convois, soulève et envoie dans les mécanismes des véhicules.

§ 14. *Conservation des bois employés pour les chemins de fer.*

Il est constaté que les traverses en bois à l'état naturel, supportant les voies de fer, n'ont pas de durée, même celles de chêne. Ce fait explique l'appauvrissement successif des forêts dont l'étendue en France se réduit considérablement; la surface boisée est descendue de 9,600,000 hectares à 8,800,000, depuis 1791 jusqu'à 1851.

Les défrichements continuent surtout dans les forêts à essences dures, afin de pourvoir à l'établissement et au renouvellement de nos voies de fer, qui sont, jusqu'à un certain point, les voies de bois. Il en est résulté que le prix des bois a doublé, et qu'il devient de plus en plus difficile de s'en procurer pour les dimensions voulues.

Avant de citer les efforts qui ont été tentés dans le but de remédier à cet état de choses, en prolongeant la durée des bois employés dans les chemins de fer, il est essentiel d'en faire connaître les principales causes d'altération; ce sont la faible cohésion de leurs molécules; leur composition multiple, — on sait que plus un corps renferme d'éléments dans sa constitution, plus il se décompose facilement; — la présence des matières azotées; les moisissures ou champignons; les insectes, tels que les termites et les tarets, enfin les influences atmosphériques.

Les traverses à demi-enfouies dans le ballast plus ou moins humide, alternativement séchées et pénétrées d'eau, sont particulièrement exposées à la pourriture sèche et à la pourriture humide ; on a donc étudié avec un grand soin le profil du ballast. La largeur de l'accotement ballasté, mesuré en dehors des voies, peut varier de 0m.55 à 1m.25, selon que le ballast est de nature agglutinable, ou formé de matières fines et maigres. Toutefois ces dispositions ne doivent pas dispenser de recourir à des moyens plus efficaces de protéger les bois contre les diverses causes désorganisatrices qui viennent d'être citées.

Puisque les bois offrent un aliment aux insectes et aux fermentations par leurs matières azotées et sucrées, il était naturel de penser que tous les agents qui conservent les matières animales peuvent aussi conserver les bois. En effet, l'expérience a démontré que les bois sont préservés d'une prochaine destruction par la créosote impure, qui est une huile obtenue par la distillation du goudron, par le tannin, le sel marin, le bi-chlorure de mercure ou sublimé corrosif, enfin par la plupart des sels métalliques ; le sulfate de cuivre est l'un des sels le plus efficaces.

Ces substances et diverses autres ont été successivement essayées. On a employé un seul réactif, ou bien deux réactifs introduits successivement dans l'intérieur du bois où leur combinaison précipite une substance insoluble. La pénétration des liquides préservateurs dans les bois s'est faite tantôt par l'action naturelle de la succion vitale, tantôt par des moyens mécaniques d'aspiration ou de pression beaucoup plus énergiques.

Parmi les matières qui avaient donné de bons résultats dans les premières épreuves, plusieurs ont été délaissées, soit que les effets produits n'aient pas eu de durée, soit que l'application en grand ait présenté des difficultés insurmontables. C'est ainsi que l'élévation du prix a fait abandonner, presque partout, le sulfate de zinc, le sublimé corrosif, les matières grasses en général et particulièrement la résine, substances éminemment conservatrices ; l'acide arsénieux, d'un emploi dangereux pour les ouvriers, a dû être aussi délaissé. Le sel marin, les chlorures de calcium et de magnésium, ont l'inconvénient d'absorber l'humidité. Le sulfate de protoxyde de fer et tous les sels acides, les acides à plus forte raison, et les alcalis, dissolvent bien les matières azotées des bois, mais désagrègent les fibres. — Des 47 procédés de conservation des bois que l'on citait il y a 10 ans, quelques-uns seulement sont généralement appliqués aujourd'hui ; nous allons les décrire succinctement.

Disons auparavant, que l'un des premiers faits d'application qui puisse être mentionné remonte à 1813 ; il est dû à 'ancien directeur des poudres et salpêtres. Le procédé qu'il ppliqua et que l'on appliquerait encore à des bois de faible quarrissage, exigeant pour la pénétration une certaine élévation de température, consistait à plonger ces bois pendant rois heures environ dans du suif chauffé à 120 ou à 140 degrés.

En 1831, un brevet fut pris pour des procédés demeurés ecrets jusqu'en 1838. L'emploi de la pression, que plus tard n fit précéder d'une aspiration par le vide, permit de pénétrer de divers liquides préparés, même d'amalgames de iercure, des bois de toutes espèces. Des échantillons de ces bis préparés sont restés en service pendant dix ans dans tablier du pont Louis-Philippe, à Paris. Ces procédés ne anquaient pas de valeur, mais ils n'étaient pas praticables 1 grand.

Le système le plus universellement répandu à notre époie, et qui est principalement appliqué aux chemins de fer, t celui du docteur Boucherie, dont nous parlerons à la fin ce paragraphe.

L'amirauté anglaise a établi des chantiers considérables ns plusieurs ports de mer pour la préparation de la plurt des bois de la marine, avec une solution de chlorure de nc très-faible. Les bois sont conservés ainsi très-longtemps, ils ne sont pas cependant aussi bien préservés qu'ils le seraient par le procédé Boucherie ; c'est du moins l'opinion de plusieurs chimistes.

L'industrie particulière en Angleterre emploie surtout le liquide improprement appelé créosote brute, qui conserve des traverses en sapin dont on fait généralement usage dans les chemins de fer anglais; on se sert aussi des pénétrations successives par le sulfate de fer et le sulfate de barium.

La préparation des bois se fait principalement sur les bords de la Tamise, à Londres, dans d'immenses établissements spéciaux; elle donne des résultats très-satisfaisants. Le mode d'opérer est celui de la pénétration, qui se fait dans des cylindres en fer de 2 mètres de diamètre, placés horizontalement entre le chantier d'arrivage et le port d'embarquement des bois, et desservis par une voie de fer; l'on introduit 3 ou 6 vagons dans le cylindre, selon qu'il a 10 mètres ou 20 mètres de longueur; 600 traverses peuvent ainsi être pénétrées à la fois; elles viennent directement de la scierie qui fait partie du même chantier. Après les avoir enfermées dans le cylindre, on expulse l'air en introduisant de la vapeur d'eau prise dans un générateur placé à proximité ; la condensation de cette vapeur par l'eau froide produit le vide; la sève du bois est expulsée, et le liquide destiné à l'injection est aspiré; il vient occuper les 8 dixièmes des vides du cylindre, dont on complète le remplissage sous la pression de 10 atmosphères avec une pompe foulante mue par une machine à vapeur. Les bois subissent cette pression pendant 8 heures lorsqu'on n'injecte qu'un seul liquide, et l'on fait alors 3 opérations par jour; ils séjournent dans le cylindre pendant 3 heures seulement chaque fois, si l'on doit employer successivement 2 liquides. Pour compléter la pénétration, on fait le vide dans le cylindre à l'aide de pompes à air, soit avant, soit après la pression à 10 atmosphères : l'air et les gaz se dilatent, sortent par les extrémités des billes et montent presque en totalité à la superficie du li quide. C'est le terme de l'opération lorsque la pression l'a précédée.

A raison de 1800 traverses par cylindre en 24 heures, un chantier pourvu de quatre cylindres prépare chaque jour 7200 traverses injectées avec un seul liquide.

Les procédés que nous venons de décrire sont dans le domaine public, en France comme en Angleterre. D'anciens essais d'application faits en France n'ont pas réussi, parce que l'on a employé des engins imparfaits, et la pénétration n'a pas été suffisante. Les prix plus élevés des machines et du combustible rendent d'ailleurs ces opérations quatre fois plus coûteuses dans notre pays qu'en Angleterre. Cependant l'agence parisienne d'une entreprise anglaise a pris, depuis sa fondation en 1851, une grande extension; elle a livré des produits en quantités considérables sur les lignes d'Orléans, de l'Ouest, du Grand-Central, de Grenoble à Saint-Rambert et du Midi; elle fait payer 17 francs pour la préparation d'un stère de bois par la créosote, et 6 fr. seulement pour la pénétration au chlorure de zinc; une vingtaine de ces appareils fonctionnent sur divers points de la France.

Nous arrivons enfin au procédé du docteur Boucherie, le plus répandu de tous, et le plus simple depuis les récents perfectionnements dont il a été l'objet. A l'emploi de la succion vitale qu'il avait adopté en 1837, M. Boucherie a substitué en 1840 la filtration par la pression et le vide. Plus récemment il a réduit ses moyens à la simple filtration par pression, et il a obtenu des résultats remarquables.

Le liquide employé est le sulfate de cuivre cristallisé du commerce à 5 équivalents d'eau. Le réservoir contenant la dissolution est supporté à 10 mètres au-dessus du sol, à l'air libre, dans la forêt même; par des conduits imperméables, le liquide est distribué à chacune des billes de bois rangées sur le sol, et mis en contact avec la section transversale de ces billes, soit par l'une de leurs extrémités, soit en leur milieu. Les pièces étant inclinées, la double action de la capillarité et de la pesanteur produit l'introduction et l'écoulement du sulfate dans les canaux naturels du bois qu'il parcourt suivant toute leur longueur, en chassant la sève dont l'expulsion est complète. La meilleure dissolution est celle qui contient la proportion de 0,01 de sulfate; l'opération est arrêtée lorsque le liquide qui sort des bois après les avoir traversés entièrement, contient les 2/3 du 0,01 de sulfate dissous. On pénètre ainsi 200 traverses en 24 ou 36 heures dans un chantier de 50 mètres de longueur, la pression étant de 10 mètres d'élévation; les appareils se réduisent à fort peu de chose et sont facilement transportables d'un chantier à l'autre par voitures.

Pour les traverses de chemins de fer, les changements de voies, les charpentes de ponts, on emploie le hêtre, le charme, le bouleau, le platane, le pin sylvestre et le pin maritime, qui étant injectés durent beaucoup plus longtemps que le chêne non préparé; il a été attesté que des traverses faites avec ces bois et enfoncées depuis 8 années ne présentaient encore en 1855 aucun symptôme d'altération. Ce beau résultat est obtenu avec des frais minimes. Le chemin de fer du Nord ne dépensait en 1854 que 0 f.30 pour la pénétration d'une traverse intermédiaire et 0 f.35 pour une traverse de joint. — Les poteaux télégraphiques se font en sapin préparé. — Les pieux de clôtures sont en tremble dont on a enlevé le cœur à cause de l'air qu'il contient et qui met obstacle à la pénétration.

En 1855, il a été préparé en France, par ce procédé, 250,000 traverses, 40,000 poteaux télégraphiques, etc., etc.; une loi spéciale vient de prolonger jusqu'au 10 juin 1861 la durée des brevets d'invention, pour la partie relative à la conservation des bois; le brevet de perfectionnement prendra fin à la même époque, et ces procédés deviendront alors d'un emploi plus économique encore.

§ 15. *Largeur de la voie.*

Terminons l'examen de la pose des rails par quelques réflexions sur la largeur de la voie. — On croit généralement que cette question ne mérite plus d'être prise en considération, qu'elle est jugée définitivement et qu'elle rentre dans la catégorie des faits accomplis sur lesquels il est inutile de revenir.

D'après cette opinion, les discussions auxquelles, dans le temps, la largeur de la voie a donné lieu, n'auraient plus qu'un intérêt historique ; mais raison de plus de s'en occuper. Les recherches archéologiques portent généralement sur des objets sans la moindre importance réelle et n'ont que le mérite très-rare d'un amusement passager pour quelques personnes exceptionnelles. Eh bien ! que ces recherches se dirigent aujourd'hui vers un objet, je dirai de première nécessité dans la civilisation actuelle, sur un rail de chemin de fer. Disons alors quelques mots sur la transformation de la voie large en voie étroite. Un chemin de fer d'une longueur de 300 kilomètres a été transformé ainsi chez nos plus proches voisins d'outre-Rhin, sans qu'on s'en soit aperçu et sans que l'exploitation en ait souffert, sans qu'un seul convoi ait été retardé.

La réduction de la voie et du matériel des lignes du grand duché de Bade est terminée actuellement.

Avant de citer ces ouvrages, il n'est peut-être pas inutile de relater les circonstances qui ont déterminé un gouvernement, situé au centre de l'Europe, à isoler ses chemins de fer de toutes les autres lignes, par une largeur différente, ce qui a impliqué à ses frontières un transbordement de voyageurs et de marchandises.

On avait même reconnu la nécessité d'une troisième voie étroite placée à côté de la voie large, par suite d'un raccordement ; et on y a posé un troisième rail pour les voies de garage.

On avait reconnu, dans le principe, la valeur d'une largeur uniforme et on n'a pas négligé, avant l'ouverture des travaux, de faire les démarches nécessaires près des autres états pour l'adoption de cette largeur. Ces démarches sont restées sans résultats.

Dans quelques pays, la construction des chemins de fer a paru douteuse. D'un autre côté on a hésité à prescrire des mesures qui auraient pu entraver ultérieurement le développement des chemins de fer. Dans ces circonstances, le grand duché de Bade a choisi lui-même la largeur de sa voie.

L'Angleterre, qui a donné naissance aux chemins de fer et qui a dû servir de modèle pour ces nouvelles voies de communication, a adopté diverses largeurs de voie depuis 1m.43 jusqu'à 2m.13 (7 pieds anglais). D'après l'opinion des ingénieurs les plus compétents, la petite largeur de 1m.45, admise également par la Belgique, n'était pas à recommander. On était d'avis d'augmenter cette largeur pour donner aux locomotives des dimensions convenables. Cette raison a déterminé le grand duché de Bade à appliquer la largeur de 1m.60. On avait pensé que les pays voisins adopteraient cette même dimension.

Dans le traité conclu entre la ville libre de Francfort et le grand duché de Hesse en 1838, le chemin de fer de Francfort à Mannheim devait posséder la voie large.

Le chemin de Zurich à Bade, en Suisse, dans l'éventualité d'un prolongement vers Bâle, a été réellement exécuté à la largeur de 1m.60.

Les chemins de fer de la Hollande ont été construits avec la voie large.

Maintenant, d'un côté, le traité de Francfort n'a pas été exécuté et le chemin a été posé à la voie étroite. D'un autre côté, le congrès des chemins de fer allemands a fixé la petite largeur, que la confédération helvétique a adoptée également; la compagnie du chemin de fer de Zurich, dans son *amalga-*

mation avec le chemin de fer de l'Est (Suisse), s'est engagée à réduire sa largeur ; enfin, il y a peu de temps, les Pays-Bas ont changé leur voie large, suivant une convention conclue, en 1851, avec la Prusse, pour le chemin de fer d'Amsterdam à Arnheim.

Tout espoir de faire renaître la voie large a donc disparu, et pour ne pas rester dans l'isolement, le grand duché de Bade a suivi l'exemple donné.

Voici l'état de la question en Angleterre :

En 1845, une enquête parlementaire fut ordonnée pour rechercher les moyens de ramener les chemins de fer à une jauge uniforme ; il en est résulté que, sous le rapport de la sécurité des convois, il n'existait pas de motif de préférence en faveur de l'une ou de l'autre de ces deux voies ; que, sous le rapport de la vitesse, l'avantage appartenait à la voie large ; qu'au point de vue commercial, la voie étroite présentait plus d'avantage que la voie large, en se prêtant mieux aux convenances du trafic du pays ; et, enfin, que la voie large coûtait plus cher que la voie étroite.

En résumé, la commission anglaise était d'avis que la voie large devait être réduite aux dimensions de la voie étroite, s'il devenait nécessaire d'arriver à une uniformité de largeur.

A ce sujet, on peut exprimer le regret qu'à l'origine de nos grandes lignes on n'ait pas établi une enquête dans le genre de celles usitées en Angleterre, et qu'on n'ait pas adopté une largeur de voie de $1^{m}.70$ à $1^{m}.80$. Cet avis pourra surtout s'appliquer à l'Algérie, où l'on mettra cette question à l'ordre du jour, et où l'on aurait tort de se tenir dans les anciens errements.

§ 16. *Exemple de la reconstruction de la voie d'un chemin de fer.*

Tous les touristes qui ont visité les bords du Rhin, connaissent bien le chemin de fer badois qui commence au Neckar à Mannheim et se termine au lac de Constance après une courte traversée du territoire suisse.

On se rappelle avec plaisir ce chemin, presque toujours de niveau avec le terrain naturel, et ces jolies maisons de gardes, ces constructions rustiques qui ressemblent à des chalets. On y a remarqué surtout cet air de propreté et de prospérité que l'administration paternelle du grand duché de Bade a su imprimer à tous ses services; et particulièrement à ses voies de communication confiées aux soins de M. Zimmer, directeur général des postes et chemins de fer, et placé sous la direction de M. de Meisenbug, ministre des relations extérieures.

Pour la reconstruction de la voie, on s'est basé sur les principes suivants :

1° Les longuerines sont abandonnées comme application générale; elles ne pourront être admises que dans des circonstances exceptionnelles. Ce système, le plus parfait en théorie peut-être, ne l'est pas dans la pratique, par suite des dépenses énormes qu'il exige pour son entretien et pour son renouvellement.

2° La pose des traverses est seule admise; le changement des traverses s'exécute facilement et rapidement; on y emploie des bois de moindre qualité et par conséquent de moindre prix. L'instabilité de la voie, les trépidations et vibrations des trains qui ont formé le sujet de nombreuses craintes, sont écartées par une augmentation du poids des rails et par l'application des plaques vissées.

Les rails ⊥ ont un poids de 37,50 kilogrammes par mètre courant, avec sept traverses sur six mètres de rails. Avec cet espacement la flexion entre deux rails devient presque inappréciable et les vibrations sont nulles.

Tels sont les principes dont les ingénieurs se sont écartés, et voici dans quelles singulières circonstances :

Sur quelques points on s'est servi d'un système abandonné depuis longtemps : des dés en pierre. Les rails sont fixés sur de petites longuerines parfaitement équarries et rabottées, d'un mètre de longueur; elles reposent sur une entaille faite dans le dé en pierre, mais elles n'y sont nullement fixées. Les dés ont un volume d'un demi-mètre cube sous les joints, et d'un quart de mètre cube seulement dans les points intermédiaires. Ces pierres sont placées sur un pavé en cailloutis. Ce n'est que dans une courbe qu'on a employé une liaison transversale entre les deux lignes de rails. On craint déjà maintenant que ce manque absolu de liaison entre les deux cours de rails et ensuite entre les longuerines et les dés, ne soit préjudiciable à la stabilité.

Ce système, plus durable que celui des traverses, coûte 13,500 francs le kilomètre, tandis que le dernier ne revient qu'à 4,900 francs le kilomètre. L'avenir seul pourra apprendre jusqu'à quel point ces travaux méritent d'être imités.

§ 17. *Comparaison entre les divers systèmes des voies de fer.*

Pour résumer la question des travaux d'art dans les chemins de fer, nous avions comparé les systèmes usités en France à ceux de l'Angleterre. Faisons-en de même au sujet de la voie et jetons un rapide coup-d'œil sur les travaux de nos voisins d'outre-mer.

L'augmentation successive du poids du matériel roulant a exercé une grande influence sur la voie, qui a dû être renforcée dans les mêmes proportions. Peu de chemins de fer ont conservé leurs rails primitifs.

Les profils normaux des chemins anglais n'ont pas varié d'une manière notable. On y apporte beaucoup de soins à l'établissement de la voie, et surtout au dessèchement du ballast, par le drainage. Le chemin est couvert, sur toute sa longueur, par le ballast, formé de granit ou d'autres pierres dures, tandis que sur le continent on pratique dans les terrassements une entaille qu'on remplit de sable ou de pierres concassées, auxquels se mêle malheureusement la terre des accotements, qui forme ainsi un composé souvent imperméable.

En Angleterre on tient toujours aux rails à doubles champignons, qui peuvent être retournés, quand un des côtés est usé.

On ne renonce pas aux rails en U renversé (*bridge-rails*) posés sur longrines; les rails de Vignoles, ou rails à simple champignon et à large base, d'un usage général en Allemagne, n'y sont guère connus.

Le seul perfectionnement qu'il y aurait à signaler, ce serait le remplacement des dés en pierre par des traverses en bois; mais cela n'a eu lieu qu'après que l'expérience sur le continent en a démontré la supériorité et qui a décidé enfin les Anglais à abandonner un système qui, à leurs yeux, présentait un caractère de grande solidité.

Le remplacement des *blocs en pierre* par des traverses s'est effectué lentement mais sans difficultés. Les supports en métal, jusqu'à présent, n'ont été employés que très-rarement et à titre d'essai; les demi-sphères, les demi-cylindres, les troncs de cône et de pyramide sont les formes principales des modèles qu'on a pu admirer à l'exposition de Londres; ils réunissent malheureusement le défaut de la pierre, qui est l'absence d'élasticité, à celui de la fonte, qui est le manque de résistance contre les chocs.

La pose des dés est coûteuse; les blocs se fendent facilement sous l'action des chevilles en bois et en fer. L'absence de liaison entre deux cours de rails, leur manque d'élasticité, leur enfoncement irrégulier, les rendent peu propres à l'exploitation.

Les longrines, appliquées d'abord en Amérique par suite de l'abondance du bois et de la rareté du fer, offrent l'avantage de soutenir dans toute leur longueur les rails, qui, dès lors, peuvent être beaucoup plus légers, la résistance du bois s'ajoutant à celle du fer; les longrines ont une grande élasticité et présentent moins de dangers en cas de déraillement.

Le système des traverses est prédominant en Angleterre. Son entretien est plus économique, l'écartement des voies est invariable; mais la destruction est rapide et son renouvellement exige des frais considérables.

Les ingénieurs anglais sont d'accord pour augmenter autant que possible la *longueur des rails*, pour diminuer le nombre de joints, et par suite les frais de consolidation ou d'entretien.

Le *poids des rails* a toujours été en augmentant depuis 18 kilogr. par mètre courant; il est monté successivement à 42 kilogrammes; maintenant on fait un pas en arrière et on considère le poids de 39 kilogrammes comme suffisant.

Quant à la détermination définitive de ce poids, pas plus en Angleterre que partout ailleurs, on n'est arrivé à une donnée précise. Tantôt on augmente le poids des fers en écartant les supports, tantôt on emploie des rails plus légers en multipliant d'un autre côté les points d'appui, par l'interposition d'une traverse supplémentaire. On donne souvent la forme triangulaire aux traverses dans le but d'économiser le bois. Les rails sont posés sur la base de ce triangle; ce n'est qu'aux joints qu'on a conservé les traverses rectangulaires. Les expériences manquent encore à ce sujet, mais il est à supposer que ce perfectionnement offrira des avantages réels.

Les joints ou la partie faible d'une ligne de fer sont soutenus par des coussinets plus larges, absolument comme en France. Cependant il y a une tendance à leur appliquer des plaques rivées, pour maintenir les rails dans une position invariable. Ce mode d'attache, facile pour les rails à large base, offre des difficultés pour les rails à coussinets. Ce n'est encore que sur peu de chemins qu'on a fait des essais : on a placé aux joints contre la partie creuse du rail deux plaques rivées, et comme cette partie ne pouvait entrer dans un coussinet, où elle n'aurait présenté aucune élasticité, on l'a laissée libre entre deux traverses; il ne paraît pas que la solidité des rails ait eu à souffrir dans ce cas.

Pour les rails à U renversé on s'est contenté de mettre une plaque en fonte sous les joints. Les quatre coins de la base des rails et de cette plaque sont perforés et vissés sur la longrine. Ces plaques exercent sur les longrines le même effort que les traverses sur le ballast; elles se déversent au passage des trains et finissent par pivoter sur le bois, dans lequel elles creusent leur lit, malgré les soins qu'on apporte à l'entretien; des chocs excessivement nuisibles pour le matériel en sont la conséquence.

En définitive, les moyens employés en Angleterre pour améliorer la voie de fer comprennent :

La consolidation du système de voie sur traverses;

La modification des supports des rails ;

Enfin l'emploi de rails posés sur le ballast sans supports.

Quant à la première de ces conditions, on avait reconnu depuis longtemps la nécessité de modifier la répartition des traverses qu'on a rapprochées vers les joints, en ajoutant, bien entendu, une traverse par rail.

En voici deux exemples, l'un du Great-Northern, où les rails d'un poids de 35,79 kilog. par mètre courant, et d'une longueur de 5m.48, reposent sur 7 traverses espacées de 0m.91 de milieu en milieu et de 0m.65 aux joints; l'autre exemple, du Waterford, dont les rails ont 25m.80 kilog. avec espacement des traverses de 0m.76 et de 0m.38 aux joints.

Le deuxième moyen de consolidation est de regarder le joint comme une fracture et de le maintenir au moyen des *éclisses*.

Quant aux nouveaux supports, tels que coussinets-plateaux, l'expérience n'a pas encore pu faire ressortir leurs avantages, ou leurs inconvénients. Ce qu'on peut reprocher à tous ces systèmes, basés presque tous sur la fixation invariable des joints, dans lesquels disparaît l'usage du bois, c'est qu'ils rendent la voie trop rigide, et qu'ils nuisent par leur défaut d'élasticité à la conservation du matériel. La conclusion la plus certaine qu'on puisse tirer des faits observés en Angleterre, c'est qu'une prompte réforme des moyens employés jusqu'ici pour la pose des voies est devenue indispensable.

§ 18. *Entretien et renouvellement de la voie de fer.*

Les procédés d'entretien employés en Angleterre ne diffèrent pas de ceux en usage partout ailleurs. On remarque cependant que l'entretien y est assez négligé, et que les voies, dérangées par le mouvement de tant de machines circulant ı grande vitesse, sont assez mauvaises. La tendance actuelle les Compagnies est de ne pas renouveler les traités conclus ıvec des entrepreneurs. L'expérience a démontré que l'en- retien en régie est plus économique.

La question du renouvellement de la voie occupe depuis ›lusieurs années les personnes engagées en Angleterre dans 'industrie des chemins de fer. La destruction rapide des ails résulte de la mauvaise fabrication et du poids croissant les machines; elle est venue augmenter, dans une proporion notable, les frais d'exploitation ; mais les éléments nécessaires pour évaluer avec exactitude les fonds de renouellement manquent encore.

D'après le rapport présenté en 1849 par les ingénieurs du ,ondon et North-Western, la durée moyenne du matériel fixe eut être estimée :

A 12 années pour les traverses non préparées;

A 20 années pour les traverses préparées ;

A 20 années pour les rails et les coussinets.

Suivant quelques ingénieurs, le principe d'un fonds de renouvellement est sujet à contestation, par la raison qu'il est à peu près impossible de calculer le montant de l'annuité nécessaire pour assurer sa formation intégrale.

Sans entrer dans la question économique, qui peut mettre en doute la nécessité d'un fonds de réserve, bornons-nous à indiquer aux Compagnies, obligées quant à présent d'observer cette règle, le meilleur mode à suivre afin de déterminer le prélèvement à faire pour le renouvellement de la voie.

Ces calculs peuvent être établis d'après certains principes que nous allons indiquer, et qui s'accordent généralement avec ceux que beaucoup d'administrations en Allemagne reconnaissent comme les plus exacts et se rapprochant le plus de la vérité, autant que l'état actuel de la science des chemins de fer le permet :

« La durée des rails dans les voies principales sera fixée entre 20 et 25 ans, suivant la force et la résistance du fer et du mode d'attache ; dans les gares, cette durée sera de 30 ans.

» La durée des traverses dans la voie principale sera de 8 ans ; dans les gares, de 10 ans.

» Les traverses imprégnées de créosote dureront 15 ans dans les voies principales, et 25 ans dans les gares. La valeur des matériaux hors de service sera toujours déduite dans ces évaluations.

» Le décompte des sommes à mettre en réserve annuellement pourra être fait d'après la formule suivante :

$$\left(\frac{100+r}{100}\right)^n\left(c+\frac{100\,s}{r}\right)-\frac{100\,s}{r}=\mathrm{C}$$

» c représente le capital ; r, la rente, y compris les intérêts des intérêts ; s, la somme ajoutée annuellement ; n, le nombre d'années ; et C, la valeur définitive du capital c.

» En appliquant la formule générale au cas précédent, on obtient :

$$c = \mathrm{S} \text{ et } r = 5.$$

D'où :

$$c = \frac{C}{1.05.n.21 - 20};$$

$$c = \frac{C}{11.03}; \quad \text{si } n = 8.$$

$$c = \frac{C}{14.21}; \quad \text{si } n = 10.$$

$$c = \frac{C}{17.72}; \quad \text{si } n = 12.$$

$$c = \frac{C}{23.66}; \quad \text{si } n = 15.$$

$$c = \frac{C}{28.13}; \quad \text{si } n = 20.$$

$$c = \frac{C}{51.11}; \quad \text{si } n = 25.$$

§ 19. *La statistique de la technologie applicable à la voie de fer.*

En France, on prend actuellement, au sujet de la pose de la voie, une nouvelle direction : celle des essais en grand. Au chemin du Midi on a appliqué sur la voie principale les rails Barlow, et sur les embranchements les rails Brunel, ou en U renversé (∩), avec de notables modifications dans la fixation des joints; on emploie des espèces de plaques vissées en-dessous, ou des selles comme dans les rails Barlow.

On voit par là qu'il n'existe pas encore des règles absolues sur ces nouveaux modes de supports et que les idées individuelles prédominent dans ces questions.

D'un autre côté, ces faits prouvent que la science n'est pas encore parvenue à un point de précision mathématique, et qu'il faut étudier journellement et avec soin tous les phénomènes auxquels l'exploitation d'un chemin donne lieu.

On peut arriver à un résultat en employant trois moyens

combinés : l'étude, la statistique économique établie par les compagnies, enfin la statistique de la technologie contrôlée par une société d'ingénieurs.

Quant à l'étude, si l'on entend par là qu'il y a lieu de soumettre cette question à l'épreuve du calcul ou de la spéculation scientifique, ou même de quelques essais isolés, dont les résultats seraient constatés dans un avenir plus ou moins éloigné, je crois que la France renferme, autant que tout autre pays, les éléments nécessaires pour arriver à la solution de ce problème, qui intéresse au plus haut point la construction de la voie. Mais je ne pense pas que ce serait la meilleure marche à suivre; la science, malheureusement, est muette à cet égard, ainsi que je l'ai dit. Il faut s'en référer à la statistique, pour faire le décompte de tous les chemins de fer sur traverses, sur dés, sur longrines, et pour classer avec soin tous les renseignements sur l'usage de ces voies, sur les frais d'établissement, sur l'usure, sur la circulation; en un mot, sur tous les détails de cet important travail, afin que dans un moment donné, quand il s'agira de la construction ou du renouvellement d'une voie, tous les éléments soient prêts pour pouvoir porter un jugement définitif en parfaite connaissance de cause. Des expériences, des essais, des tâtonnements ont produit tous les systèmes en usage de nos jours; mais appliqué à une seule et même localité, un système unique doit avoir naturellement la préférence, et l'étude statistique seule peut l'indiquer, car elle conduit toujours et infailliblement à un résultat unique, tant qu'il s'agit de science et de technologie.

Pour obtenir des résultats comparatifs en ce qui concerne les chemins de fer français, il faudrait que toutes les observations et expériences faites à ce sujet fussent centralisées par une compagnie et contrôlées statistiquement par elle; il serait nécessaire de connaître les profils des rails sur chaque chemin, leur mode de fabrication, le système d'attache, les frais de réparation, les soins apportés à l'entretien de la voie;

en un mot, tous les éléments qui constituent le service technique; et je suis convaincu que ce travail, confié aux soins d'un employé intelligent, et soumis ensuite, sous forme de résultats comparatifs, à l'appréciation des Compagnies, fera cesser bien des incertitudes qui règnent encore dans l'exploitation de ces nouvelles voies de transport.

En résumé, pour sortir de toutes ces incertitudes, ce qu'il y aurait de mieux à faire quant à présent, ce serait de mettre cette question à l'étude et de la subordonner au contrôle de la statistique. La société des ingénieurs civils pourra ouvrir, dans ce but, une espèce de registre d'enquête, un livre de comptabilité scientifique, où chaque rail, chaque mode d'attache, auraient leur chapitre spécial, chaque détail sa page. On y inscrirait journellement les observations faites dans la fabrication, la pose et l'entretien de la voie ferrée; chaque ingénieur, sans craindre de se compromettre par un jugement que le temps n'aura pas pu consacrer, y consignera les causes qui lui ont fait abandonner les anciens systèmes, les raisons qui l'ont déterminé à adopter un changement, ses vues personnelles, enfin tous les renseignements qu'il a pu recueillir. Ce livre sera un véritable métré de réception de toutes nos lignes de fer et des nombreuses particularités qui les accompagnent, et il formera un précieux recueil dans lequel on trouvera immédiatement, par assimilation, le meilleur profil de rail à adopter sur un nouveau chemin et les modifications à apporter, sans tâtonnement et sans hésitation, aux voies anciennes. La Société des ingénieurs civils rendra aussi, à mon avis, de grands services aux personnes qui, réduites à leur propre savoir, perdent par des études consciencieuses, mais longues, des moments qui seraient mieux employés sur les travaux, et elle constatera de nouveau l'utilité de son organisation.

Arrêtons-nous un instant dans nos investigations sur le

matériel des chemins de fer, qui est l'objet de nombreuses propositions ayant pour but des perfectionnements et des inventions nouvelles. Il peut être utile de bien poser cette question et de fixer les idées des inventeurs pour marcher dans une voie pratique.

CHAPITRE X.

LES INVENTEURS EN FAIT DE CHEMINS DE FER.

§ 1. *Les inventions négatives.*

A aucune époque l'esprit inventif des hommes n'a été excité à un plus haut point que maintenant. Les inventions surgissent de toutes parts. — Perfectionner les méthodes actuelles de l'industrie, créer de nouveaux moteurs, rechercher les applications des forces de la nature ou le moyen de les maîtriser, — tel est le but que se proposent les amis de l'humanité.

C'est depuis que les chemins de fer, qui résument une grande partie des inventions modernes, ne présentent plus la sécurité qu'ils promettaient dans le principe, quand ils venaient se substituer aux anciens modes de transport et de communication ; c'est surtout depuis cette fréquence des accidents dans ces derniers temps, que les procédés offerts pour les éviter se succèdent avec une rapidité à laquelle le zèle et l'attention des compagnies parviendront, il y a lieu de l'espérer, à mettre un terme.

Malheureusement les efforts des inventeurs ne se dirigent pas toujours dans la voie qui conduit à des solutions pratiques ; au lieu de chercher les perfectionnements du matériel existant, ou les moyens de moralisation du nombreux personnel de tout rang et de tout grade chargé de faire marcher cet immense mécanisme d'un chemin de fer, les inventeurs considèrent les irrégularités du service ou les accidents qui en sont la conséquence immédiate comme une fatalité, je dirai presque comme une nécessité de l'exploitation, et ils s'attachent à des artifices pour en neutraliser les effets.

A leurs yeux, la rencontre des convois est inévitable, puisqu'elle a lieu : ils ont donc inventé des parachocs ; les machines déraillent, de là des appareils contre les déraillements; les trains se suivent de trop près, de là des dispositions compliquées pour les faire rétrograder; les vagons se détachent, de là des mécanismes pour indiquer la rupture des chaînes ; des essieux se brisent, vite on cherche à les entourer de tubes ou filets métalliques qui recueillent les morceaux cassés et qui sont assez résistants pour permettre d'attendre l'effet des signaux ; les convois prennent feu, il faut un moyen pour séparer les vagons incendiés ; enfin un accident quelconque arrive, on invente des freins assez puissants pour arrêter sur place. Je suis à même d'examiner journellement ces moyens d'enrayage, qui auraient pour résultat direct la mort instantanée de tous les voyageurs, lancés avec cette formidable vitesse des chemins de fer, contre les parois des vagons ou jetés pêle-mêle les uns sur les autres. Moins énergiques cependant, ces freins, dont quelques-uns sont automoteurs, donneraient une fausse sécurité au personnel du train, qui se serait bientôt relâché dans la stricte observation des signaux.

En un mot, tous les genres d'accidents sont connus, et, en combattant leurs effets, l'esprit inventif fait fausse route; mais pour éviter les rencontres en sens opposé sur les chemins à double voie, on n'a qu'à suivre toujours les mêmes rails dans une même direction, comme on le fait actuellement; sur la simple voie, on n'a qu'à observer les heures de départ et à ne pas quitter la station avant que le convoi attendu soit arrivé, ce que tout le monde doit savoir. Les déraillements, on les évite par la pose correcte de la voie, opération simple et facile ; la rupture des rails, des essieux et de toutes pièces de la machine locomotive, peut être prévenue par des soins donnés lors de la fabrication et par la visite minutieuse dans les ateliers de réparation ; en un mot, toutes les causes sont connues, et les remèdes à apporter au mal le sont également.

Dans ma brochure déjà citée, sur les accidents des chemins de fer (1), j'ai cherché à cataloguer tous ces accidents, et je crois qu'il est superflu d'y revenir : « L'irrégularité dans l'exécution des ordres de service sont les seules causes des désastres sur les chemins de fer, la moralisation du personnel le seul moyen pour les empêcher. »

En outre, les appareils actuels sont perfectionnés journellement, ou de nouvelles inventions leur sont substituées. Les ordres du service d'exploitation sont revisés et corrigés constamment, et on arrivera peut-être à les formuler en règlement définitif auquel tout le personnel s'empressera de se soumettre d'une façon absolue.

§ 2. *Les secrets des inventeurs.*

Telle est la théorie. Suivons maintenant les inventeurs sur le terrain de la réalité. Ils reconnaissent bien l'efficacité de la subordination et de la discipline dans ce qu'elles ont de plus noble et de plus élevé, mais ils ne rencontrent pas toujours ces deux qualités essentielles, car les accidents sont là pour témoigner que souvent elles font défaut en haut comme en bas. *L'appel à d'autres fonctions* de directeurs d'exploitation, le renvoi d'agents subalternes le prouvent assez, sans parler des condamnations judiciaires.

Or, ne pouvant plus compter à tout instant sur la bonne volonté et l'intelligence des hommes, les inventeurs proposent d'y substituer des mécanismes qui, dans le cabinet, sur

(1) Les *Accidents sur les chemins de fer*, par Emile With (préface par Auguste Perdonnet). Mallet-Bachelier. Paris, 1854.

le papier, ou en modèle dans des essais en petit, atteignent le but proposé.

C'est, du reste, en quelque sorte, la méthode des Anglais, qui ont une tendance marquée à remplacer les moteurs animés par les machines.

Où est la vérité ? L'absence ou l'inattention des aiguilleurs a causé bien des désastres ; aussi en Angleterre on fait changer la direction des convois par des aiguilles que les roues les locomotives mettent en mouvement. Sur un chemin près le Londres, une pierre tombée dans la charnière d'une de ces aiguilles abandonnées à elles-mêmes a fait dévier le train le sa route ; engagé sur deux voies différentes, il s'est déchiré, et les voitures ont culbuté avec les malheureux voyageurs.

Ce terrible accident n'eut certes pas eu lieu si un aiguilleur 'était trouvé là, et si l'on n'avait pas soustrait l'appareil auomoteur à la surveillance immédiate.

Mais revenons cependant aux appareils contre les accidents. Qui doit les installer et qui au besoin doit les faire fonctioner ? L'électricité, par exemple. Mais les piles électriques, ans une station comme dans un convoi, doivent être sureillées ; les fils de fer qui s'étendent sur tout un train doient être attachés, détachés, rattachés à chaque station, dès ue la composition du convoi subit une modification, et c'est d'anciens aiguilleurs inexacts, à des gardes-freins endornis, que les inventeurs confient ces soins, sur lesquels la écurité entière d'un convoi repose !

C'est donc dans une autre classe d'individus que ces noueaux employés doivent se recruter. Les agents exacts et ubordonnés restent à leur poste, et les compagnies et le pulic des chemins de fer ont tout intérêt à ce qu'il en soit insi ; en résumé, l'homme, dans un chemin de fer, ne peut uère être remplacé par une machine ou un artifice mû par ne force inerte.

Les perfectionnements dans les chemins de fer, ou les in ventions positives, sont presque toujours le résultat d'un longue expérience et de connaissances mécaniques très-ap profondies ; c'est aux ingénieurs habiles qu'on est redevable de ces bienfaits.

Les inventions contre les accidents, ou les inventions né gatives, sont ordinairement faites par des personnes complé tement étrangères à la construction et à l'exploitation de railways ; l'idée d'un parachoc, d'appareils pour faire recu ler les convois, ne pouvait certes pas sortir de la tête d'u chef de traction ou d'un préposé du matériel.

Enfermés dans leur cabinet, loin de toute relation, ne lisan aucun écrit spécial sur les questions des chemins de fer, n voyageant pas, ne visitant ni les ateliers ni les chantiers, n se livrant à aucune expérience en grand, et toujours seul avec leur pensée, les inventeurs cherchent dans un labeur d plusieurs années la réalisation d'une idée fixe à l'aide d'u modèle et d'une image, et ils arrivent ainsi généralement o à une absurdité ou à un système connu depuis longtemps J'ai pu m'en convaincre, car j'ai été prié souvent d'ouvrir d ces fameuses boites qu'ils portent constamment sous leur bras ; boites mystérieusement cadenassées pour ne pas laisse échapper *le secret*, la panacée universelle qui mettra fin tous les accidents, et que ces amis de l'humanité, dans l désir de sauvegarder la vie de leurs semblables, sont tou jours prêts à vendre, mais jamais à donner gratis, ce qui soit dit en passant, a refroidi un peu mon zèle à leur égard

§ 3. *Création d'une société d'inventeurs.*

Cependant il est à regretter que tant de persévérance, tan de veillées consacrées par des hommes laborieux à un com mun intérêt, soient ainsi dépensées en pure perte. Si les in venteurs voulaient associer leurs efforts et les diriger dans l sens pratique, indiqué du reste par le raisonnement et le exigences d'un service nettement défini; s'ils voulaient surtout écouter la voix de la science et de l'expérience acquise, ils finiraient par faire des découvertes sérieuses, ayant pour but des perfectionnements indispensables.

A plusieurs reprises on a indiqué la marche à suivre, qui consiste dans l'établissement d'une société des inventeurs à l'instar de la compagnie américaine des brevets d'invention. En attendant la réalisation de ce projet, il est à désirer que les inventeurs se choisissent un chef par lequel ils se mettront en relation avec les ingénieurs des chemins de fer; ils auront bientôt établi un programme des inventions à faire, et en facilitant ainsi leur propre travail, ils épargneront les moments si précieux des agents du matériel, souvent obsédés par l'examen de prétendues nouvelles conceptions, ce qui peut justifier en quelque sorte les préventions dont les inventeurs se sont rendus malheureusement l'objet; et une fois entrés dans la voie qui conduit aux solutions utiles, ils seront reçus avec empressement par les mêmes compagnies qui, aujourd'hui, crient : A l'inventeur! comme dans le moyen-âge le peuple irreligieux, excité par des moines fanatiques, criait : Au juif!

§ 4. *L'opinion de M. A. Perdonnet sur les inventeurs.*

En sa qualité d'ingénieur de chemin de fer et de membre du conseil d'administration de la compagnie de l'Est, M. Auguste Perdonnet a dû souvent être mis à même de juger les inventeurs en examinant leur travail; — son opinion ne leur est pas favorable.

Les ingénieurs qui sont à la tête des grandes entreprises de chemins de fer, — dit-il dans son *Traité des chemins de fer*, — les ingénieurs sont continuellement en butte aux attaques des inventeurs, qui les accusent de repousser systématiquement leurs idées par routine ou même par un sentiment mesquin de jalousie. Ils sont certainement peu disposés à faire sur une grande échelle des essais qui, s'ils ne réussissent pas, peuvent compromettre gravement leur réputation; mais ils sont loin généralement de rejeter les procédés nouveaux qui peuvent être expérimentés sans trop de difficultés et qui leur semblent rationnels. Malheureusement, les inventeurs sont en très-grande majorité étrangers et à la théorie et à la pratique, et les systèmes qu'ils proposent d'appliquer, si la pensée qui les a enfantés n'est pas contraire aux principes les plus élémentaires, ne sont que la reproduction de systèmes abandonnés depuis longtemps, et c'est en vain que l'on chercherait à le leur faire comprendre.

D'un autre côté, M. Auguste Perdonnet rend pleine et entière justice à toutes les personnes dont les efforts, pour hâter le développement de ces nouvelles voies de communication et de transport, ont été couronnés de succès; mais c'est surtout aux deux Stephenson qu'il attribue, à juste titre, un mérite hors ligne; citons ses belles et nobles paroles qui définissent la vie et les travaux de ces célèbres ingénieurs.

Georges Stephenson n'a pas seulement construit les premières locomotives faisant un service passable sur les chemins de fer, et appliqué à ces machines le mode de tirage qui a rendu possible l'emploi de la chaudière tubulaire, il a perfectionné la lampe du mineur, il a le premier adopté les rails en fer malléable, construit le chemin de Darlington pour le transport du charbon à de grandes distances, et il a acquis un titre impérissable à la reconnaissance de la postérité, en établissant, malgré d'immenses difficultés d'exécution et la plus vive opposition de la part du public, le premier chemin de fer à grande vitesse, celui de Liverpool à Manchester. — Robert, après avoir fabriqué la machine à laquelle fut décerné le prix au concours de Liverpool, augmenta le premier la puissance des locomotives, apporta dans leur construction plusieurs améliorations importantes, telles que la coulisse adoptée généralement pour varier la détente; attacha son nom à la construction d'un grand nombre de lignes importantes, non-seulement en Angleterre, mais encore dans la plupart des pays étrangers, en Afrique, en Amérique aussi bien qu'en Europe, et enfin conçut le projet de ce magnifique pont tubulaire en tôle de Menai, sur le modèle duquel tant d'autres ont été depuis lors établis.

Ce qu'il faut dire aussi, après avoir parlé des travaux de Georges et de Robert Stephenson, c'est leur vie si curieuse, si pleine d'enseignements. Georges n'était qu'un simple ouvrier mineur, mais la veste du mineur couvrait un homme de génie. Georges Stephenson finit, non sans peine, par gagner la confiance de ses chefs, et dès lors une brillante carrière lui fut ouverte; mais s'il avait réussi sans instruction, par la puissance seule de son intelligence, il avait éprouvé combien le défaut de certaines connaissances scientifiques lui avait été nuisible, et il travaillait la nuit à raccommoder des montres, afin de gagner quelque argent pour instruire son fils Robert. Heureux père, il fut noblement récompensé, car il eut le bonheur de voir Robert atteindre, si ce n'est dépasser, sa propre réputation. Aujourd'hui Robert Stephenson est le premier des ingénieurs de chemins de fer et le premier constructeur de locomotives. Il est membre du parlement anglais et puissamment riche; mais il se glorifie toujours d'être le fils de Georges, l'ouvrier mineur qui raccommodait des montres afin de pouvoir l'instruire, de Georges auquel la ville de Liverpool reconnaissante a élevé une statue.

Maintenant que les inventeurs veuillent bien réfléchir sur tout ce qui vient d'être dit, et surtout ne pas oublier, que pour faire une invention, il faut du talent, et que pour la faire réussir il faut du génie. Il en est ainsi partout; un axiome pareil a cours dans l'Amérique espagnole : le premier qui exploite une mine d'argent, y perd sa fortune ; si c'est une mine d'or, il meurt à l'hôpital.

CHAPITRE XI.

LES GARES ET STATIONS.

§ 1. *Classification des gares.*

Dans l'origine on empruntait aux ports de mer la dénomination des endroits où s'embarquent les voyageurs et les marchandises pour l'appliquer aux chemins de fer, et on appelait les gares : des embarcadères ou des débarcadères. Ces termes sont passés de mode aujourd'hui; on dit gares pour les localités importantes; stations, quand il n'y a pas de grands bâtiments aux points d'arrêt. Soit ! gares, stations ou débarcadères, on les divise en deux classes, en trois classes, en quatre classes, suivant les usages du pays. Il y a encore une classe supplémentaire pour les chemins à une voie; ce sont les gares d'évitement sur lesquelles on a posé deux voies. — N'oublions pas une division faite sous un autre point de vue : gares de voyageurs,— de marchandises, et naturellement gares mixtes appropriées au service des voyageurs et des marchandises.

Les gares anglaises se divisent en trois classes : la première classe renferme les *termini* ou points extrêmes d'une ligne, les points de bifurcation ou les grands centres. Les gares de deuxième classe sont celles des villes secondaires, enfin la troisième classe comprend les points intermédiaires où les expresses ne s'arrêtent pas.

La gare comprend le bâtiment que tout le monde connaît, la cour, les halles, et puis les constructions accessoires auxquelles le public n'accorde jamais la moindre attention; ce qui l'intéresse le plus, c'est la façade du bâtiment principal et les salles d'attente; aussi, pour satisfaire son caprice, on a eu recours aux constructions les plus étranges et à des décorations souvent de fort mauvais goût.

La diversité dans ces travaux fait, qu'il y a des gares qui ressemblent à des forteresses, à des chalets suisses, à des palais, à de simples maisons bourgeoises; on en a fait en bois, en pierre, en briques, en fer.

Des circonstances locales seules déterminent le style de ces œuvres architectoniques, et la science de l'ingénieur n'a rien à y voir.

Ce qui intéresse le plus, c'est l'emplacement et l'étendue des gares. L'étendue surtout! car toujours on réclame l'agrandissement des gares; — je n'ai jamais entendu prononcer le mot rétrécissement d'une gare; cependant il est déjà arrivé qu'une station intermédiaire, n'ayant pas donné une certaine somme de trafic, ait été supprimée.

La question capitale que l'étude des lignes importantes de chemins de fer a soulevée dans le principe et soulève encore en ce moment, c'est la fixation de l'emplacement de la gare des *termini* à l'extérieur de la ville, ou à l'intérieur. Dans le dernier cas, on cherche à rapprocher le chemin de fer le plus possible, et surtout avec des abords faciles, des centres d'activité. Si d'un côté on trouve un avantage immense dans ces travaux, d'un autre côté on recule devant les frais énormes qu'ils exigent. La gare du chemin de Strasbourg, à Paris, a coûté plus de onze millions, dont six pour le terrain de l'emplacement.

Il s'agit donc de comparer les frais pour pénétrer au centre des villes, à l'augmentation des produits correspondants. — Ne pouvant arriver à la balance des recettes avec les dépenses, on a cherché dans la réunion des têtes de plusieurs chemins en une seule gare commune, la solution du problème; mais on s'est efforcé en même temps à placer cette gare le plus avant possible dans le centre des villes; de là le nom de gares centrales.

En thèse générale, il y a économie à concentrer le service de plusieurs chemins dans une gare commune, tant pour la construction que pour l'exploitation, à la condition toutefois que la circulation ne devienne pas active au point de gêner l'arrivée et le départ des convois.

Examinons d'abord ce qui s'est fait à ce sujet en Angleterre, où cette question a acquis une haute importance.

§ 2. *Les gares centrales de l'Angleterre.*

La centralisation des débarcadères de chemins de fer a souvent éveillé l'attention des ingénieurs et des économistes. Beaucoup d'efforts ont été tentés, et des sacrifices considérables ont été faits dans ce but. Cependant on a dû renoncer, en partie du moins, à donner aux têtes des railways un centre commun, et on a trouvé dans l'ouverture des chemins de ceinture un moyen de relier, sans des frais énormes, toutes les lignes qui aboutissent à une capitale.

A Paris, on n'a pas donné suite aux projets d'établissement d'une gare centrale. Ce n'est qu'en Angleterre que cette question a pris des proportions gigantesques.

La ville de Londres, avec ses deux millions d'habitants, possède sept gares principales dont trois sont communes à deux et à quatre lignes. Le Great-Western Railroad, qui relie Bristol et Plymouth, quitte la cité à deux mille mètres de distance de la Banque, de l'hôtel des Postes et de la Bourse. La compagnie de cette ligne a déjà souvent manifesté l'intention de pénétrer un jour au cœur de la Cité, par le moyen d'un tunnel qui serait tracé sous les quartiers les plus précieux de la vieille ville de Londres. — Le chemin du Nord-Ouest, qui va à Birmingham; celui du Grand-Nord, qui conduit à York et à Edimbourg, ont poussé leurs travaux sur une longueur de trois mille six cents mètres à travers les rues et les maisons, pour pouvoir placer leurs débarcadères, qui se trouvent à proximité l'un de l'autre dans l'intérieur de la ville. Cependant ils sont encore éloignés de la Poste, de la Banque et de la Bourse, de près de six kilomètres. Un chemin de fer de ceinture, exécuté dans les quartiers extérieurs des faubourgs de Londres, établit la communication entre ces deux stations et les chemins du comté de l'Est (Eastern counties railways). Les gares de ces dernières lignes sont près de la Cité et placées à une hauteur de quatorze mètres au-dessus des rues. Elles ne sont qu'à deux kilomètres de la Poste; pour obtenir cet avantage, on a été obligé de tracer le chemin sur une distance de près de quatre kilomètres à travers des groupes de maisons et au-dessus de nombreuses rues. Depuis la gare jusqu'au Cambridge-Road, sur deux kilomètres, on compte 152 voûtes de différentes ouvertures qui sont ou louées comme magasins, ou ouvertes à la circulation. Par le moyen d'un embranchement, ces chemins se soudent à une troisième ligne, Blackwall, qui établit la communication entre les docks, les ports et l'intérieur de Londres, et dont le terminus, de quinze mètres en remblais, est proche de la Banque. Le chemin de raccordement, d'une longueur de 9,500 mètres a coûté 8 millions de francs.

La station commune sur la rive droite de la Tamise comprend les têtes des chemins de Greenwich, de Brighton et de Douvres, à une distance de deux kilomètres de la Banque. L'espace que cette gare occupe n'est pas suffisant pour toutes ces lignes; c'est au moyen de sacrifices extraordinaires que l'avantage de la proximité de la Cité a été acheté. Un viaduc, d'une longueur de près de cinq kilomètres conduit la route dans le cœur de Londres : cet ouvrage d'art, entrecoupé de remblais avec des murs de soutènement, a nécessité l'acquisition de près de sept cents maisons dans l'intérieur de la ville.—Le chemin du Sud-Ouest, qui se dirige vers Southampton, et au moyen d'embranchements vers Richmond et vers Windsor, possède également une gare sur la rive droite de la Tamise. Il y a quelques années, cette station se trouvait près du pont du Vaux-Hall, à douze mètres en surélévation. Depuis ce temps, le chemin s'est avancé vers la Cité sur une distance de 3,500 mètres à travers des groupes de maisons; des ponts ont dû être jetés sur 21 rues. Actuellement, cette ligne s'arrête au pont de Waterloo, dans des dispositions qui font présumer un avancement ultérieur jusqu'au pont de Blackfriar.

Villes secondaires de la Grande-Bretagne. — Ce n'est pas à Londres seule que de pareils travaux grandioses ont été entrepris. Plusieurs villes du Royaume-Uni offrent des exemples remarquables de centralisation des gares de chemins de fer.

Birmingham. — Dans cette ville d'une population ouvrière de 300 mille âmes, on ne s'est pas arrêté devant la pénible et coûteuse expropriation d'un cimetière, pour faire arriver à des stations générales les chemins de fer parallèlement ou verticalement aux rues principales. Des viaducs de seize à trente mètres de hauteur et d'une longueur de mille à deux mille six cents mètres sont suivis de tunnels de dimensions colossales. De nombreux embranchements conduisent des chemins aux ports et aux magasins principaux. Les travaux ne sont pas encore entièrement achevés; les acquisitions d'immeubles qui doivent se faire d'après les lois anglaises, par voie amiable, sont un obstacle que le commerce de Birmingham espère vaincre bientôt.

Liverpool offre également des exemples de grands sacrifices faits dans le but d'une centralisation des gares. Cette ville, dont le commerce maritime est très-étendu, possède dix-neuf docks et six bassins, dans lesquels entrent des milliers de navires de tous les points du globe; le Bueen's dock en est un des plus grands, il a une longueur de huit cents mètres sur deux cents mètres de largeur. C'est vers de pareilles constructions que les chemins de fer, exécutés antérieurement vont se rapprocher. Le grand chemin de Lancashire arrive sur un viaduc au centre de la ville et se termine à proximité de la Bourse. Ce viaduc possède cent vingt-deux arcades destinées à des magasins; il franchit les rues au moyen de douze ponts immenses en fonte et en briques. — La station principale, inachevée encore, est à quatorze mètres au-dessus du sol; elle a nécessité la démolition de plusieurs bâtiments de trois étages. La cour de la gare du chemin de Manchester, le plus considérable de l'Angleterre, s'est trouvée dans une rue très-fréquentée, à côté du Palais-de-Justice récemment construit dans le style corinthien. Cette station, considérée comme un chef-d'œuvre en 1837, est tout à fait changée aujourd'hui. De nouveaux bâtiments s'élèvent le long de la voie, qui possède, sur une longueur de deux cents mètres, une largeur de soixante-dix mètres. Les anciennes galeries en bois sont remplacées par une voûte en vitrage d'une portée de soixante-dix mètres. — Les travaux avaient été exécutés sans interruption pendant le service d'exploitation. L'entrée dans la ville a lieu actuellement par un tunnel de trois kilomètres sur une pente de 11 millimètres par mètre; ce tunnel, situé sous les maisons, manque de puits d'aérage; il est exploité par une machine fixe. Des embranchements souterrains, placés en contre-bas, partent de la ligne principale pour entrer dans les docks; le service d'exploitation sur ces chemins secondaires se fait au moyen de grues.

Glasgow, plus grand et plus peuplé que les localités ci-dessus désignées, a dû tenter, comme la ville manufacturière la plus importante de l'Ecosse, de grands efforts pour faire entrer dans le cœur de la Cité les stations des chemins de fer. La ligne d'Edimbourg est arrivée jusqu'à la Bourse et la Banque par un plan incliné d'une longueur de près de 4,000 mètres, et d'une pente de 24 millimètres par mètre, et exploité au moyen de machines fixes. Ce plan incliné passe dans un tunnel de 2,000 mètres de longueur. Afin d'élargir le terrain occupé par la station, la compagnie a payé la somme de 450,000 francs pour l'acquisition d'une église qui barrait le chemin. — La deuxième route, située sur la rive droite de la Clyde et qui est prête à pénétrer dans le centre de la ville est celle d'Airdrie ; la société a acquis, sous les conditions les plus onéreuses, le bâtiment de l'Université de Glasgow, avec le Musée et l'Observatoire ; elle a en outre pris l'obligation d'élever dans le plus beau quartier de la ville un édifice destiné à l'Université. De pareilles dépenses ont porté un tort considérable à la compagnie, dont la position financière a été compromise un moment. — Une troisième voie ferrée, qui tend à forcer l'entrée dans la Cité, est celle du Caledonian ; actuellement elle se trouve établie d'une manière provisoire sur la rive gauche de la Clyde et elle touche aux bâtiments superbes de la ville nouvelle. Dès que le parlement aura approuvé les projets, la compagnie se mettra à l'œuvre ; déjà elle s'est arrangée avec la batellerie au sujet du passage de la rivière.

Edimbourg possède une station centrale pour tous ses chemins de fer au cœur de la ville : c'est par d'immenses travaux très-coûteux qu'on est parvenu à atteindre ce but. La cour de la station, longue de 2,000 mètres sur 300 mètres de large, se trouve dans une ancienne prairie marécageuse, desséchée par des procédés hydrauliques. Les chemins qui entrent à Edimbourg sont les suivants : celui de Glasgow, arrivant de l'Ouest dans un tunnel de 150 mètres de longueur, dont 200 mètres se trouvent en contre-bas du sol de la ville. — Dans la direction nord débouchent les embranchements des docks et des bassins par des tunnels qui sont exploités au moyen de machines fixes. Les chemins de Newcastle et de Londres arrivent de l'est par des galeries taillées dans le roc, au-dessous des bâtiments du gouvernement. La longueur de ces ouvrages est de 600 mètres. Du sud vient, dans deux tunnels très-rapprochés, l'un de 800 mètres, l'autre de 2,000 mètres de longueur, le chemin de Dolkeith. Trois grandes compagnies ont eu à s'entendre au sujet de cette concentration; une quatrième compagnie a été exclue de la réunion : c'est celle du chemin de Calédonian, dont la concurrence a été redoutée par les trois premières sociétés. — Le terminus de ce chemin comprend des baraques provisoires : on attend donc avec impatience le moment où un embranchement sur le tunnel du chemin de Glasgow ouvrira à la compagnie exclue l'entrée de la gare centrale. — Les ateliers de réparation et les remises de locomotives sont en dehors de la ville. Du pont du Nord le regard plonge dans l'intérieur de cette station, située à 30 mètres en contrebas; elle présente un aspect vraiment curieux : de nombreux convois vont et viennent par les portes artistement sculptées des tunnels ; cette image est rehaussée par la position romantique de la ville placée au milieu de rochers, qui bordent majestueusement la mer en cet endroit.

Nous finirons cette énumération des gares anglaises par celle de *Newcastle-Upon-Tyne*. Les riches houillères de cette ville ont une haute importance pour les manufactures du Royaume-Uni. Newcastle renferme 80,000 habitants. C'est une ville très-irrégulièrement bâtie; elle est située sur la rive gauche du Tyne, large de 400 mètres dans ce passage. Quoique placée sur des collines, elle est constamment enveloppée dans la fumée de ses fabriques et de ses usines. Sur la rive droite du fleuve, vis-à-vis de Newcastle, est situé Gateshead, avec 25,000 habitants. — La circulation des navires est très-considérable en cet endroit ; les arrivages journaliers se comptent entre deux cents et trois cents bâtiments de haut bord, destinés à recevoir les chargements de houille pour Londres. Cent soixante-dix bâteaux à vapeur remorquent ces vaisseaux jusqu'à l'embouchure du fleuve. Gateshead est devenu, par suite de sa position, la principale station des lignes partant de la capitale et de plusieurs autres ports de mer d'un ordre se condaire. Aux chemins de fer de Newcastle se joint égalemen celui de Carlisle, un des plus importants de l'Angleterre. I traverse l'île Britannique de l'est à l'ouest, en mettant, pa de nombreux embranchements, les ports de la Manche e communication avec ceux de l'Océan ; le raccordement s'es effectué au moyen d'un plan fortement incliné et desservi pa des machines fixes.

Voici maintenant le sommaire des travaux exécutés pou centraliser toutes ces gares au milieu de la ville : sur la riv gauche du fleuve on a construit un embranchement au che min de Carlisle de 12 kilomètres de longueur, remplis e totalité par des viaducs. Un terrain d'une surface de dix-hui arpents a été envahi par la station. Sur ce sol s'est trouvé entre autres constructions importantes, la fameuse fabriqu de machines et de locomotives de l'ingénieur Robert Ste phenson.

Le pont sur le Tyne a une longueur de 740 mètres et un hauteur de 70 mètres au-dessus de la rivière ; il est trac horizontalement et avec des courbes de 1,000 mètres d rayon ; sa construction comprend des cintres retroussés e fonte, qui reposent sur des piles en pierre de taille. Ce pon est à double tablier, l'un pour le chemin de fer, l'autre pou la circulation ordinaire. Il est couvert d'un toit en fer forg qui a été adjugé au prix de 400,000 francs. La dépense to tale de cet ouvrage d'art a été de quinze millions de francs

---

En résumé, les ingénieurs et les économistes anglais son presque tous d'accord sur l'utilité de la réunion des gare de chemins de fer dans l'intérieur des cités.

Nous ne parlerons pas ici, du luxe et de l'ornementation souvent exagérés qui ont présidé aux travaux des station en général. Sous le rapport de l'art, ces bâtiments, qui on exigé d'énormes sacrifices pécuniaires, ne présentent, l plupart du temps, qu'un faible intérêt.

Quand ils sont placés au centre de la ville, ils tiennent lieu de monuments, tandis qu'ils ne trouvent même pas cette excuse, dès qu'ils sont relégués dans un quartier obscur.

§ 3. *Les Gares centrales sur le continent.*

L'Europe continentale n'offre pas encore de pareilles centralisations. Relier les chemins de fer par des chemins de ceinture, est le seul et unique moyen qu'on ait trouvé pour remplacer le camionage et le service des omnibus.

Bruxelles possède deux gares dans les faubourgs, l'une sur la place du Nord, l'autre sur le boulevart du Midi. La communication pour les voyageurs entre ces deux gares se fait au moyen de fiacres et de voitures à quatre roues. Les marchandises sont transportées sur un chemin de raccordement vers le dépôt central qui, par des embranchements, rejoint les bassins et les canaux d'Anvers et de Charleroy. Tel est, en général, le système adopté dans toutes les grandes villes : Paris, Berlin, Vienne, etc., etc.

La ville de Strasbourg fait exception à cette règle : trois chemins, ceux de Bâle, de Paris et de Wissembourg aboutissent à une station commune par suite du raccordement.

Nous terminerons ce chapitre en mentionnant la station commune à Dresde. Dans cette ville, on a centralisé les gares de trois chemins de fer. Les deux rives de l'Elbe se disputaient la possession de cette station. Sur la rive droite est située la ville nouvelle, qui offre peu de ressources, tandis que sur la rive gauche se trouvent les plus grands et les plus anciens quartiers ; le commerce et l'industrie y ont leur siège ; là sont réunies les administrations gouvernementales et commerciales, les directions des voies de communication, les plus beaux hôtels, la poste, les ports, les marchés. A cet endroit aboutit le chemin saxon-bohémien que les Allemands destinent à faire partie un jour de la ligne du Levant par Trieste, et à attirer en Saxe le commerce de transit. Ces tracés présentent le seul exemple, à notre connaissance, d'un projet d gare centrale dans une des villes du continent.

Dans l'exposé qui précède, on a pu examiner la dispositioi des gares sous un point de vue général, Quant aux disposi tions spéciales, on ne peut les renfermer dans des limite précises pour des préceptes de construction.

Dans beaucoup de gares on découvre des vices; on y remé die au fur et à mesure que l'exploitation se développe.

Ce sont des études comparatives qui peuvent servir pou indiquer quelques règles qu'il ne faut pas perdre de vue ainsi, en France nos salles d'attente très-vastes emprisonnen le public, qui, privé de toute liberté, ne peut pas circule sur les trottoirs comme en Angleterre et se familiarise avec ces admirables machines locomotives qu'il craint e dont il n'ose pas approcher. — On remarque encore qu des stations ne sont pas couvertes et que les voyageur y sont exposés aux intempéries des saisons en quittant l voiture qui les amène, ou en traversant la voie dans le changements de trains. De là on peut conclure, qu'il y urgence à couvrir les trottoirs et même les places où sta tionnent les véhicules, qu'on garantit contre les effets des tructeurs du soleil et de la pluie.

Pour dresser un projet de gare, c'est là le point capital, i faut étudier le plus de modèles possibles et chercher à le appliquer à la localité et aux besoins du trafic.

CHAPITRE XII.

LES LOCOMOTIVES.

§ 1. *Développement du système des machines.*

La machine locomotive, telle qu'elle existe aujourd'hui sur tous les chemins de fer, n'a pas changé dans son organisation première. Une chaudière tubulaire envoie la vapeur dans les cylindres qui font mouvoir des pistons dont la tige attachée à une manivelle donne le mouvement de rotation aux roues.

Ce n'est que par des détails de construction, par un changement entre les dimensions des pièces et par quelques nouvelles applications d'anciennes idées, telles que des chaînes de connexion, que les locomotives actuelles se distinguent. Considérée simplement sous le point de vue pratique du constructeur, la locomotive est décrite dans le *Manuel du Constructeur de machines locomotives*, ou *Essai sur un point de départ à adopter dans les perfectionnements dont ces moteurs sont susceptibles* (*Encyclopédie-Roret*).

Ce manuel donne la théorie complète de la locomotive. La combustion, la vaporisation, l'analyse pratique des divers métaux qui entrent dans la construction de cette machine; le traitement des matières premières pour les convertir en pièces de machine, l'organisation des ateliers de construction, forment dans ce manuel autant de chapitres que de services dans un chemin de fer. Il y est joint un atlas dont les dessins correctement exécutés représentent les machines, leurs pièces et les mécanismes accessoires. Nous n'avons donc à y ajouter que quelques mots sur les nouvelles machines, sur celles destinées à franchir les fortes pentes; et sur les systèmes adoptés comme types dans les divers pays.

Comme détails, il nous reste à examiner : l'explosion des

locomotives, les manomètres, les essieux, le tachomètre Deniel; comme machines nouvelles, nous citerons celles de l'Exposition; enfin, quelques considérations sur les chemins étrangers compléteront cette notice additionnelle à l'ouvrage précité.

Pour pouvoir embrasser d'un seul coup d'œil le développement des locomotives, nous n'avons qu'à rapprocher les années 1813, 1829, 1846 et 1856, qui peuvent être prises pour points d'arrêt dans la science des chemins de fer; nous pouvons former ainsi le petit tableau statistique ci-dessous, qui indique, par des chiffres, les divers progrès successifs dans l'établissement de ces machines.

DÉSIGNATION DES DÉTAILS.	1813	1829	1846	1856
Poids de la locomotive en tonnes.	2.50	8 00	30.00	56.00
Chargement en tonnes.. .	10.00	50.00	120.00	700.00
Vitesse à l'heure en kilomètres, avec chargement. .	4.00	16.00	30.00	40.00
Vitesse en kilomètres, sans chargement.	8.00	30.00	60.00	80.00
Diamètre des cylindres en mètres.	0.16	0.25	0.30	0.35
Surface de chauffe en mètres carrés..	8.00	20.00	90.00	150.00
Diamètre des roues motrices en mètres.	0.70	1.00	1.40	2.50
Poids en kilogrammes des rails par mètre courant.	14.00	20.00	34.00	38.00

§ 2. *Classification des machines locomotives.*

Il n'existe pas de méthode générale pour la classification des locomotives ; tantôt on la base sur la disposition des cylindres : machines à cylindres intérieurs et extérieurs ; tantôt sur le nombre des roues : on a les locomotives à quatre, six ou huit roues ; tantôt sur le nom ou le pays des constructeurs : machines Crampton, machines américaines, etc.

En France on adopte généralement la classification basée sur le service et on distingue :

« Les machines à voyageurs avec roues motrices indépendantes, d'un très-grand diamètre, destinées aux express et aux trains-postes.

» Les machines mixtes, à quatre roues accouplées, pour le transport des voyageurs à petite vitesse et des marchandises ;

» Enfin, les machines à marchandises, ordinairement à six roues couplées.

La classification adoptée en Angleterre distingue trois espèces de machines :

« Les machines à voyageurs, caractérisées par l'indépendance des roues motrices et leur grand diamètre, porté communément à 2m.13 et exceptionnellement à 2m.59.

» Les machines mixtes, employées spécialement pour le service des trains mixtes sur les lignes à faible pente, et pour les trains de voyageurs sur les fortes pentes ; ces locomotives à cylindres intérieurs ont quatre roues accouplées d'un diamètre de 1m.68 et quelquefois de 1m.83. Ce sont les roues d'arrière qu'on accouple avec les roues motrices.

» Enfin, les machines à marchandises, qui sont à six roues accouplées de 1m.52 de diamètre et à cylindres intérieurs avec châssis extérieur. »

Les machines à marchandises ont six roues accouplées, et pèsent jusqu'à 30 tonnes.

Sur beaucoup de chemins on ne reconnaît pas les avantages de ces dernières machines lourdes, et on préfère accoupler plusieurs machines plus légères mais moins puissantes. Sur la voie étroite ces locomotives chargées pèsent au maximum 30 tonnes, et 36 tonnes, quand elles ont huit roues.

L'augmentation de la vitesse de marche, surtout depuis l'établissement régulier des express, a exercé une grande influence sur la construction du matériel anglais. Les locomotives anciennes, celles destinées encore aujourd'hui au transport des convois mixtes, ont des roues basses et accouplées, qui ne permettent pas un mouvement très-fort. On s'est donc appliqué à agrandir le diamètre des roues motrices, et la rapidité de la course du piston ; on a donné un développement considérable à l'appareil de vaporisation, et on a construit alors des machines dont la puissance peut se traduire par un surcroît de vitesse. Cependant les oscillations de ces nouvelles locomotives qui sont produites, surtout dans les trains directs, par les cylindres extérieurs, ont conduit à la reprise des cylindres intérieurs, dont on est encore une fois revenu, principalement par suite de la difficulté des réparations.

Les ingénieurs, MM. Stephenson et Crampton, ont été déterminés à reporter les cylindres extérieurement, mais au milieu de la machine, et à mettre les roues motrices à l'arrière ; la stabilité de ce nouveau système a été obtenue par le grand écartement des supports extrêmes.

L'usage de ces machines, appelées des Crampton, s'étend de jour en jour ; elles constituent un des progrès les plus notables dans les sciences mécaniques.

Actuellement deux tendances se font connaître au sujet des perfectionnements dont les locomotives sont susceptibles : d'un côté, on tâche d'obtenir une vitesse plus considérable, sans compromettre la régularité et la sûreté du service ; d'un autre côté, on cherche à supprimer le tender et de placer, sur la machine même, l'approvisionnement en eau et en combustible, afin que le poids de ces matières vienne augmenter la charge des roues motrices et l'adhérence sur les rails.

Malgré l'incertitude qui règne encore dans la construction des locomotives en Angleterre, comme dans le reste de l'Europe, sur un grand nombre de points, et dont les principaux sont : le placement des cylindres à l'intérieur ou à l'extérieur; la pression de la vapeur dans la chaudière, qu'on élève sans augmenter l'épaisseur du métal; la convenance d'un contrebalancement de cet excès de pression par la multiplication des tirants intérieurs; enfin, le poids de la machine, que les uns veulent augmenter indéfiniment, tandis que les autres le réduisent dans la même proportion, en le portant à douze et à dix tonnes; malgré toutes ces incertitudes, beaucoup d'autres détails importants paraissent être fixés. Il existe actuellement des règles précises sur la construction des ressorts, sur l'équilibre stable des machines et sur l'application de la coulisse Stephenson à la détente et au règlement de la marche.

Le placement du centre de gravité, sur lequel il y a encore divergence d'opinions, a une très-haute importance, par la raison que plus ce point se trouve rapproché du sol, plus les chances d'accidents deviennent rares; car là où des machines hautes se renversent, dans les collisions ou dans les déraillements, les machines basses restent debout sur la voie et n'entraînent pas le convoi avec elles.

Quoiqu'avec des contre-poids convenablement placés on puisse faire disparaître les causes d'instabilité des machines à cylindres extérieurs (*outside*), les cylindres intérieurs (*inside*) conserveront encore longtemps sur le continent le premier rang, par suite de la solidité de l'attache des cylindres et des bielles d'accouplement; ce qui cessera, du reste, d'être un avantage, quand il s'agira des machines express, dont les roues ne sont pas accouplées.

Le gouvernement d'Autriche a adopté une division en cinq classes, basée sur la puissance absolue des machines :

CLASSE.	SURFACE de chauffe en mètres carrés.	CHARGEMENT en tonnes.	VITESSE en kilomètres.
1re	62	150	30
2e	73	300	22
3e à marchandises	96	400	30
4e à voyageurs.	96	200	43
5e Machines-tenders des pentes de 25 millimètres par mètre.	150 (Pression effective de 8 atmosphères.)	112	15

Le gouvernement de Prusse vient d'entrer encore plus en avant dans cette question, en chargeant une commission de fixer cette classification et de déterminer en même temps les proportions les plus convenables entre les diverses pièces dont se compose une locomotive.

Le travail de cette commission comprend trois parties, dont la première est relative aux machines des convois de voyageurs, la seconde aux remorqueurs des trains de marchandises; la troisième partie, enfin, concerne les locomotives destinées à gravir les fortes pentes.

Machines à voyageurs. (1)

La commission estime qu'il y a lieu de fixer l'écartement

des essieux en rapport avec la longueur de la chaudière : cet écartement sera de 3m.90 ; la longueur de la chaudière, y compris la boîte à fumée et le foyer, étant de 4m.65, cet écartement sera de 4m.50, si la longueur de la chaudière ne dépasse pas 6m.15.

Quant au placement des essieux et quant à leur charge, voici les dispositions principales qu'on a adoptées : l'essieu de l'arrière devra se trouver derrière la boîte à feu.

La machine à voyageurs sera à six roues et à rebord. Si elle est à huit roues, les deux roues les moins chargées pourront être plates, à moins qu'elles ne soient placées aux extrémités.

Chaque essieu dont les roues sont à rebords devra porter un cinquième du poids total.

Le chargement de l'essieu de devant ne devra pas être moins d'un tiers du poid total.

La distance entre l'essieu de devant et le centre de gravité sera égale à la moitié de l'espacement minimum des essieux. La charge sur cet essieu de devant ne devra jamais être moins d'un quart du poids de la machine. L'essieu moteur seul doit être suffisamment chargé pour remorquer les express. Le poids de la machine sera à fixer d'après cette règle.

Le chargement des roues devra toujours être constant et indépendant des inégalités du chemin. On arrivera à ce but, en chargeant dans les machines à six roues l'un des essieux au moyen de balanciers.

Il est essentiel d'obtenir une proportion convenable entre le diamètre des roues motrices et la course de piston, et qui pourra être fixée à 1m.95 de diamètre pour 0m.60 de course de piston. Le diamètre des roues portantes ne devra pas être au-dessous de 1m.05.

Comme disposition générale, il y a encore lieu d'admettre que la chaudière soit placée le plus bas possible, que les pistons et les pièces qui les font manœuvrer soient aussi légers que la résistance qu'ils ont à vaincre peut le permettre, enfin, que le tiroir et le changement de marche soient d'une grande simplicité.

Quant au *tender*, il devra être accouplé à la locomotive au moyen de tampons élastiques; ses essieux ne devront pas être écartés au-dessous de 3m.30, ses roues devront avoir le même diamètre que les roues portantes de la locomotive.

Voilà les dispositions principales admises par la commission dans la construction des machines à grande vitesse; passons maintenant à celles des trains de marchandises.

Locomotives à marchandises. (II)

La puissance des machines à voyageurs se traduit en vitesse, laquelle ne vient qu'en second lieu dans les locomotives à marchandises; aussi la commission fait rentrer dans les recherches un nouvel élément, celui de la charge remorquée; elle admet que ces machines doivent traîner un poids de 700 tonnes avec une vitesse de 25 kilomètres à l'heure sur un chemin de niveau et par un temps ordinaire, et elle détermine les dispositions du mécanisme en conséquence :

« Quatre roues accouplées; charge des essieux accouplés (y compris le poids des essieux et des roues) égale à un trente-cinquième du poids total du train.

» Le diamètre des roues motrices sera de 1m.50, la course de piston de 0m.66; le diamètre du cylindre de 0m.48 pour une pression de 7 atmosphères; pour une pression de 5.40 atmosphères, ces dimensions se changeraient en 1m.20 pour le diamètre des roues, en 0m.72 pour la course de piston, et en 0m.46 pour le diamètre du cylindre; un diamètre plus petit ne serait plus admissible avec la vitesse donnée de 25 kilomètres par heure.

» L'écartement des essieux sera de 3 mètres à 3m.15 pour une longueur de chaudière de 5m.55 à 5m.93; un écartement plus considérable aurait une influence nuisible sur les coussinets qui s'useraient trop rapidement et d'une manière inégale; la distance entre l'essieu de devant et le centre de gravité sera pour le moins égale à la moitié de l'écartement minimum.

» L'essieu de devant sera chargé au minimum du quart du poids total de la machine, ou de trois seizièmes du poids du train, si pour ce dernier cas, la distance du centre de gravité est de deux tiers de l'écartement des essieux.

» Le chargement devra être constant; dans ce but les ressorts seront à relier au moyen de balanciers. »

Machines des fortes pentes. (III)

Les locomotives destinées à gravir les fortes pentes doivent combiner la grande vitesse des machines à voyageurs et la puissance de traction des remorqueurs; l'adhérence des roues motrices sur les rails, à un degré élevé, est donc la condition première de leur établissement. On atteint ce but en diminuant dans une proportion convenable la vitesse des machines à roues motrices indépendantes, ou en augmentant la marche des remorqueurs et en diminuant leur charge, tout en accouplant les roues motrices avec les roues portantes.

Cette question n'a pas encore reçu une solution définitive; plusieurs systèmes sont en présence, ainsi que je le dirai dans le paragraphe intitulé : *Les locomotives du Semering;* des expériences définitives ne tarderont pas à être faites à ce sujet.

Voici, en attendant, l'avis de la commission prussienne sur les conditions que les machines des fortes pentes doivent remplir :

» Poids à remorquer, 150 tonnes. — Vitesse, 30 kilomètres à l'heure. — Six roues accouplées. — Poids de la machine, d'un sixième à un cinquième de la charge totale à remorquer. — Diamètre des roues motrices 1^{m}.20. — Course de piston 0^{m}.54, pour une pression de 7 atmosphères, ou de 0^{m}.72 pour une pression de 5.40 atmosphères, pression effective.

Le minimum de l'écartement des essieux, chargés d'une manière égale et constante, sera de 3^{m}.30 pour une chaudière d'une longueur de 6^{m}.45.

Pour pouvoir comparer facilement les chiffres précédent je les ai classés dans le petit tableau que voici :

MACHINES.	Diamètre des roues motrices.	Course de piston.	Ecartement des essieux.	Longueur de la chaudière
	mètres.	mètres.	mètres.	mètres.
Voyageurs. (roues indépendantes)	1.95	0.60	3.90	4.65
Marchandises. (4 roues accouplées)	1.50	0.66	3.00	5.55
Fortes pentes. (6 roues accouplées)	1.20	0.72	3.30	6.45

§ 3. *Les Locomotives à l'Exposition universelle de* 1855.

L'exposition de 1855 est déjà loin de nous, grâce au grands évènements qui se suivent avec cette rapidité dor notre époque offre de si nombreux exemples ; mais ce con cours de tous les peuples dans cette fête universelle porter ses fruits : dans les hameaux où l'industrie prend naissance dans les cités où elle se développe, dans les capitales où ell fleurit, partout enfin où le génie de la civilisation déploie se ailes, l'exhibition générale des produits naturels ou manu facturés laissera des traces fécondes.

La première occupation des visiteurs a été d'admirer e de critiquer les objets exposés dans le palais de l'Industrie L'occupation actuelle est d'imiter les modèles, de les perfec tionner, d'étendre les marchés et de diminuer les frais d fabrication. L'aptitude des industriels a dû s'agrandir, leu jugement a dû se rectifier, leurs connaissances ont dû aug menter, à la suite de la comparaison qu'il leur était permis de faire des progrès manifestés dans les divers pays et procédés de travail usités maintenant.

Ce n'est donc que sous le point de vue d'une réminiscence que l'Exposition pourra être envisagée désormais : on cherchera à connaître l'influence qu'elle aura exercée sur l'ensemble de l'industrie, et en particulier sur les voies ferrées, qui forment l'objet du présent travail ; on examinera les changements que leur construction et leur exploitation actuelles auront subis à la suite de l'envoi de toutes ces machines, de tous ces fers, de tous ces engins et outils qui sont employés dans les railways, et dont la quantité exposée était telle qu'on aurait pu en confectionner un petit chemin de fer. On distinguera les inventions récentes que l'Exposition aura fait connaître et que les compagnies auront expérimentées, ou qu'elles se seront déjà appropriées. A ce titre, ces analyses n'auront plus le mérite d'une actualité marquée, mais elles offriront peut-être des enseignements d'une utilité plus pratique.

Les machines-locomotives, qui sont les pièces principales de la partie mécanique de l'Exposition, se présentent en premier lieu. Nous les avons toutes décrites sommairement et classées dans le tableau ci-dessous ; comme elles sont retournées à leur poste, et comme nous les connaissons maintenant, nous pouvons les suivre dans leur carrière avec plus de facilité, pour apprécier leurs services et pour savoir si elles réalisent leurs promesses, et si jamais le besoin se fait sentir d'en retrouver les traces, la présente indication pourra faciliter les recherches.

Toutes les nations qui possèdent des chemins de fer ont envoyé des locomotives à la grande exhibition. C'est ce spécimen qu'il faudra considérer comme la dernière expression de tous les perfectionnements qu'on a apportés à ces moteurs, dans chaque pays.

Machines locomotives de l'Exposition universelle de 1855.

PAYS EXPOSANTS.		NOMS des locomotives.	NOMS des constructeurs.	SERVICE des machines.	Nos d'ordre	SYSTÈMES et détails de construction.
I. FRANCE.	Compag. de Lyon.	*Paris-Lyon.* . .	Usine du Creuzot.	Marchandises.	1	Système Engerth, sans roues d'engrenage; douze roues, dont six accouplées. Les roues du tender articulé sont indépendantes, et ne servent que pour porter la chaudière.
		La Perrache. .	M. Cail, à Paris. .	Express. .	2	Spécimen ordinaire; six roues, dont deux grandes; cylindres extérieurs.
	Compag. d'Orléans	*Paris-Orléans*, nº 554.	Ateliers de construction de la compagnie d'Orléans.	Marchandises.	3	Six roues accouplées; cylindres intérieurs; mécanisme de distribution à l'extérieur.
		La Bacchante. .		Express. .	4	Six roues libres; cylindres extérieurs.
	Comp. de l'Ouest.	*L'Aigle.*	M. Gouin, à Paris.	Mixte. . .	5	Système Blavier et Larpent; quatre roues immenses, accouplées, de près de trois mètres

						l'appareil générateur de la vapeur ; l'autre partie est le récipient. Facilité de faire les roues très-grandes et de les accoupler pour franchir les inclinaisons du tracé.
I. FRANCE.	Comp. d'Orsay. .	*L'Orge.*	M. Anjubault, à Paris.	Marchandises.	6	Système Arnoux (articulé) ; quatre cylindres ; essieux coupés.
	Comp. du Midi. .	*La Gironde.* . .	M. Gouin, à Paris.	Mixte. . .	7	Six roues, dont quatre accouplées ; cylindres extérieurs.
	Comp. du Nord. .	No 131.	M. Cail, à Paris. .	Express. .	8	Ancienne machine du système Crampton.
	Chemin de fer de Lyon à Genève.	*Ville-de-Genève*	M. A. Koechlin, à Mulhouse.	Mixte. . .	9	Six roues, dont quatre accouplées ; cylindres extérieurs. La seule machine exposée, à détente variable, avec deux tiroirs.
II. ANGLETERRE	North - Western railway.	*Eugénie.*	M. Fairbairn, à Manchester.	Express. .	10	Système Stephenson modifié ; cylindres intérieurs ; pistons avec leurs tiges en fer forgé ; chauffage par la houille ; foyer pénétrant dans l'intérieur de la chaudière ; essieux en fer creux, pesant un tiers de moins que les essieux ordinaires, suspendus sur des disques en caoutchouc.

PAYS EXPOSANTS.		NOMS des locomotives.	NOMS des constructeurs.	SERVICE des machines.	Nos d'ordre	SYSTÈMES et détails de construction.
II. ANGLETERRE	Ateliers de Newcastle-on-Tyne.	*Emperor*. . . .	M. Stephenson, à Newcastle-on-Tyne.	Express. .	11	Système Stephenson ; cylindres intérieurs.
III. AUTRICHE.	Fabrique privilégiée de Vienne-Neustadt.	*Neustadt*. . . .	M. Gunther, à Neustadt.	Marchandises.	12	Machine-tender, d'après le système américain. L'eau d'alimentation est renfermée dans un réservoir qui entoure la chaudière ; huit roues, dont quatre motrices.
	Compagnie du chemin de fer de Raab.	*Vienne-Raab*. .	M. Haswell, à Vienne.	Marchandises.	13	Huit roues pleines, accouplées ; cylindres extérieurs ; tender à six roues ; chauffage par le bois et par la tourbe.
IV. BADE.	Chemin de fer de l'Etat.	No X.	Ateliers de construction, à Carlsruhe.	Express. .	14	Système Crampton ; deux roues motrices ; avant-train de quatre roues, mobile, comme dans les machines américaines ; chaudière composée de deux cylindres dont le plus grand est en bas ; pression effective de sept atmosphères ; essieux de l'a-

[illegible] BELGIQUE.	[illegible] Léonard.	[illegible]	M. [illegible], à Liége.	[illegible]	16	dont deux grandes; cylindres intérieurs.
	Compag. du Nord français.	*Duc-de-Brabant*	M. J. Cockerill, à Seraing.	Marchandises.	17	Système Engerth, avec les roues d'engrenage; douze roues. Seule machine qui représente ce système dans toute son étendue.
VI. HANOVRE.	Chemin de fer de l'Etat.	Nº 83.	M. Ergerstorff, à Linden.	Mixte. . .	18	Six roues, dont quatre accouplées; cylindres extérieurs. Cette machine a déjà reçu des médailles dans les expositions de Hanovre et de Munich.
VII. PRUSSE.	Ateliers de construction de M. Borsig.	*Paris.*	M. Borsig, à Berlin.	Espress. .	19	Six roues; roues motrices au milieu; cylindres extérieurs; tender séparé.
VIII. WURTEMBERG.	Comp. du chemin de fer du Palatinat.	*Esslingen.* . . .	Ateliers de construction, à Esslingen.	Marchandises.	20	Système Engerth; dix roues, dont six accouplées; cylindres extérieurs. On a renoncé aux roues d'engrenage, qui sont inutiles sur le chemin de fer du Palatinat, dont les pentes ne sont pas fortes.
		Trifels.		Express. .	21	Système Crampton; cylindres extérieurs. Le mouvement est transmis à l'essieu moteur par deux manivelles, qui forment en même temps les excentriques pour la marche des tiroirs.

§ 4. *Causes d'instabilité des machines locomotives.*

Le gouvernement Prussien avait nommé une commission chargée de définir les causes de déraillement des locomotives, et de faire dans ce but, avec des locomotives déraillées, des essais dans les conditions les plus défavorables et à la plus grande vitesse jusqu'aux dernières limites de la sécurité. Dans le cas où les locomotives déraillées n'ont pas pu être remises en état, des expériences ont été faites avec des machines semblables ; enfin ces mêmes essais ont été répétés avec des locomotives d'une construction différente de celle des locomotives déraillées.

Ces expériences ont conduit la commission à attribuer l'instabilité et les déraillements qui en sont la suite, à plusieurs circonstances qui accompagnent la marche d'une machine et qui se trouvent divisées en cinq catégories, sur lesquelles je jetterai un coup-d'œil rapide ; elles comprennent

1° La répartition de la charge sur les essieux et sur les roues ;

2° La vitesse des pistons ;

3° L'écartement des essieux ;

4° La rigidité des plaques de garde et des ressorts ;

5° Les oscillations verticales des locomotives ;

6° Enfin le changement du niveau de l'eau dans la chaudière.

L'examen de ces faits conduira naturellement aux règles à suivre pour éviter les déraillements provenant de la machine seule, et parmi lesquelles les contre-poids des roues motrices se placent en premier lieu.

Il ne sera pas question ici des causes de déraillement attribuées à la pose irrégulière de la voie et dans lesquelles la locomotive ne joue aucun rôle.

Répartition de la charge. (1°)

Mon intention n'est pas d'entrer dans le développement des calculs qu'on trouve dans le rapport susmentionné. Il suffit d'en extraire les données principales.

Ainsi, quant à la répartition de la charge, on voit par une équation fondamentale :

« Que la charge des essieux d'une locomotive à quatre roues reste invariable de même que la position du centre de gravité ;

» Que si la locomotive repose sur trois essieux à ressorts indépendants, la charge d'un essieu ne peut pas changer sans celle des autres essieux ;

» Si la charge totale de la locomotive repose sur trois essieux avec six ressorts, de manière que deux points d'appui sont réunis au moyen de balanciers, les charges des trois essieux ne peuvent pas être changées ;

» La répartition de la charge des locomotives à ressorts indépendants sur un chemin à niveau est dépendante de la tension des ressorts ; si les ressorts des essieux extérieurs sont plus tendus, ces essieux sont alors plus chargés et l'essieu du milieu l'est moins, et *vice versâ* ;

» Si ces ressorts du milieu sont plus tendus ou moins tendus, les essieux extrêmes sont déchargés dans le rapport inverse de leur distance de l'essieu du milieu ;

» Si la tension du ressort du milieu est exagérée, un des essieux extrêmes peut être déchargé en entier, ce qui offrira des dangers réels pour la marche de la locomotive ; cela arrivera d'autant plus vite que le centre de gravité sera éloigné de l'essieu du milieu. L'essieu opposé au centre de gravité, relativement à l'essieu du milieu, sera déchargé. Si le centre de gravité se trouve exactement sur l'essieu du milieu, un des essieux extrêmes seul ne peut pas être déchargé. Le déchargement d'un essieu extrême ne peut avoir lieu, que si par suite de la tension des ressorts de l'essieu du milieu tout le poids de la machine y est reporté. »

Une autre position très-dangereuse peut avoir lieu dans les machines à six ressorts séparés, c'est quand deux roues d'un même essieu sont chargées inégalement. Cela peut arriver sur un chemin parfaitement horizontal, par suite d'une tension inégale des ressorts ou par suite d'un affaiblissement d'un ressort. Cette inégalité de tension et de répartition de la charge est souvent très-considérable; il est donc nécessaire de contrôler souvent la charge sur une bascule spéciale. Des effets semblables à ceux produits par une tension inégale des ressorts, arrivent par suite des inégalités de la voie.

Dans une machine en repos, la répartition de la charge change, quand on presse la roue contre le ressort, absolument comme si on serrait le ressort contre la roue fixe. Un pareil rapprochement de la roue contre le ressort a lieu pendant le voyage, dès que la machine heurte une bosse sur les rails.

Si cette bosse est petite, son action, sur les roues, est peu sensible; elle ne peut pas se faire sentir en si peu de temps, elle disparaît dans la grande masse de la machine. Si ces inégalités sont plus étendues, par exemple, dans les affaissements des remblais, ou dans les surélévations après la gelée, leur action deviendra d'autant plus grande que les balancements de la locomotive augmenteront, surtout quand la voie présente des ondulations verticales; ou quand les défoncements alternent avec les surélévations.

Des expériences ont été faites pour apprécier l'effet des irrégularités de la voie sur la répartition de la charge. Une locomotive a été placée avec les roues de devant sur une bascule et avec les autres roues sur la voie; des supports de différentes dimensions ont été mis sous les roues du milieu pour figurer les bosses de la voie, de manière que la locomotive se trouvait plus élevée avec les roues du milieu, qu'avec les roues extrêmes.

Avec un support de 0m.015 de hauteur, posé sous une machine à six ressorts indépendants, le chargement de l'essieu de devant a été d'une tonne, tandis que sur une ligne horizontale il eut produit une pression de 4, 5 tonnes. Cette différence est donc assez considérable. Il est à remarquer que la charge qui pèse sur les essieux dépend aussi de la forme des ressorts.

Il résulte de ce qui précède, qu'il est très-important, surtout dans les grandes vitesses, d'écarter toute ce qui influe sur le changement de la pression des roues, ou de rendre ces roues indifférentes à ces changements. Deux moyens se présentent : le premier comprend l'application de balanciers sur deux roues le long de la chaudière, ou encore ce qui n'est pas applicable partout, ce serait de se servir de balancier des ressorts appliqués sur les deux essieux. Cette construction exige que la pression, sur les trois essieux, soit invariable.

Le second moyen consiste à disposer pour le troisième essieu un ressort transversal ou des ressorts longitudinaux reliés au moyen d'un balancier transversal, de façon que les deux roues de chaque essieu soient constamment chargées du même poids.

En appliquant ces deux dispositions à la fois, on obtiendrait une grande sécurité dans la marche des locomotives. On devrait en outre porter un grand soin sur toutes les pièces mobiles des balanciers, qui doivent être travaillées et graissées de manière que les frottements soient réduits au minimum. Les coussinets dans les plaques de garde doivent pouvoir glisser facilement.

Vitesse des pistons. (2°)

On peut admettre, en général, qu'une machine locomotive a d'autant plus de tendance à l'instabilité que la vitesse de marche est grande, par conséquent, plus le mouvement des pistons est rapide.

Comme la pratique n'a pas encore fixé de limite pour la vitesse de marche, il est difficile de déterminer les vitesses des pistons, qui ne sont fixées que par les relations de constructions.

Les effets de détérioration se font sentir à la suite de l'accroissement de la vitesse des pistons ; dans le cas de rupture d'une des pièces du cylindre, les dangers augmenteront. Il est donc prudent de diminuer les courses de pistons pour les grandes vitesses; par conséquent il s'agit de proportionner le diamètre de la roue motrice et la course de piston.

Il est facile d'établir sur ces principes des équations d'équilibre, et il résulte des formules auxquelles elles donnent lieu :

1° Que la stabilité augmente au fur et à mesure que la force vive diminue;

2° Que si l'on considère la vitesse et l'écartement des essieux comme des éléments variables, il faut, pour avoir la même stabilité dans des vitesses différentes, que les carrés des écartements soient dans le même rapport que les vitesses;

3° Que la stabilité des locomotives est la même si les longueurs des chaudières sont dans le même rapport que les vitesses ;

4° Que les résistances parallèles de frottement s'opposent au mouvement de translation. Leur résultante passe par le centre de gravité, elle est invariable, à charge constante et indépendante de la répartition de la charge;

5° La répartition de la charge n'a d'influence que sur la résistance contre le moment de rotation autour du centre de gravité.

Ecartement des essieux. (3°)

Une locomotive qui produit des lacets considérables prend naturellement, après chaque oscillation, une position inclinée vers les rails, contre lesquels elle frappe obliquement. Le parallélisme des essieux la maintient dans cette position oblique, jusqu'à ce que la roue poussée contre les rails est rejetée par le contre-coup du côté opposé. La vitesse avec laquelle ce dernier mouvement a lieu est égale à la vitesse latérale au moment du choc, et cette vitesse latérale est le produit de la vitesse absolue de la locomotive avec l'inclinaison contre le rail. Dans la supposition de l'égalité du jeu des roues contre les rails, l'inclinaison et par conséquent la vitesse latérale sont dans le rapport inverse de l'écartement des essieux.

La vitesse angulaire arrive à sa valeur maxima quand la distance entre l'essieu de devant et le centre de gravité est égale au rayon d'inertie; dans ce cas l'essieu de devant agit le plus sur le lacet. Si la distance entre l'essieu de devant et le centre de gravité est plus petite que le rayon d'inertie, la vitesse angulaire diminue ainsi que la vitesse de translation.

Pour obtenir une marche tranquille de la machine, il faut placer le premier essieu le plus avant que possible et on le soustrait ainsi aux chances de rupture.

En réunissant les deux mouvements : la rotation autour du centre de gravité et le mouvement de translation en un seul moment, et en cherchant son centre, on voit que le moment d'inertie autour de ce point est d'autant plus petit que l'essieu de devant est éloigné du centre de gravité. La théorie ne donnerait que la position de ce centre de la machine mise en mouvement dans l'espace ; mais sa position réelle dépend des résistances de frottement des roues contre les rails.

Pour déterminer l'influence de la répartition de la charge sur la résistance contre la rotation, on fait entrer dans les calculs comme nouvel élément le coefficient de frottement ; on voit alors que la somme des résistances de frottement est constante dès que la charge de l'essieu de devant est dans le rapport inverse de son écartement du centre de gravité.

Il en résulte que l'essieu de devant doit être chargé d'au tant qu'il se rapproche du centre de gravité.

Il en résulte généralement qu'il est avantageux de reporte la charge sur les essieux qui sont le plus éloignés du centr de gravité, donc sur les essieux extrêmes. Cela doit se fair surtout pour les locomotives des express, par la raison qu dans les grandes vitesses l'influence des inégalités dans l voie sur les lacets augmente considérablement, et ce défau doit trouver son correctif dans la construction de la machine

Rigidité des ressorts et des plaques de garde. (4°)

Avant que la tendance d'une locomotive aux lacets devienn assez grande, pour qu'elle surpasse le frottement des roue sur les rails, des oscillations ont déjà lieu sur les rails pa suite de l'élasticité des plaques de garde. Si l'on admet qu les rebords des roues entre les rails n'aient pas de jeu, ce rebords doivent naturellement être considérés comme de résistances fixes contre les lacets.

Si les plaques sont très-flexibles, la résistance contre l pression latérale devient moindre ; le balancement, pareil un pendule, qui en résulte, devient d'autant plus grand qu les plaques sont flexibles. La rigidité des plaques de gard des essieux extrêmes s'oppose le plus aux oscillations.

Les impulsions de ces mouvements qui proviennent de l machine, ont lieu dans les mêmes intervalles que les course de piston. La durée d'une oscillation dépend de la rigidit des plaques de garde, et elle est d'autant plus grande qu les plaques sont moins rigides. Le jeu des coussinets aug mente naturellement les oscillations, même dans les petite vitesses, si le jeu est considérable ; on doit donc toujour chercher à éviter une grande flexibilité des plaques de gard

Si ces plaques sont fixes, les oscillations latérales se for jour par un balancement de la chaudière sur les ressorts ; cett tendance est d'autant plus grande que la chaudière est placé en surélévation; la rigidité et le frottement des ressorts s'opposent à cette tendance. Si le frottement est considérable, les oscillations diminuent et s'amoindrissent avant qu'une nouvelle impulsion leur arrive.

Il faut donc éviter de faire les ressorts trop flexibles et il faut leur laisser beaucoup de frottement. Il y a avantage à les éloigner le plus possible de l'axe de la locomotive.

Si la machine est construite de manière que la charge sur chaque roue est constante, il faut que chaque essieu extrême porte un ressort transversal, ou qu'il y ait deux ressorts reliés au moyen d'un balancier transversal. Ces ressorts n'offrent pas de résistance contre les oscillations de la chaudière. Cette résistance n'est produite que par le ressort des deux autres essieux, et elle est d'autant plus grande que la charge est considérable. Il est donc avantageux d'attacher ce ressort au balancier transversal à l'essieu le moins chargé.

Oscillations verticales des locomotives. (5°)

Les inégalités de la voie donnent aux roues et aux essieux un mouvement vertical d'après lequel les ressorts sont plus ou moins chargés ou déchargés momentanément ; une force verticale agit donc sur la machine et dont l'influence est à rechercher. Il faut supposer le cas le plus simple : une locomotive à quatre roues et dans laquelle les deux essieux sont à égale distance du centre de gravité. Pour établir l'équation de l'équilibre, on calcule le travail mécanique produit par le choc de la voie sur l'essieu de derrière et qui imprime à la masse des roues et de leurs essieux une certaine vitesse. La quantité de la flexion du ressort avec la charge primitive est augmentée par la force de résistance que l'essieu oppose au choc; la flexion augmente donc le moment provenant du choc sur la masse des roues et de leurs essieux ; elle est égale à la différence entre les moments de la flexion primitive et celui de la flexion additionnelle ; il en résulte que la force qui tend à soulever la machine est d'autant plus petite qu la tension du ressort est grande.

Cette différence entre la force primitive, la charge sur l'es sieu et la force qui représente la charge nécessaire pour ar river à la nouvelle flexion, cette différence constitue un nouvelle force, qui, agissant sur le centre de gravité, décharg l'essieu de derrière et charge celui de devant.

En cherchant avec la position donnée de l'essieu de devant la position de l'essieu de derrière dans laquelle les choc auxquels ce dernier essieu est exposé, n'influent pas sur l'es sieu de devant, on trouve que cette position est dans le cen tre des chocs; la distance du centre de gravité de cet essie d'arrière s'obtient quand on divise le carré du rayon d'iner tie de la machine pour la rotation autour du centre de gra vité, par la distance de l'essieu d'avant du centre de gravité

Les machines à six roues dont la charge est rendue con stante au moyen de balanciers sont dans le même rappor que les machines à quatre roues, quant aux propositions pré cédentes. Si toutes les roues sont chargées séparément, l rapport précédent varie suivant la rigidité des ressorts.

Il est donc à recommander de faire les ressorts très-doux parce qu'à égalité de choc les ressorts doux sont moins dé chargés que les ressorts durs ; l'effet du choc se décompos dans le jeu du ressort et dans une force égale à la moitié d déchargement.

La dernière composante diminue si la première augmente Cependant des ressorts trop doux ont l'inconvénient d'occa sionner de grands balancements qui se propagent pendan longtemps et qui peuvent arriver, par des chocs réitérés, à u degré dangereux. Si la flexion des ressorts est de 0m.03 à 0m.06 pour la charge en repos, et si ces ressorts se composen de 6 à 12 feuilles, la flexibilité et le frottement sont asse grands pour éviter des oscillations de longue durée.

Changement du niveau d'eau dans la chaudière. (6°)

Si la vitesse d'une locomotive diminue tout à coup, l'eau de la chaudière oscille de l'arrière à l'avant ; c'est-à-dire le niveau d'eau monte à l'avant et descend à l'arrière ; en conséquence le chargement de l'essieu d'avant augmente, le chargement des autres essieux diminue suivant leur position. Quand l'équilibre tend à se rétablir, l'eau afflue de l'avant à l'arrière, l'effet opposé a lieu : l'eau presse à l'arrière, et le chargement de l'essieu d'avant diminue.

Par suite d'une augmentation instantanée de la vitesse, les mêmes effets se produisent, à cette différence toutefois que l'essieu de devant commence à être déchargé et que l'augmentation de la charge n'a lieu que par le recul. Il y a donc lieu d'examiner quels sont les effets produits par ces oscillations sur la chaudière et dans quelle mesure ces effets se propagent sur les ressorts et comment ils influent sur le chargement et le déchargement des essieux séparés.

Si l'eau est tranquille, sa surface forme un plan horizontal ; dès qu'un mouvement a lieu de l'avant à l'arrière, cette surface s'incline sous le plan horizontal à l'avant, et se lève au-dessus de ce plan à l'arrière. La diminution est évidemment égale à l'augmentation, attendu que le volume d'eau est invariable.

Cette nouvelle surface inclinée coupe le plan horizontal primitif suivant une ligne qui doit passer par le centre de gravité de ce plan. On sait que, si une surface tourne autour de son centre de gravité, les deux moitiés décrivent deux solides de capacité égale. Dès qu'on connait la hauteur d'une oscillation à l'avant ou à l'arrière, on peut calculer aisément la capacité de ces solides, ainsi que la position de leur centre de gravité pour une forme de chaudière donnée. Le poids de l'eau à l'arrière constitue une force qui agit vers le bas. La diminution du poids de l'avant peut être considérée comme une force agissant vers le haut. Ces deux forces forment un couple qui a une tendance à imprimer à la locomotive un mouvement de rotation dans un plan vertical ; l'effet de cette force se propage sur les essieux et les ressorts, et n'a pas d'autre influence.

Les considérations précédentes nous conduisent naturellement à l'examen des contre-poids appliqués aux locomotives.

§ 5. *Contre-poids des locomotives.*

L'importance des contre-poids des roues motrices des locomotives est aujourd'hui à l'abri de toute contestation. On a souvent cru qu'il suffisait d'équilibrer le poids de la manivelle et de la partie de la bielle d'accouplement qui s'y trouve attachée. Le piston, la tige de piston et la bielle forment une masse considérable qui acquiert à chaque rotation une vitesse excentrique qui doit être annulée.

En supposant pour un moment, ce qui s'écarte fort peu de la vérité, que toutes ces masses aient la même vitesse que celle du bouton de la manivelle de la roue motrice, on peut reporter sur cette manivelle le poids total de toutes ces parties.

Comme les deux manivelles sont placées à angle droit à l'égard l'une de l'autre, les forces horizontales agissent dans le même sens pendant la moitié opposée de la révolution, et elles agissent en sens opposé dans l'autre moitié. Comme ces forces agissent à chaque révolution une fois en avant, une autre fois en arrière, il arrive dans le premier cas une tendance de la machine de se mouvoir en avant et en arrière, une espèce de mouvement de va-et-vient qui se fait sentir dans l'accouplement du tender avec la locomotive, si cet accouplement a tant soit peu de jeu.

Ce premier effet, qui est le mouvement de va-et-vient, est

le même dans les machines à cylindres extérieurs, comme à cylindres intérieurs, attendu qu'il ne dépend que de la masse des pièces mises en mouvement. Les effets du lacet sont plus petits dans les machines à cylindres intérieurs que dans celles à cylindres extérieurs. Dans les premiers, les cylindres sont plus rapprochés et les forces agissent sur un levier plus petit. Le deuxième cas donne lieu à un couple de forces, qui, pareil à un bras de levier, cherche à faire tourner autour d'un centre la locomotive, et lui imprime ce mouvement connu sous le nom de lacet. La longueur de ce bras de levier est égale à la moitié de la distance des cylindres. Ces deux mouvements de va-et-vient et de lacet peuvent détériorer plusieurs pièces importantes du mécanisme et entraver la marche de la machine. Le lacet n'est pas toujours sensible dans les circonstances ordinaires, mais cela peut arriver, dès qu'il se trouve des irrégularités dans la voie. Il est donc nécessaire d'y obvier dès qu'on peut y arriver par l'application judicieuse des contre-poids.

Si la roue motrice se trouvait dans le même plan vertical que la manivelle, la détermination du contre-poids serait très-facile. Il devrait être appliqué en sens opposé à la manivelle pour faire équilibre au poids qui pèse sur le bouton de la manivelle.

Ce dernier poids est au contre-poids, comme la distance entre le centre de gravité du contre-poids et le centre de l'essieu est à la longueur de la manivelle; ce qui est exactement la proportion du couple.

Soit P, le poids attaché au bouton de la manivelle;

Soit P', le contre-poids;

Soit d, la distance du centre du bouton de la manivelle au centre de l'essieu;

Soit d', la distance du centre de gravité du contre-poids au centre de l'essieu;

On a la relation :

$$P : P' = d' : d.$$

Un contre-poids calculé d'après cette donnée égalisera tout l'effet horizontal et anéantira la tendance au tangage et au lacet.

On peut appliquer cette règle aux locomotives avec cylindres extérieurs qui sont plus exposées aux lacets, et qui ont besoin de contre-poids ; ce principe peut être posé, attendu que le bouton de la manivelle est très-près du plan de la roue. Cette règle doit subir des modifications pour les cylindres intérieurs, attendu que les manivelles sont très-éloignées du plan des roues motrices.

Si l'on voulait établir l'équilibre total pour chaque bouton de manivelle à chaque roue, loin de détruire la tendance au lacet, on l'agrandirait encore.

L'équilibre serait correct si le contre-poids pour chacune des manivelles était réparti sur les deux roues dans le rapport inverse de la distance de la roue à la manivelle. On aurait alors sur chaque roue deux contre-poids : l'un léger, l'autre plus lourd, qui pourraient être réunis dans un même centre de gravité. De cette manière chaque roue motrice n'aurait qu'un poids qui ne correspondrait pas à la manivelle, et les deux contre-poids formeraient un angle aigu.

Il ne faut pas méconnaître que la compensation parfaite dans le sens horizontal pour les deux espèces de locomotives n'entraîne pas un équilibre dans le sens vertical, et que pour cette direction le contrepoids est trop considérable, parce que le poids de la tige de piston et les poids accessoires sont sans influence sur le contre-poids.

Le désavantage qui résulte de cet excès de compensation n'entrave pas la marche régulière de la locomotive, mais il en résulte une pression inégale des roues motrices sur les rails. Il faut remarquer encore que, par suite de la position inclinée de la bielle pendant la marche de la machine, le piston, dans une partie de sa course, prend une vitesse plus petite que dans l'autre partie de la traction horizontale.

Pour obvier à ces inconvénients, on peut réduire les contre-poids d'un huitième ou d'un cinquième. Cette réduction peut être plus considérable encore pour les machines à cylindres inclinés, attendu que l'effet des masses se décompose en action horizontale et verticale dont la première est plus petite que dans les cylindres horizontaux.

C'est d'après ces principes plus ou moins contestés, que les contre-poids sont appliqués depuis fort longtemps sur divers chemins, sans qu'une usure inégale des bandages ait eu lieu.

Il serait avantageux de faire toutes les pièces de ce mécanisme plus légères sans toutefois en compromettre la solidité. La compensation, par les contre-poids dans toutes les directions, ne peut être exécutée d'une manière égale, et ce défaut sera d'autant moins sensible que le poids de ces pièces sera plus petit.

§ 6. *Explosion de machines locomotives.*

Les explosions de machines locomotives sont heureusement peu fréquentes; elles doivent néanmoins provoquer les investigations les plus minutieuses sur leurs causes et sur la manière de les rendre sinon impossibles, du moins d'en atténuer les dangers, autant que l'état actuel de la science le permet.

En rendant compte d'un accident de ce genre, dont nous empruntons le récit au journal polytechnique allemand, nous analyserons les circonstances qui ont accompagné cette explosion, et nous indiquerons quelques essais pratiques sur la résistance des chaudières, et quelques données sur les moyens de prévenir la rupture.

Accident arrivé sur la ligne de Francfort. — Le chemin de fer de Francfort à Hanau, ouvert au mois d'octobre 1848, est exploité au moyen de trois locomotives toutes pareilles, de fabrication allemande. Les deux premières sont confiées à deux machinistes qui se relèvent tous les trois jours. La troisième machine, celle qui a fait explosion, n'a été conduite par ces deux machinistes que quand leur locomotive s'est trouvée hors de service pour cause de réparations, dont la durée n'excédait jamais deux jours. Cette machine n'a donc pas servi beaucoup, car au moment de l'explosion, elle n'avait encore parcouru que 38,000 kilomètres. On n'est entré dans la chaudière que pour l'examiner et pour placer quelques tubes. Cette locomotive a, en outre, subi quelques réparations dans le mécanisme et elle a été ensuite employée de nouveau. Au second jour, on a remarqué des fuites dans la partie cylindrique de la chaudière et dans plusieurs tubes bouilleurs. On a donc ôté l'enveloppe de la chaudière, afin de fermer les joints, pendant que la machine était encore remplie de vapeur. Neuf tubes bouilleurs ont été replacés, et la chaudière a été visitée encore une fois dans tous ses détails.

Etat de la machine avant l'explosion. — Ainsi réparée dans toutes ses parties, cette machine a été employée au remorquage des convois militaires, concurremment avec une autre locomotive. Après ce voyage d'essai, la machine est restée stationnaire à 40 mètres environ des voitures. La pression de la vapeur était de beaucoup descendue par suite de l'alimentation avec de l'eau froide. Le foyer et le cendrier ont été fermés et le feu a été couvert avec du coke frais. C'est dans cet état que la machine s'est trouvée pendant dix minutes et jusqu'au moment de l'explosion.

Le chauffeur et le machiniste sont des employés éprouvés, et on ne peut pas admettre qu'ils aient laissé descendre l'eau à un niveau trop bas. Du reste, cinq minutes avant l'explosion, cette circonstance aurait dû frapper les personnes occupées de l'examen de la machine; il n'est pas admissible non plus que les soupapes aient été forcées; elles ont laissé échapper la vapeur; cependant, cet échappement n'a pas été très-considérable.

Explosion. — Quand le signal du départ a été donné, et au moment où le machiniste et le chauffeur s'apprêtaient à monter sur la machine, l'explosion a eu lieu par une détonation qui a duré trois secondes.

La locomotive a été renversée sur le côté; le tender a déraillé par les roues de devant, les roues de derrière sont restées sur les rails; la tige d'accouplement s'est brisée au milieu, ainsi que les chaînes de côté; le dôme a été complétement déchiré; un morceau d'une surface de 1m.60 carré et d'un poids de près de 250 kilogrammes en a été arraché et lancé horizontalement à 100 mètres de distance, où il a fendu un poteau de 6 centimètres carrés de section. Une des roues de derrière a été lancée contre le pilier de la remise des locomotives; l'essieu de cette roue a été fortement recourbé, et le pilier a été endommagé considérablement.

Etat de la machine après l'explosion. — Il résulte de l'examen de la machine après son explosion, que toutes les armatures intérieures de la chaudière avaient été déchirées et arrachées avec leurs boulons; la boîte à feu en cuivre s'était repliée, et les boulons en cuivre avaient été extraits de la paroi en cuivre et de celle en fer. Les parois du dôme s'étaient déchirées principalement dans les angles, qui, à ce qu'il paraît, avaient beaucoup souffert par le courbage.

Les boulons éloignés des angles de la boîte à feu se sont rompus les premiers; ce qui prouve qu'ils ne contribuaient pas beaucoup à la solidité.

Pression nécessaire pour produire l'explosion. — En calculant la force capable de déterminer la rupture du dôme, on trouve qu'il aurait fallu développer dans la chaudière une pression de 37 atmosphères, ce qui n'était pas possible; ce chiffre se rapporte à la résistance des matériaux, sur lesquels des essais directs ont été faits après l'explosion.

Résistance de la chaudière. — Pour prouver d'une manière

plus palpable encore que l'explosion ne pouvait pas provenir de la faiblesse de l'épaisseur de la chaudière, on s'en est référé à une expérience directe; nous allons examiner rapidement ce mode. — Sans entrer dans le développement des calculs, ce qui nous entraînerait trop loin, nous citerons le chiffre définitif, d'après le diamètre et le chargement des soupapes, et conformément à la formule ordinaire : « la pression, au moment de l'explosion, n'a pu s'élever au-delà de 7 atmosphères ; » du reste, il n'y avait pas d'incrustations dans la chaudière.

On a donc porté cette pression dans une locomotive, exactement pareille à celle qui a fait explosion, de 7 à 14 atmosphères, avec un feu très-vif, et avec la cheminée toute ouverte. Cette augmentation a exigé 8 minutes. Avec des soupapes ouvertes, il aurait fallu que la machine développât une double quantité de vapeur en 8 minutes pour produire cette dernière pression, ce qui ne pouvait pas avoir lieu; car cette expérience a été répétée plusieurs fois. Il n'est donc pas probable que la locomotive, stationnée pendant dix minutes devant le train, ait produit une pression deux fois plus forte. Du reste, le bruit de la vapeur s'échappant des soupapes est tellement fort, qu'il aurait averti toutes les personnes à proximité du convoi.

Causes de l'explosion.— L'explosion n'a donc pu provenir que des défectuosités de la chaudière, et il peut être admis avec quelque certitude qu'elle a eu pour cause directe la rupture d'un tirant, qui a tenu les parois de la chaudière courbées en dedans. Du reste, la surface de rupture a fait voir que cette armature s'est trouvée endommagée depuis longtemps, et que ce fer a dû se rompre avec une pression moindre que celle qui a produit la rupture de la paroi du dôme. Cette première rupture a donc entraîné successivement celle des autres pièces. Il paraît en outre que la tôle était de mauvaise qualité, et qu'avec un excès de pression les soupapes ne fonctionnaient pas régulièrement.

Effets dynamiques de l'explosion. — Par suite de la rupture de la paroi droite, la vapeur a perdu de ce côté son point d'appui, et a exercé une pression contre la partie supérieure et la paroi gauche du dôme. — Comme la machine a été soulevée, et sa partie supérieure renversée sur le côté gauche, on peut conclure qu'elle a tourné autour de son centre de gravité, et qu'elle est tombée sur le haut, ainsi que cela résulte de la compression du dôme et de la détérioration de la boite à fumée et de la courbure des rails. Dans le moment où le dôme s'est tourné du côté gauche, la partie placée en dessous du centre de gravité, et à laquelle est attaché le tender, a dû faire un mouvement vers le côté droit, d'où s'explique le déplacement du tender dans cette dernière direction.

Résistance absolue et relative de la tôle. — Il arrive souvent dans les accidents dont nous parlons, que la tôle se rompt, quoiqu'elle ne soit employée que dans le sens des fibres, et que ses dimensions soient sept à dix fois plus fortes que celles qui correspondent à la résistance absolue. Du reste, c'est moins la solidité de la tôle que celle des armatures qui empêche les explosions.

Il paraît qu'en courbant la tôle sans ménagements, on lui fait perdre beaucoup de sa solidité primitive. Le résultat suivant d'une expérience directe faite avec un morceau de la chaudière qui a fait explosion, le prouve du moins. « Ce morceau, qui extérieurement n'a pas présenté la moindre trace de défectuosités, a été chauffé au rouge, et aplati par le marteau. Des fissures assez considérables se sont fait voir sur les deux côtés. Les fissures intérieures ont été très-courtes, et n'ont pas pénétré très-loin dans le fer. Les fissures extérieures ont traversé la tôle dans toute son épaisseur. » De là on peut conclure que, si avant l'aplatissement du fer il n'y a pas eu de fissures, la tôle a dû souffrir dans sa contexture, puisqu'elle n'a pu supporter l'opération du martelage.

Le fer employé dans la machine précitée a été recourb dans le sens longitudinal; toutes les fibres ont donc dû s déplacer parallèlement et leur contexture a donc dû se dis loquer, ce dont on peut se rendre un compte exact en cour bant la tôle qui se couvre de fissures. La tôle possède un résistance absolue plus grande dans le sens du laminage qu dans tout autre sens; dans le premier cas, toutes les fibre doivent être rompues à la fois; dans le dernier cas, la rup ture a lieu par le détachement des fibres les unes des autres Ce point nous paraît assez important pour citer le résulta d'une série d'expérimentations et qui peut se formuler ainsi La résistance absolue de la tôle dans le sens oblique ou per pendiculaire est à cette résistance dans le sens longitudina :: 1 : 1,50.

Il ne nous reste plus, pour épuiser ce sujet, qu'à parler d l'épaisseur de la partie de la chaudière qui comprend la boît à feu, et à citer les expériences sur la dilatation de ces chau dières; car cette augmentation de volume n'a, jusqu'à pré sent, pas été prise en considération dans les calculs de pres sion de la vapeur.

Détermination de l'épaisseur des parois planes des chaudières. — Cette recherche s'appliquera aux boîtes à feu de locomotives et se rapportera tant aux dimensions de la section verticale des boulons en cuivre qui relient les parois en tôle de la boîte à feu, qu'à l'épaisseur de ces parois relativement à l'espacement des boulons.

Soit d le diamètre du boulon en centimètres;

n, la pression en atmosphères, moins la pression extérieure;

f, la surface en centimètres carrés de chaque rectangle formé par quatre boulons;

k, la mesure de la résistance absolue du métal, et dont la valeur est :

$k = 17{,}920$ kilogrammes, dont 1/8 seulement sont portés en compte;

$k = 2{,}960$.

La valeur de d est donc :

$$d = \sqrt{\frac{15\, n\, f}{{}^1\!/_4\, \pi\, k}}$$

Soit a la distance moyenne des boulons; considérant que, par suite de l'entaille des pas de vis, les boulons se trouvent affaiblis de 1/8 de centimètre; on obtient comme expression définitive la formule pratique :

$$d = 0.069.\, a \sqrt{n} + 0.12.$$

En ce qui concerne la solidité des parois en tôle, on a dû rechercher en premier lieu la nature géométrique de la courbe qui se forme après la pression, soit :

a, la longueur de la plaque;

l, la largeur de cette plaque;

p, la pression sur unité de surface;

E, le moment d'élasticité; le rayon de courbure r, d'après lequel on peut calculer la tension des fibres par suite de la flexion $= \dfrac{2\ 4\ \mathrm{E}}{a^2\, l\, p}$

Si on désigne par e l'épaisseur de la plaque, par m le coefficient d'élasticité, par u l'extension des boulons, on obtient $e = a \sqrt[3]{\dfrac{a\, p}{16.\, m.\, u.}}$

Cette équation est calculée pour le cas où les boulons sont tous également espacés. Cette formule ne peut donc pas être appliquée d'une manière absolue. En généralisant davantage et en prenant en considération que les endroits faibles des parois se trouvent immédiatement aux écrous des boulons, on obtient : $s = \dfrac{1}{2} m \dfrac{e}{r}$

Dans cette formule, r représente le rayon de courbure d'après l'équation ci-dessus, et s, la tension. Si maintenant $E = \frac{1}{12} m. l. e^3$, l'expression définitive se réduit à

$$e = a \sqrt{\frac{p}{25}}$$

La solidité absolue peut-être réduite, pour cause de sûreté à $\frac{1}{16}$ dans la tôle, et à $\frac{1}{6}$ ou $\frac{1}{7}$ dans les plaques de cuivre. En remplaçant p par les pressions en atmosphères n, on obtient, en dernière analyse, $e = 0.0387\ a \sqrt{n}$, qui représente l'épaisseur des parois. — Les parois intérieures des boîtes à feu des locomotives sont plus exposées à l'action de la chaleur; on peut donc porter leur épaisseur à 1.25 e. Les parois extérieures resteront simplement $= e$.

Chiffres comparatifs, théoriques et pratiques de l'épaisseur des parois des chaudières. — Pour nous rendre un compte exact de la coïncidence des résultats théoriques ci-dessus avec ceux donnés par la pratique, nous avons examiné le relevé fait à ce sujet sur six chemins de fer appartenant à des sociétés allemandes.

23 locomotives, dont 19 de fabrication anglaise, ont donné les chiffres suivants, avec une pression de 3,5 à 4 atmosphères, et avec un écartement des boulons de 0m.12 à 0m.14.

L'épaisseur des parois extérieures a été, sur presque toutes ces machines, de 0m.011; celle des parois intérieures de 0m.015.

La première épaisseur maxima trouvée sur deux machines = 0m.013; la deuxième épaisseur maxima = 0m.018 trouvée sur une seule machine. Le rapport entre ces deux épaisseurs a varié entre 1,11 et 1,55.

Maintenant, en appliquant les formules théoriques, nous trouvons, dans le rapport de 1 : 1,25, l'épaisseur moyenne extérieure $0^{m}.01$; l'épaisseur moyenne intérieure $0^{m}.014$. Les épaisseurs *maxima* et *minima* théoriques se rapprochent encore assez des données pratiques. Nous trouvons dans ce cas une heureuse coïncidence des deux résultats.

Dilatation des chaudières. — Dans tous les calculs précédents, nous avons fait abstraction de la dilatation des chaudières à vapeur; nous sommes d'avis que cette dilatation serait mieux déterminée par une expérience directe que par des appréciations purement théoriques. Nous citerons, à titre de spéculation scientifique, l'essai suivant fait par des ingénieurs anglais :

On a soumis à une pression de 25 et de 32 atmosphères une chaudière d'une longueur de 9 mètres et d'un diamètre de $1^{m}.50$, avec des fonds d'un bombement de $0^{m}.90$. Le tube à feu qui traversait la chaudière avait un diamètre de $0^{m}.63$; l'épaisseur de la tôle de ce tube était de $0^{m}.015$. La capacité de la chaudière était de 14 mètres cubes et sa surface de 61 mètres carrés.

On avait adapté à cette chaudière un récipient dont la communication se trouvait interrompue pendant la pression.

La pression de 25 atmosphères une fois exercée sur la chaudière et la communication établie, il est entré une quantité de 0,032 mètres cubes d'eau dans ce récipient; c'est donc de cette quantité que la chaudière s'est dilatée. Après la pression, elle est rentrée dans son état primitif.

Il a ensuite été exercé une pression de 31 atmosphères, et il est entré dans le récipient une quantité d'eau de 0,021 mètre cube, ce qui prouve qu'à cette pression la limite de l'élasticité a été dépassée, et que la chaudière a éprouvé une dilatation permanente $= 0{,}032 - 0{,}021 = 0{,}011$ mètre cube.

Dans ces fortes pressions, il se montre un phénomène assez singulier. Poussée à 70 atmosphères, l'eau ne sort plus en poussière fine d'une ouverture d'un millimètre carré, mais en forme de vapeurs qui, dans l'air libre, prennent l'aspect de nuages blancs sphériques.

Résumé. — Il résulte de ce qui précède que les dômes avec parois droites en tôle sont les parties les plus faibles des chaudières des locomotives, et qu'ils doivent être garantis contre l'explosion par des armatures intérieures et extérieures travaillées et finies dans les meilleures conditions possibles. L'exécution des chaudières et surtout des boites à feu et de leurs armatures doit être surveillée d'une manière toute spéciale. Des tirants trop faibles ou inégalement serrés, des boulons mal ajustés peuvent être la cause de graves accidents. Il serait à conseiller dans ce cas d'éprouver, au moins une fois par an, les chaudières par une presse hydraulique, et d'adapter à la chaudière une troisième soupape chargée de 4 à 5 kilogrammes de plus que les autres soupapes, et enfin d'inviter les machinistes à lâcher la vapeur dès que cette dernière soupape en laisse échapper.

Les explosions des locomotives nous conduisent naturellement à la recherche de nouveaux mécanismes dont l'emploi judicieux peut prévenir le retour de ces accidents. — Les manomètres figurent parmi ces instruments, et comme de nouvelles idées se font jour actuellement à ce sujet, examinons cette question dans tous ses détails, tant pour les locomotives que pour toute espèce de machine à vapeur dont on se sert dans les ateliers de réparation des chemins de fer.

§ 7. *Les Manomètres.*

La mesure de la pression de la vapeur se fait avec un instrument appelé *manomètre* (mesureur de la force) ; il en existe plusieurs sortes.

1° Le *manomètre à air libre*, ou tube recourbé et rempli de mercure, donne directement, par la hauteur de la colonne de mercure, le nombre d'atmosphères qui font équilibre à la tension de la vapeur. Cet appareil est le plus correct de tous ; mais il n'est plus applicable dès qu'il s'agit d'évaluer des pressions élevées dans les machines mobiles. Le poids de l'air pour une atmosphère représente une colonne de mercure de 76 centimètres (hauteur du baromètre) ; il faudrait donc, pour une pression de dix atmosphères, un tube d'une hauteur de 7m.60, ce qui est impraticable.

On a bien cherché à remplacer le tube droit par une série de tubes en siphon et dont les parties inférieures contiennent du mercure, tandis que les parties supérieures sont remplies d'eau, excepté toutefois la dernière branche, dans laquelle le mercure est soumis à l'action de la vapeur. La somme des différences de hauteur indique la pression. Cet appareil, très-ingénieux et très-solide, du reste, — car il peut être fait en métal, — a le grave inconvénient d'être sujet à des inexactitudes ; le changement de la température extérieure agit sur ces nombreux tubes comme sur des thermomètres, et fait varier, en dehors de la pression de la vapeur, la hauteur des liquides qu'ils renferment ; en outre, la moindre quantité de ces liquides sortie accidentellement de ces manomètres fait que la graduation devient incorrecte.

2° Le *manomètre à air comprimé* consiste dans un tube en verre fermé par le haut et rempli de mercure et d'air ; le liquide est pressé par la vapeur contre l'air, dont le volume plus ou moins dilaté indique les atmosphères, d'après la loi de Mariotte. Le manomètre est fragile ; le mercure se salit par l'oxydation et dépose une pellicule contre le verre, qu'il rend opaque. D'autres liquides placés sur le mercure produisent des effets semblables ; enfin, en rendant le tube mobile pour pouvoir le nettoyer et pour filtrer le mercure à travers une peau, on complique le mécanisme et on le rend impropre aux usages journaliers.

3° Le *thermomanomètre* est un thermomètre plongé dans

la chaudière pour marquer la température de la vapeur, qui est proportionnelle à la pression. On a renoncé à cet appareil parce que le mercure, soumis dans sa capsule aux hautes pressions, monte indûment dans le tube. Placé dans une capsule incompressible, le mercure donne des indications peu sensibles et toujours en retard; il faut au thermomanomètre beaucoup de temps pour se mettre en équilibre de température avec le fluide ambiant. Mais la plus grande difficulté dans l'application, c'est la capillarité du tube, qui ne permet de voir l'échelle que de très près. En outre, le mercure soumis pendant longtemps aux hautes températures ne revient plus à la marque primitive du zéro. Il s'opère dans cette circonstance, à ce qu'il paraît, un changement moléculaire qui déplace le point zéro.

4° Les *manomètres à caoutchouc*. Entre le mercure et la vapeur, on pose un disque élastique en gomme qui refoule le mercure dans le tube indicateur; on gradue en faisant agir une presse sous ce diaphragme. Au lieu de mercure, on place aussi un cadran sur le caoutchouc; une aiguille indique alors le nombre de pressions d'atmosphères.

5° Enfin nous voici arrivés à la dernière espèce, aux *manomètres métalliques*. Celui inventé par M. Bourdon se compose d'un tube mince en laiton, à section elliptique, contourné en hélice ou en spirale; par l'une des ouvertures on fait entrer la vapeur, qui le détord; l'autre extrémité suit ce mouvement, et indique par un mécanisme de transmission la force expansive de la vapeur. Ce manomètre, gradué à dix-huit atmosphères au moyen d'une presse hydraulique, est très-commode; mais pour qu'il soit exact, il faut que le métal conserve toute son élasticité, et que l'aiguille indique toujours sous une même pression le même degré.

On a eu l'idée d'employer ce dernier manomètre comme instrument de vérification de l'exactitude des manomètres appliqués sur les chaudières, et comme instrument d'épreuve, lors des réceptions, pour constater la pression à laquelle doivent être soumis tous les appareils destinés à contenir de la vapeur ou du gaz comprimé.

En général, tous ces manomètres sont bons quand ils sortent de l'atelier; mais il n'y a que celui à air libre dont l'exactitude puisse, à tout instant, être vérifiée et garantie.

Malheureusement, les nombreux inconvénients dans l'application ont fait qu'on s'est empressé de le remplacer par les manomètres à cadran qui viennent d'être passés en revue.

La question des manomètres, devenue très-sérieuse à la suite de l'immense développement que prennent les machines à vapeur, a formé l'objet d'une enquête officielle de la part de l'administration prussienne.

Plusieurs systèmes ont été imaginés et qui tous ont figuré à côté des nôtres à l'exposition universelle de Paris de 1855. C'étaient en premier lieu des manomètres métalliques, qui ne différaient pas sensiblement du manomètre-Bourdon. Au lieu d'un tube, on employait une série de chambres en laiton, mais qui sont encore plus sujettes aux fissures. Dans un autre manomètre se trouvait simplement une plaque ondulée, comme dans les nouveaux baromètres plats, qui se composent d'une boite vide en métal léger que l'atmosphère comprime; une aiguille très-sensible indique les degrés. Ce n'était donc rien de nouveau. On a fait encore un autre essai avec cette plaque, sur laquelle on a mis une colonne de mercure, comme dans les manomètres en caoutchouc. — En dernier lieu, on a présenté un manomètre à pression directe: un piston est pressé hors de la chaudière et équilibré par un ressort : c'est une espèce de soupape avec indicateur.

Des expériences très-détaillées ont été faites à ce sujet par le gouvernement de Prusse, qui s'est prononcé, à titre de conclusion définitive, en faveur des manomètres métalliques, pour le service des chemins de fer.

La description de ces instruments, accompagnée de dessins, se trouve dans le premier cahier de 1857 du journal le *Technologiste*, publié par la librairie Roret.

Nous voilà donc à la fin de cette longue énumération; c'était un travail pénible, mais espérons qu'il ne sera pas infructueux. Par ces nombreuses investigations, on a dû voir ce qui existe, afin de ne pas chercher à innover inutilement; on a indiqué en outre les difficultés actuelles, qui sont: l'oxydation et l'évaporation du mercure, le maintien en bon état des mécanismes indicateurs, et en général la fragilité de ces instruments.

Voici maintenant où il faut en venir : il s'agit de combiner, dans un tout autre ordre d'idées, un manomètre qu'on pourra appeler *manomètre magnétique*. On se rappelle peut-être le flotteur magnétique *Pinel*, qui marque à l'extérieur de la chaudière le niveau de l'eau. Déjà, pour fixer le point culminant dans les tubes à mercure, les physiciens posent sur ce métal une petite boule en fer avec un crochet ou hameçon qui monte avec le mercure, s'arc-boute contre le verre et ne suit plus la colonne liquide quand elle baisse. Pour faire descendre cette boule indicatrice, on y approche un aimant, par lequel on l'attire en bas. Eh bien! il s'agit donc d'appliquer le magnétisme à l'indication de la pression de la vapeur; la solution du problème est là, et on peut prédire au mécanicien qui la trouvera, sinon une fortune immense, du moins un bénéfice considérable et bien mérité.

§ 8. *Le Tachomètre-Deniel.*

Nous avons examiné les machines locomotives en repos et les circonstances qui accompagnent leur stabilité; il ne nous reste plus qu'à évaluer le chemin qu'elles parcourent en réalité.

Le tachomètre-Deniel mesure la vitesse de la locomotive, l'indique sur un cadran et l'inscrit sur une feuille de carton.

On sait que, dans le désir de répondre aux exigences du public et du service, les compagnies tiennent beaucoup à la régularité de la marche des trains, et que, pour forcer les conducteurs des machines à s'y conformer, elles ont recours aux punitions et aux gratifications extraordinaires. Malgré ces stimulants, il est difficile d'obtenir l'exactitude voulue par suite du manque d'un moyen de contrôle efficace. Afin de combler cette dernière lacune, M. Deniel a imaginé l'appareil suivant, qui repose sur un principe très-simple :

« Un pendule conique est formé de quatre ressorts de trente centimètres de longueur, et dans lesquels l'action de la pesanteur est remplacée par l'élasticité; son axe est placé horizontalement sur la locomotive. Ces quatre ressorts sont fixés à une des extrémités de cet axe, mais, à l'autre extrémité, ils s'appuient sur une virole pouvant glisser ; ils portent en outre de petites boules en cuivre destinées à accroître l'effet de la force centrifuge. L'appareil reçoit le mouvement d'un des essieux de la machine au moyen d'une courroie. Ces boules s'écartent de l'axe quand la vitesse augmente et s'en rapprochent quand elle diminue. Le mouvement est transmis, au moyen d'un mécanisme d'horlogerie, à une aiguille qui marque la vitesse, et à un crayon qui trace les diagrammes ou figures composées de lignes brisées, dont celles qui montent indiquent l'augmentation et celles qui descendent la diminution. » (Voir pl. XI, fig. 1.)

De cette manière les compagnies peuvent facilement se rendre compte de la vitesse de marche, ce qui est avantageux quand la traction est donnée à l'entreprise; elles ont entre les mains un instrument de vérification qui enregistre les faits, et qui peut dans beaucoup de cas, en évitant les rapports contradictoires des agents, trancher les questions de responsabilité.

On peut donc se demander pourquoi cet instrument n'a encore qu'un usage très-restreint, qui s'est borné à une section du chemin de l'Est et en partie au chemin d'Orléans.

Cela ne peut pas être à cause du prix, qui n'est que de trois cents francs; non plus à cause des chances de dislocation que ce mécanisme pourrait éprouver par les cahots de la locomotive; l'expérience est là qui prouve que les inégalités de la marche du train n'ont aucune influence pernicieuse. Dans un déraillement qui a eu lieu, le tachomètre a indiqué le moment précis de l'accident ainsi que la vitesse avec laquelle la machine a marché.

Les retards que la généralisation du tachomètre-Deniel éprouve ne peuvent être attribués qu'à la difficulté de faire adopter à nos ingénieurs civils une invention toute française, et peut-être aussi à une exagération du principe de la responsabilité. On semble craindre de se servir d'un instrument de contrôle trop précis.

§ 9. *Résumé des considérations sur les machines locomotives.*

Dans les analyses détaillées qui précèdent, nous avons cherché à compléter le Manuel spécial des locomotives. Récapitulons maintenant l'ensemble de ces aperçus, par quelques considérations comparatives, sur les principes adoptés en Angleterre, dans ces divers systèmes.

Le poids des machines est augmenté par plusieurs ingénieurs, tandis que d'autres s'appliquent à le réduire. Les discussions auxquelles se livrent les partisans des deux systèmes sont peu instructives, car les uns font abstraction de l'usure de la voie, tandis que les autres font bon marché des frais d'exploitation, que la multiplicité des convois doit aggraver. Ce qu'il y aurait à faire en premier lieu, ce serait de rechercher le rapport qui existe entre la résistance des rails et les poids qu'on leur fait supporter, sans cela tout ce qu'on pourra dire en pareille matière ne sera qu'une affaire d'appréciation et de sentiment. On croit pouvoir admettre un poids de 5 tonnes au contact de chaque roue sur le rail, pour des rails de 35 kilogrammes par mètre-courant. Je laisse à chacun la liberté d'apprécier ce chiffre, mais je crois que, sur une voie bien posée, avec des attaches fixes des joints, le poids peut être porté sans inconvénient à 7 tonnes, chiffre que j'ai indiqué précédemment d'après des expériences récentes.

Comme on l'a vu, les machines des chemins anglais appartiennent à des types très-différents. Celles qu'on construit actuellement sont à cylindres intérieurs. Sur quelques chemins seulement, on a persisté dans l'emploi des machines à cylindres extérieurs, pour le service des voyageurs. Partout on s'est appliqué à augmenter la surface de chauffe, en agrandissant le foyer et en multipliant les tubes, et on a porté la pression à un degré très-élevé, sans augmenter l'épaisseur du métal des chaudières, en ayant soin seulement de consolider plus fortement les parois planes.

Voici quelques principes suivant lesquels l'agencement général et les dimensions des organes moteurs peuvent être fixés.

Le diamètre des cylindres peut être réduit, lorsqu'on augmente la course du piston et *vice versâ*, pour une machine ayant des roues motrices d'un diamètre déterminé et ayant à remorquer, avec une vitesse fixée, un convoi donné. Dans ces conditions, la relation qui existe entre le diamètre des cylindres et la course des pistons, résulte de la nécessité de dépenser, à chaque coup de piston, un poids constant de vapeur; et ces deux éléments, course et piston, peuvent varier dans les limites de cette relation.

Si l'on donne seulement la vitesse de translation du convoi, sa charge et le profil du chemin, desquels on peut déduire approximativement l'effort de traction, on a une relation simple entre cet effort de traction, le diamètre des roues motrices, la course du piston et le diamètre des pistons. Ces relations sont représentées par des formules assez simples. On peut donc théoriquement, pour une pression admise suivant les dimensions de la chaudière et les règlements de police, faire varier d'une infinité de manières les proportions qui donnent à la machine sa puissance de traction. Les limites pratiques sont posées par la nécessité de ne pas faire tourner les roues motrices, ou osciller le piston ainsi que le mécanisme de distribution d'alimentation, avec une vitesse trop considérable. Cette vitesse ne doit pas excéder trois tours par seconde. Le diamètre et la course de piston ne peuvent pas non plus être adoptés arbitrairement, car leurs dimensions sont souvent dominées par la disposition générale de la machine; d'habitude la course des pistons est portée à 0m.56 pour les machines à voyageurs et à 0m.61 pour celles à marchandises. Le diamètre des cylindres, qui n'excédait pas 0m.38 il y a quelques années, atteint actuellement la limite de 0m.46.

Un élément essentiel dans la combinaison des différentes parties d'une locomotive, et qui ne peut pas être déterminée arbitrairement, c'est l'étendue de la surface de chauffe dont dépend la puissance de vaporisation. Cette surface de chauffe se compose de deux parties : le foyer et les tubes bouilleurs. Pour ces deux éléments, on a trouvé le rapport moyen entre les diverses machines anglaises égal à 0,096. Pour les machines françaises construites depuis 1846, ce rapport est de 0,082. Cette différence provient de ce que les machines françaises ont leurs foyers en porte-à-faux au-delà de l'essieu d'arrière, leur châssis à l'intérieur, et par suite peu de surface de chauffe de foyer. Pendant la même période on reportait, en Angleterre, le troisième essieu en arrière du foyer et le châssis extérieurement aux roues. Quant à la détermination de l'étendue de la surface de chauffe, on peut arriver à une règle empirique en cherchant le rapport entre cette surface et le poids de la vapeur dépensée à chaque coup de piston dans les cylindres.

Ce rapport excessivement simple varie, par suite d'une circonstance fortuite, autour de l'unité. Le rapport moyen pour les machines anglaises est de 1,15; pour les machines françaises, dont la surface de chauffe est en général plus petite, il est de 0,93.

Il semble qu'en Angleterre on dépasse souvent la limite la plus convenable pour la proportion à établir entre la surface de chauffe et les organes moteurs, ce qui entraîne quelques inconvénients. La règle pratique qu'il convient d'adopter pour la construction des machines est la suivante :

1° Vitesse habituelle de rotation de l'essieu moteur : 2,5 à 3 tours de roue par seconde ;

2° Rapport de la surface de chauffe du foyer à celle des tubes : 1 :: 10 ;

3° Rapport de la surface totale de chauffe au volume engendré par les pistons $= 1. - \frac{S}{d^2 l}$ (d, diamètre ; l, course de piston).

La pression de la vapeur dans les chaudières, augmentée successivement par les ingénieurs anglais, est portée actuellement à 9 atm. 16 (pression absolue) ; ou de 8 kilogrammes par centimètre carré (pression effective) ; pour les machines anciennes ou fatiguées on se contente de 7 à 8 atm. (absolue), cette limite maxima de 9 atm. 16 n'est pas atteinte en service ; elle sert à calculer la charge des soupapes. Après avoir augmenté la pression on a agrandi le diamètre des chaudières ; mais on n'a pas augmenté l'épaisseur du métal, qui varie de $0^{m}.009$ à $0^{m}.011$, pour le corps cylindrique et de $0^{m}.011$ à $0^{m}.012$ pour les parois planes des boîtes à feu. En comparant l'épaisseur des chaudières anglaises à celle des chaudières françaises, on trouve que notre épaisseur réglementaire est de 3 à 4 millimètres plus forte que celle adoptée par les constructeurs anglais ; il y aurait imprudence à les suivre dans cette augmentation de pression, qui finira un jour par l'explosion des machines en service. Il vaut alors mieux s'en tenir à des pressions de 6 à 7 atmosphères et chercher à améliorer la distribution.

Dans les conditions actuelles d'établissement des chemins de fer, des machines et des véhicules, le grand écartement des roues extrêmes, porté jusqu'à 5 mètres, n'est pas un obstacle direct et absolu au mouvement du train dans les courbes à petit rayon ; ce n'est qu'indirectement qu'il peut avoir une influence nuisible sur la marche et la conservation du matériel; mais comme alors les conditions de stabilité se trouvent améliorées, on peut admettre que dans certaines limites la somme des avantages excède celle des inconvénients. Il n'y a donc pas lieu de modifier, quant à présent, les usages reçus pour la conicité et le jeu des boudins dans les écartements des roues de 4 à 5 mètres; car ce n'est que dans les changements de voie, où le rayon des courbes descend à 250 mètres, que l'insuffisance du jeu et de la conicité peut gêner le mouvement des machines, ce qui du reste est inévitable. C'est même à tort que certains constructeurs se sont crus obligés de supprimer entièrement les boudins des roues du milieu.

Cette conicité des roues ne s'applique pas encore d'une manière générale aux chemins de fer tracés avec des courbes nombreuses de 500 mètres et au-dessous. Dans ce cas, il serait à examiner s'il ne conviendrait pas de porter cette conicité jusqu'à 1/10, et d'adopter un fort bombement comme on le fait en Angleterre, afin de faciliter la construction des embranchements à petit trafic.

La pratique ne paraît pas condamner les grands écartements qui augmentent la stabilité des machines, à laquelle les conditions de la marche régulière dans les courbes peuvent être sacrifiées en partie.

Comme il n'y a aucune nécessité de séparer les conditions du matériel de celles de la voie, on a dû examiner la surélévation des rails dans les courbes, sous le rapport de son influence sur l'écartement des essieux; en établissant des calculs approximatifs à ce sujet, on reconnaît :

1° Que la résistance due aux glissements, lorsqu'il n'y a pas de pression exercée par le rebord des roues sur le bord des rails, n'est qu'une fraction insignifiante de la résistance totale du convoi, et proportionnelle à la longueur des courbes;

2° Que la résistance due à une petite insuffisance de conicité ou de jeu n'est jamais considérable, soit parce qu'elle n'a lieu que sur un petit nombre de roues, soit parce qu'une pression très-faible suffit pour empêcher ces roues de prendre la position que la conicité tend à leur donner;

3° Que la surélévation insuffisante du rail extérieur peut être a cause de frottements capables de faire équilibre à une portion considérable de la force motrice et d'amener la prompte destruction des boudins. Un convoi de 30 vagons de marchandises chargés, marchant à raison de 36 kilomètres, sur une courbe horizontale de 250 mètres de rayon produirait par la force centrifuge seule une résistance de près de 1,900 kilogrammes, égale à la somme des résistances ordinaires en ligne droite. Pour éviter cet effet, il faut relever le rail extérieur de façon que le plan de la voie soit perpendiculaire à la résultante du poids et de la force centrifuge; la quantité de la surélévation se trouve exprimée par une formule très-simple, qui, pour le cas ci-dessus, donne la surélévation = 0m.061. On peut critiquer la tendance de prendre une moyenne entre les hauteurs correspondant aux vitesses des différents trains. Au chemin du Nord on adopte toujours la surélévation maxima.

Dans la disposition générale des machines on remarque la préférence donnée par les Anglais aux cylindres intérieurs, qui présentent plus de stabilité que les cylindres extérieurs. Cette stabilité n'est que relative, car par un emploi judicieux des contrepoids, elle sera égale dans les deux cas. Les véritables motifs en faveur des cylindres intérieurs seront toujours la solidité de leur attache au châssis et la facilité d'agencement des bielles d'accouplement. Ces conditions changent pour les machines à voyageurs, à roues indépendantes. L'augmentation du diamètre des roues demande que l'essieu coudé occupe une place plus large; il faut donc que la chaudière et le centre de gravité soient élevés, et que la cheminée soit par conséquent raccourcie. Ces trois inconvénients disparaissent dans les machines à cylindres extérieurs.

Souvent on n'attache pas une grande valeur à l'abaissement du centre de gravité, qui n'aurait une importance réelle qu'en cas d'accident. Cette dernière raison serait déjà suffisante; car on n'est jamais conduit trop loin dans les préoccupations pour la vie des voyageurs. Les machines Crampton, par l'écartement des supports extrêmes et par l'abaissement du centre de gravité, démontrent qu'elles restent debout sur la voie, ou même sur les talus, et fournissent la course nécessaire à l'amortissement du choc dans les accidents où d'autres machines seraient renversées.

CHAPITRE XIII.

ESSIEUX DES VOITURES DE CHEMINS DE FER.

Comme la sécurité d'un convoi repose en grande partie sur la solidité des essieux de la locomotive et des vagons, nous croyons utile de consacrer un chapitre spécial à cette question.

Cette partie du matériel gagne tous les jours de l'importance, en Allemagne, surtout; dans ces contrées, la rupture des essieux est devenue fréquente au point que toutes les compagnies s'en sont préoccupées et que le congrès des chemins de fer a mis cette question à l'ordre du jour.

Pour fixer les idées, nous diviserons ces recherches en cinq paragraphes qui comprendront :

« Les causes de l'altération des essieux; les expériences di- » rectes sur cette altération; les essais sur la résistance des » essieux; l'examen des essieux en acier; enfin, à titre de con- » clusion, nous citerons les règles pratiques admises dans la » réception des essieux. »

§ 1. *Causes de l'altération des essieux des voitures de chemins de fer.*

Les dangers auxquels les convois sont exposés par suite d'une rupture d'essieu ont provoqué les efforts les plus sérieux parmi les constructeurs et les chefs d'usine, pour mettre cette partie du matériel roulant à l'abri des chances d'accidents, autant que l'état actuel de la science des chemins de fer peut le permettre. Aussi le choix du métal et les précautions prises dans la fabrication sont en général si minutieux, que, malgré la diversité des provenances et celle des méthodes de fabrication, les résultats obtenus sont très-favorables, et donnent heureusement une très-grande sécurité.

Cependant les ruptures d'essieux sont encore assez fréquentes, quoiqu'elles n'entraînent que fort rarement des suites fâcheuses. Il peut donc être utile de continuer les recherches sur les causes de rupture, d'examiner les résultats statistiques obtenus sur le plus grand nombre de chemins, de comparer les diverses méthodes de fabrication, et enfin d'indiquer les épreuves auxquelles on doit soumettre les essieux sans en altérer la solidité.

C'est l'examen succinct des phases par lesquelles un essieu doit passer, qui formera l'objet du présent paragraphe.

Il est hors de doute aujourd'hui, et l'expérience l'a suffisamment démontré, que les essieux des locomotives et des vagons changent en général leur contexture au bout d'un certain temps, et qu'ils deviennent cristallins, par suite des efforts auxquels ils sont soumis dans l'exploitation, et qui sont le résultat des chocs et de la torsion combinés.

Comment ce changement s'opère-t-il dans l'intérieur du métal? C'est là une question qui ne se trouve encore résolue que par des hypothèses, dont voici celle qui paraît la plus plausible :

« Après la séparation du carbone par l'affinage, et à la suite des opérations du marteau et du laminoir, la fonte, avec son grain brillant, est changée en fer à contexture fibreuse. Cet état métallique n'est pas un état naturel, il est artificiel; il est donc fort possible qu'à la suite des chocs et des vibrations auxquels les essieux sont exposés, les atomes du métal acquièrent un mouvement libre entre eux, de façon qu'ils se replacent dans leur position primitive et naturelle, et qu'ils acquièrent de nouveau les qualités physiques de la fonte, en ce sens que le fer élastique est changé en fer dur et cassant. »

En tout cas, et quoi qu'il en soit, la résistance des essieux en fer devient douteuse dans un temps donné, et leur rupture peut arriver à la suite du changement de la contexture.

Un fait assez curieux vient de corroborer cette hypothèse :

« Il y a près de six ans que les usines de Seraing ont fourni à un chemin de fer sarde une grande quantité d'essieux. On a exigé que chaque pièce fût trop longue d'un pied; on a cassé ce bout superflu et on l'a minutieusement examiné pour reconnaître le mode de fabrication et pour se convaincre que ce fer se trouve à l'état fibreux. Malgré les précautions qu'on a prises dans le choix des essieux, la plus grande partie de cette fourniture est devenue cristalline ; les essieux se sont cassés fréquemment et sont maintenant presque tous remplacés. »

Cette altération des essieux étant donc suffisamment reconnue, il ne reste plus qu'à remonter à son origine.

Les causes qui produisent directement la torsion et le choc des essieux et qui entraînent leur rupture, peuvent se classer ainsi qu'il suit :

1° *Les inégalités dans la pose de la voie* proviennent de la solution de continuité dans les rails ; laquelle discontinuité, ou plutôt la mobilité des rails, a pour conséquence immédiate leur surélévation pendant le passage des trains. Dans les grandes vitesses, les roues courbent les rails, dont les extrémités sont redressées, et sur lesquelles glissent les roues pour retomber sur le rail suivant ; dans les petites vitesses, le poids de la roue agit seul sur le rail, qui est affaissé et par conséquent dépassé par le rail suivant que la roue heurte ; de là une nouvelle espèce de choc. Dans les gares, le glissement des roues pressées par les freins se joint à ces chocs. Les effets des chocs disparaissent complétement sur les chemins de fer à attaches invariables, telles que les plaques vissées ; la mobilité des rails n'a lieu que sur les chemins à coussinets à simple coin, ou à rails de Brunel.

Il serait donc d'une utilité réelle de vérifier le nombre des ruptures d'essieux sur les rails à joint mobile, et de le comparer à celui fourni par les rails fixes. Le cas le plus favorable pour un pareil examen se présenterait si les essieux sortaient de la même usine, et qu'on n'eût pas besoin de faire entrer, comme élément d'appréciation, le mode de fabrication.

En France, beaucoup de chemins de fer sont à joint mobile ; en Allemagne, presque toutes les lignes nouvelles possèdent des plaques vissées ; il serait donc très-facile d'établir la comparaison proposée.

2° *La fabrication des essieux n'a pas encore été poussée partout au dernier degré de perfection ;* les loupes ne sont pas suffisamment forgées, le laminage n'agit pas d'une manière assez énergique et intime sur le noyau de l'essieu, et ne forme qu'une écorce qui se trouve souvent entamée sur le tour. Par ce procédé, les fusées qui ont à présenter la plus grande résistance sont quelquefois réduites au dernier diamètre, et sont alors en métal moins dense que le milieu de l'essieu, qui a moins à résister.

3° *Les essieux laminés, à forme cylindrique, n'offrent pas une résistance égale dans toute leur étendue ;* ils sont plus solides au milieu qu'aux fusées, où les chocs exercent principalement leurs efforts. Aussi, dès qu'on a reconnu cet inconvénient, on a donné aux essieux plus d'épaisseur vers les extrémités, d'après les modèles anglais, qui se composent de deux troncs de cônes juxta-posés à leur sommet; les chocs sur la circonférence des roues se transmettent non-seulement aux fusées, mais encore au milieu de l'essieu.

4° *La torsion* est très-apparente, tant dans les alignements que dans les courbes, où l'on voit souvent une roue restée en arrière n'avancer que quand l'effort de torsion dépasse le coefficient de frottement; dans ce cas, la roue glisse très-rapidement sur le rail, comme le ferait un cône auquel on voudrait faire parcourir une ligne droite sur une surface plane. L'angle de torsion n'est pas appréciable *à priori*; du reste, les effets de la torsion ne peuvent pas être évités comme ceux qui proviennent du choc.

Pour un seul et même chemin de fer, les amplitudes des torsions et les forces qui les produisent doivent être égales; les rayons des roues et des essieux peuvent changer, mais ils produisent alors un angle constant de torsion, qui, d'après la théorie, est proportionnel au rayon de la roue, et en raison inverse de la quatrième puissance du diamètre de l'essieu; dans cette circonstance, les petites roues ont l'avantage sur les grandes roues, car la réduction du diamètre entraîne une diminution de la torsion dans un rapport très-élevé, quand on s'en réfère au résultat donné par ce calcul, qui mérite d'être confirmé par des expériences directes.

On ne peut qu'atténuer les effets de la torsion, et, pour y arriver, il faut donner aux roues de chaque essieu des diamètres mathématiquement égaux; malgré ces précautions, l'inexactitude dans la position réciproque des essieux subsistera toujours, de même que les inégalités dans la forme de leurs bandages; leur usure sera toujours inégale; en outre, l'inégalité de la pression des freins, la traversée des courbes, et les lacets des vagons, produiront la torsion des essieux tant que les roues seront fixes.

Toutes les torsions et compressions, tous les chocs auxquels les essieux sont exposés, exercent directement leur effet de destruction sur la fusée : aussi presque toutes les ruptures ont lieu dans cet endroit.

Il serait donc utile de chercher à réduire, autant que possible, ces effets, et d'étudier l'influence que les divers systèmes de roues exercent sur les fusées ; on sera alors probablement conduit, en France, à appliquer les roues composées de deux plaques en tôle, dont l'usage commence à se répandre en Allemagne sur une très-vaste échelle. Malgré leur grande élasticité, ce qui est leur caractère distinctif, ces roues offrent une résistance suffisante.

5° *Influence du nombre des roues sur les effets de la torsion.* — Les chemins de fer français, anglais et belges se servent principalement de voitures à quatre roues. Les voitures américaines à huit roues ont été admises, même dans les plus petites courbes, à cause de leur mobilité, qui provient de la faible distance entre les essieux des deux châssis. Ce rapprochement a toutefois de graves inconvénients ; il permet un écartement très-sensible de la ligne perpendiculaire que les essieux doivent conserver à l'égard des rails ; le jeu entre les rails et le rebord des roues laisse dévier les essieux de l'angle droit dans une proportion beaucoup plus forte quand les essieux sont rapprochés, comme dans les voitures à huit roues, que quand ils ne le sont pas autant, comme dans les voitures à six et à quatre roues ; ce qui fait encore, que les vagons à huit roues ne conservent pas une marche aussi tranquille et uniforme, et qu'ils donnent lieu à de nombreux lacets. L'équilibre se rétablit et les essieux reviennent dans la position perpendiculaire, dès que les roues ont repris leur marche droite, après avoir glissé sur les rails. Ces mouvements entraînent une forte détérioration des rails et des bandages des roues, et produisent un effet de torsion très-nuisible dans les essieux. En comptant les ruptures d'essieux, on verra qu'elles sont beaucoup plus nombreuses dans les voitures à huit roues que dans celles à six ou à quatre roues.

A plusieurs reprises on a reconnu la nécessité de se rendre un compte exact des différentes circonstances qui accompagnent ces ruptures, et on a eu recours à des essais directs dont voici un aperçu.

§ 2. *Expériences sur l'altération des essieux.*

La rupture fréquente des essieux sur les chemins de fer de l'Etat, en Autriche, a déterminé le gouvernement à faire des essais directs ; il s'est fait livrer des modèles au nombre de quatorze, de fabrication belge, allemande et anglaise, ayant tous 0m.09 de diamètre, et un poids de 125 kilogrammes, à l'exception de l'essieu anglais de l'usine de Leeds, de 94 kilogrammes.

Voici comment s'exprime le rapporteur de la commission instituée à cet effet : « Les essieux des voitures de toute espèce se sont maintenus en parfait état pendant les cinq premières années de leur emploi sur les chemins de fer de l'Etat, tandis qu'actuellement ces essieux se rompent à de fréquents intervalles. Il est donc évident que ce matériel, qui était en bon état primitivement, s'est détérioré par un usage de quelques années; cependant on n'est pas encore parvenu à découvrir la véritable cause de ce phénomène et à indiquer les signes de rupture. Dans cette circonstance, des expériences directes peuvent seules tracer une marche précise pour obtenir la solution de ce problème dont l'énoncé suit : « Les essieux des voitures de chemins de fer sont soumis par suite de la conicité des roues, à une torsion constante, joints à des chocs qui se produisent sur les points d'attache de deux rails et sur d'autres inégalités. Il s'agit de constater par des recherches directes l'influence du choc et de la torsion sur la contexture du fer. »

Voici le procédé employé : Un essieu coudé, fortement encastré à l'extrémité droite et posé à l'endroit du coude dans un palier, a été soumis à la torsion au moyen d'une roue dentée dans laquelle engrenait l'extrémité du coude aplati. A chaque tour l'angle de torsion était de vingt-quatre degrés. Le choc a été produit chaque fois que la barre quittait une dent pour être relevée par la dent suivante. Un compteur adapté à cet appareil a facilité le comptage du nombre des révolutions et des chocs. Des essieux au nombre de sept ont été soumis à ces efforts, et ont donné les résultats suivants :

1° Le mouvement a duré pendant une heure ; il a produit 10,800 révolutions et 32,400 chocs. L'essieu, d'un diamètre de 0m.066, a été extrait de l'appareil et cassé au milieu au moyen d'une presse hydraulique. Aucun changement dans la contexture du fer n'a été visible.

2° Un nouvel essieu, éprouvé pendant quatre heures, a supporté 129,000 torsions et a été également brisé, au moyen de la presse hydraulique. A l'œil nu, on n'a pu découvrir aucune altération du fer sur la surface de rupture ; cependant, au microscope, les fibres se sont présentées sans adhésion et comme une agrégation formée par des aiguilles.

3° Un troisième essieu a été soumis pendant 12 heures à 388,800 torsions et rompu ensuite au milieu. Un changement dans la contexture et un grain plus gros ont été observés à l'œil nu.

4° Après 120 heures et 3,888,000 torsions, l'essieu a été cassé en plusieurs endroits ; il a fait voir dans sa contexture un changement considérable, qui a été le plus frappant vers le milieu ; la cassure, à gros grains, a diminué aux extrémités.

5° Un essieu, soumis à 23,328,000 torsions pendant 720 heures, a changé complètement de nature ; la cassure du milieu a été cristalline, mais peu écailleuse.

6° Après dix mois pendant lesquels l'essieu a été exposé 78,732,000 à la torsion et aux chocs, la cassure produite par la presse hydraulique a fait voir clairement une transformation absolue de la structure du fer ; la surface de rupture a été écailleuse comme de l'étain.

7° Enfin, comme dernier essai, un essieu soumis à 128,304,000 torsions, a présenté une surface de rupture semblable à celle de l'expérience précédente. Les cristaux étaient parfaitement définis et le fer avait perdu totalement l'aspect du fer forgé.

« De là on peut donc conclure que la torsion jointe à des chocs exerce une notable influence sur la contexture du fer. »

§ 3. *Résistance des essieux.*

Des essais comparatifs ont été faits, au sujet de la résistance des essieux, par le chemin de fer de Cologne, qui publie dans ses comptes-rendus, le résultat de ces expériences, que voici en quelques mots :

« On a cherché de quelle quantité l'essieu se surélève par suite de la pression que les boîtes à graisse exercent sur les fusées. Dans ces essais on s'est servi d'un vagon à houille avec châssis en fer et d'un poids de 3,10 tonnes, sans les essieux et les roues; à chaque expérience on a changé les essieux à éprouver. Pour mesurer les flexions, on avait préparé une barre de fer recourbée, qui s'appliquait exactement sur l'essieu, entre les deux roues, à la portée de calage. Un coin gradué en fer, introduit dans l'intervalle formé par l'essieu et la barre, indiquait la quantité de la flexion. Avant chaque chargement et avant chaque mesurage, on a fait circuler les vagons sur le chemin.

» Ces expériences sont classées dans le tableau ci-dessous.

CHARGEMENT.	FLÈCHE DE FLEXION DE L'ESSIEU	
	en fer de 0m.12 de diamètre.	en acier de 0m.14 de diamètre.
Tonnes.	mètres.	mètres.
1.50	0.0006	0.0002
2.80	0.0010	0.0004
4.10	0.0014	0.0006
5.30	0.0018	0.0006
6.60	0.0022	0.0008
Après la traversée de la gare avec la charge précédente.	0.0026	0.0008

» Après chaque déchargement, les essieux sont rentrés dans leur position primitive; on n'a pas poussé plus loin ces expériences. »

Citons encore une autre série d'expériences faites dans le même but de rechercher les limites de résistance des essieux.

Premier essai. — *Dans les recherches sur les défauts de fabrication*, on a laissé tomber, d'une hauteur de 10 mètres, les essieux par leur milieu, sur un rouleau en fonte. Plusieurs essieux allemands et belges n'ont pas résisté à cette épreuve. La méthode de fabrication belge n'a pas donné des résultats satisfaisants. On avait essayé de faire un noyau en fer fibreux et de l'entourer de fer trempé. La soudure n'a pas eu lieu d'une manière complète; cependant le principe de fabrication peut être bon; il ne s'agirait que de le perfectionner.

Deuxième essai. — *L'épreuve relative à la contexture et à la qualité du fer* a consisté dans la flexion des essieux jusqu'à leur rupture, au moyen d'un poids qu'on a laissé retomber de différentes hauteurs. Un seul essieu a résisté, celui en fer puddlé et laminé fourni par une usine allemande. Le mouton n'a pas pu le briser ; cassé ensuite avec le marteau, il a présenté une contexture pure, fibreuse et argentine, qui indique la qualité supérieure du fer.

Troisième essai. — *Pour mesurer la solidité des fusées*, on a compté les coups de marteau nécessaires pour les briser. Cet essai a été favorable aux fusées forgées.

Les essieux qui, dans le cas précédent, sont restés intacts, n'ont pas résisté, quant à leurs fusées, par la raison que cette partie n'avait pas été suffisamment travaillée.

Du reste, s'il n'était pas généralement admis que les fusées ne résistent que quand elles sont convenablement forgées, le fait suivant le prouverait :

« Dans l'établissement de Seraing on a laminé un essieu dont l'un des bouts seulement a été forgé ; on a ensuite tourné les fusées, qui ont été cassées avec un marteau d'un poids de 13 kilogrammes. La fusée laminée a reçu 200 coups, et s'est brisée au 30e coup donné en sens opposé ; la fusée forgée a reçu 200 coups dans un sens, puis 200 coups dans l'autre sens, et n'a pas pu être cassée qu'après une entaille de 0m.008, et avec 18 coups de marteau de 20 kilogrammes.»

La méthode employée sur le chemin de Westphalie a consisté dans la construction de deux roues dont le bandage est un rail ; c'est-à-dire, le bandage doit avoir la longueur et la section d'un rail. Sur ces roues on a placé les roues d'un vagon avec son essieu à éprouver de façon que les essieux des deux roues se sont trouvés dans un plan vertical et parallèles entre eux et que les bandages se sont touchés absolument comme la roue d'une voiture touche le rail.

Les roues supérieures étaient chargées sur les fusées avec le poids maximum réel du vagon. Les roues inférieures ont été mises en mouvement et ont tourné jusqu'à ce que leurs révolutions aient représenté un chemin parcouru de 40,000 kilomètres. L'essieu est reçu s'il a résisté à cette épreuve qu'on augmente encore par l'attache d'un morceau d'acier sur le bandage inférieur et qui doit produire un effet analogue au choc du joint des rails.

Ce procédé est assez ingénieux, mais on peut regretter l'absence d'une disposition qui remplace les chocs latéraux des bandages contre les rails et qui produisent la torsion de l'essieu. C'est la torsion réunie à des chocs qui produit surtout la rupture de l'essieu, ainsi que cela a été dit plus haut.

Partout on cherche donc à perfectionner les méthodes de fabrication; en Allemagne on a eu recours aux essieux en acier, sur lesquels suivront maintenant quelques indications.

§ 4. *Essieux en acier.*

Pendant très-longtemps on ne s'est servi en Allemagne que des essieux anglais, qui font place aux produits des usines prussiennes. Depuis six ans, le chemin de la Haute Silésie n'emploie plus les essieux de la *Patent Axle Tree Company,* mais ceux fournis par les fabriques de la Silésie. On a pu faire de nombreuses expériences comparatives, et on a trouvé que des essieux anglais se sont rompus avec une charge de trois tonnes, et que les essieux silésiens ont tous résisté, jusqu'à présent, à une charge de quatre tonnes, à égalité de dimensions. Il est évident que dans cette circonstance les produits allemands sont supérieurs à ceux de l'Angleterre.

J'ai cité ce fait pour en arriver à l'examen des causes de

cette différence ; il est possible qu'elle réside dans la nature du métal brut autant que dans le mode de fabrication. Les hauts-fourneaux des usines prussiennes emploient l'air froid ou l'air chaud à 60 ou 80 degrés Réaumur, tandis qu'on emploie en Angleterre, dans la fabrication de la fonte, l'air à 300 degrés ; le fer fabriqué d'après cette dernière méthode renferme toujours des matières siliceuses, ce qui fait perdre au fer en barres une partie de sa résistance, tant absolue que relative.

La cassure des essieux moins résistants, des essieux anglais, est à petits grains d'un gris mat ; celle des essieux plus résistants, silésiens, est d'un aspect brillant.

Il s'agirait de constater sur tous les essieux brisés cette expérience, qui pourrait, alors, conduire à des conclusions définitives.

En cherchant le métal le plus à l'abri de la rupture, on a été conduit à l'emploi des essieux en acier fondu, dont la contexture se rapproche de celle de la fonte, et on a cru augmenter la résistance en trempant cet acier.

Des expériences directes ont démontré que les essieux en acier offrent une résistance plus grande contre la torsion, et ont une limite d'élasticité plus étendue que les essieux en fer.

Le prix d'acquisition des essieux en acier fondu est plus élevé que celui des essieux ordinaires ; mais la durée des premiers étant beaucoup plus grande, il y a avantage à les employer.

En outre, leur plus grande sécurité, leur moindre frottement, leur moindre poids mort, la diminution du nombre des changements de ces pièces et l'absence des inconvénients que ces derniers entraînent, peuvent encore être pris en considération.

Cependant, il est à remarquer que la cassure des fusées a eu lieu plus facilement, et qu'alors l'accroissement de résistance à la torsion ne serait pas un motif suffisant pour abandonner les essieux non trempés; le fer ne se trouve altéré dans sa contexture, par la torsion, que quand celle-ci est accompagnée de chocs, et c'est à ces deux efforts réunis que les essieux ont à résister.

Les tentatives faites pour obtenir une résistance plus forte contre la torsion, par la trempe, ne répondront donc pas au but qu'on s'est proposé d'atteindre.

Dans cette opération, l'acier incandescent est refroidi très-vite à la surface. Plus la pièce est épaisse, plus il faut de temps pour que le refroidissement traverse toute la masse. Les parties extérieures acquièrent une tension qui s'exerce contre la masse intérieure et qui se manifeste déjà dans des morceaux de très-faible dimension par des fissures et des fentes; dans des pièces plus grandes, par des éclats. Par suite de cette pression exercée sur les parties intérieures, qui ne sont pas refroidies aussi promptement, il peut se produire des ruptures et des déplacements intérieurs, tandis que la surface reste intacte.

Une pièce trempée, dont la cohésion moléculaire est plus grande que la tension intérieure, peut demeurer entière; mais comme cette réaction ne cesse jamais d'avoir lieu, il suffit quelquefois d'une légère commotion pour qu'une pièce semblable se casse tout d'un coup longtemps après sa mise en service et sans indices apparents.

On ne peut reconnaître, par l'aspect seul, ni le degré de tension intérieure, ni la part que celle-ci prend dans la force de résistance contre les efforts extérieurs. En réchauffant l'acier on parvient à diminuer la tension, mais les parties fendues ou brisées restent dans le même état.

La trempe est donc toujours une opération dangereuse, et ne doit être employée que là où un changement de la nature du métal est une condition première; par exemple, pour l'élasticité de certains ressorts. Dans ce cas, les fortes dimensions seront extrêmement nuisibles et pourront entraîner la cassure. Il est, du reste, connu que les ressorts en une seule pièce ne peuvent jamais être chargés autant que ceux composés de lames dont le jeu est plus étendu.

Le parcours fourni par ces essieux en acier peut être considéré comme indéfini, attendu qu'il n'y a pas de changement dans la contexture de ce métal comme dans le fer, et qu'alors la trempe devient inutile.

Cependant on peut admettre que l'usure arrive après un service de vingt ans, quelque étendu que soit d'ailleurs le parcours; ces essieux n'atteindront pas la limite du parcours de cristallisation.

Dans l'exploitation, il faut encore avoir égard aux diverses sortes de voitures, suivant qu'elles sont constamment ou exceptionnellement en service.

Ce ne sont donc que des circonstances exceptionnelles, telles que la détérioration des fusées par suite du manque de graissage, qui peuvent altérer ces essieux et entrer en ligne de compte.

Sur les chemins de fer français on a tardé longtemps à employer les essieux creux des Anglais, et les essieux en acier des Allemands. Nos usines fournissent des essieux forgés d'un poids de 150 kilogrammes pour les vagons et de 200 kilogrammes pour les locomotives. Mais avant de conseiller des changements dans le service du matériel, il faudrait qu'ils fussent consacrés par la pratique et que les avantages en fussent démontrés d'une façon plus évidente.

§ 5. *Conclusions. (Règles pratiques admises dans la réception des essieux.)*

En France on n'admet pas, généralement, la théorie de la cristallisation du fer. N'ayant pas eu occasion de faire des expériences directes pour contrôler celles qui constatent cette cristallisation de la manière la plus palpable, on suppose que le parcours des essieux droits peut être indéfini, pourvu, toutefois, que les fusées, réduites au diamètre-limite par l'usure, soient remplacées en temps et lieu. Cette usure est de 1 millimètre pour un parcours de 40,000 kilomètres.

Pour les essieux à fusées non trempées, on peut admettre, en général :

Essieux de voitures et de vagons, 110,000 kilomètres de parcours;

Essieux de tender, 165,000 kilomètres de parcours;

Essieux de supports de machines, fusées intérieures, 300,000 kilomètres de parcours;

Enfin, essieux moteurs droits, 300,000 kilomèt. de parcours.

Dans la réception des essieux, on se contente souvent des essais faits avec quelques-uns d'entre eux, pris au hasard dans une grande fourniture, et qui consistent à les soumettre à des chocs réitérés au moyen d'un mouton, d'un poids de 500 kilogrammes, qu'on laisse tomber d'une hauteur de 3 mètres. Quelquefois, aussi, on jette les essieux d'une grande hauteur sur un corps dur. Il n'est nullement prouvé que tous les essieux livrés soient de bonne qualité, quand quelques-uns ont résisté à ces épreuves, et la seule garantie qu'on ait de ces fers réside uniquement dans les procédés de fabrication.

L'artillerie éprouve tous ses essieux; mais il ne pourrait pas en être de même dans les chemins de fer, car les essieux qui doivent y servir ne peuvent être soumis à des essais qui altéreraient leur qualité. Il existe, heureusement, un moyen qui permet de les éprouver sans les affaiblir : ce procédé consiste à les charger et à observer leur flexion, pour en déduire les limites d'élasticité. Les essieux les plus faibles et sur lesquels on conserve des doutes, peuvent alors être soumis aux épreuves par le choc jusqu'à la rupture, afin de permettre l'examen de la nature du métal.

Si, dans ce cas, les essieux faibles répondent aux exigences d'une bonne fabrication, on peut admettre, en toute sécurité, tous ceux qui ont été éprouvés.

CHAPITRE XIV.

LES VÉHICULES DES CHEMINS DE FER.

§ 1. *Les voitures de voyageurs.*

Sur les chemins de fer d'Allemagne, il y a des voitures dans lesquelles on fume, d'autres dans lesquelles on reste debout ; en Amérique il y a des voitures dans lesquelles on couche ; en Russie des voitures dans lesquelles on dîne ; en France et en Angleterre on a des voitures dans lesquelles on est assis sans pouvoir s'étendre, à moins qu'on ne le fasse aux dépens de quelque voisin timide ou complaisant.

Tout ce matériel, solidement construit il est vrai, bien verni et d'un aspect passable, est encore loin d'offrir aux voyageurs la commodité à laquelle les navires nous ont habitués.

Qui ne connaît en France ces fameux bateaux à vapeur du Rhin, avec bibliothèque, table d'hôte, cabinet de toilette, buffet, estaminet et concert après dîner. Il y a encore loin de ces voyages d'agrément aux courses en chemin de fer. Espérons ! les railways nous donnent la vitesse, nous dispensent des relais et des auberges ; nous promettent la sécurité, et nous donneront bientôt le confortable et le plaisir.

En Angleterre, le matériel roulant a dû être construit plus solidement qu'en France, où les vagons ne sont pas susceptibles, jusqu'à présent, de passer successivement sur toutes les lignes, d'être fréquemment soulevés à une hauteur considérable, et de rester longtemps absents de leur véritable lieu d'origine, où seulement ils peuvent être soumis à une visite rigoureuse et à de grosses réparations.

Le but que les constructeurs anglais se proposent, est d'obtenir des véhicules dont la marche régulière et dont la stabilité soient une garantie tant pour le service que contre les accidents. C'est ainsi que dans ce pays on tient, à quelques exceptions près, aux voitures à quatre roues pour les voyageurs et pour les marchandises. On avait cru, sur beaucoup de chemins de fer, surtout en Allemagne, que ces voitures offraient des dangers, qu'en Angleterre pas plus qu'en France on n'a reconnus; on n'attache pas dans ces deux derniers pays une grande importance aux avantages des voitures à six roues; avantages bien moins saillants que ceux qui sont offerts par les voitures à quatre roues, tant pour les manœuvres dans les gares, et pour le passage d'une voie sur une autre, que pour la composition des trains, et surtout pour le placement des plaques tournantes, dont les dimensions peuvent rester plus petites. — Les voitures à huit roues et à six roues ne se rencontrent qu'exceptionnellement en Angleterre; elles sont trop difficiles à mouvoir dans les stations et dans les courbes, par suite de leur inflexibilité. Les avantages des véhicules à plus de quatre roues sont, à mon avis, plutôt théoriques que réels; les partisans de ce système font valoir en sa faveur que, dans la composition du train, le nombre des vagons et par conséquent celui des intervalles entre eux étant plus petit, alors la résistance de l'air se trouve diminuée. Pour réduire, autant que possible, ces vides, on a raccourci, sur le chemin de Londres à Blackwall, les tampons et on les a placés au-dessous des caisses afin de n'avoir qu'un intervalle de quelques centimètres.

Les voitures à voyageurs sont en général à quatre roues; celles qui avaient six roues ont été transformées en voitures à quatre roues, par la suppression de l'essieu du milieu. Les voitures à quatre roues sont plus stables et plus sûres depuis qu'on fabrique des essieux forts et de bonne qualité. Quant aux voitures à huit roues, dont un spécimen a été envoyé à l'Exposition, l'expérience ne leur a pas été favorable, par suite de la résistance qu'elles offrent dans les courbes et de la difficulté des manœuvres dans les gares. Elles présentent de nombreux inconvénients à côté de nombreux avantages, dont la comparaison seule peut trancher la question.

Les voitures anglaises se distinguent par la douceur de leur marche et leur stabilité, ce qui provient de la bonne construction des ressorts; du peu de largeur de la caisse de la voiture et de l'accouplement très-serré. Mais, d'un autre côté, l'élégance et la commodité manquent complètement à ce matériel qui, sous ce rapport, reste au-dessous des voitures françaises et allemandes; elles sont en général mal tenues et incommodes.

Longtemps abandonné aux mécaniciens-constructeurs, l'établissement des voitures, — à l'instar des vagons, — s'est renfermé dans les limites mathématiques: on s'est contenté de la sécurité de la marche sans se préoccuper outre mesure du bien-être des voyageurs; ce n'est que depuis que les compagnies ont eu le bon esprit de remettre ce travail entre les mains des carrossiers que ce matériel s'est modifié favorablement.

On n'emploie pour la construction des voitures anglaises que des bois exotiques apportés par les navires de l'Inde en grande quantité et comme lest; le prix de ces bois est même au-dessous du chêne de première qualité. Ces bois ne sont pas peints, mais simplement polis; ce qui ne serait plus praticable dans un pays moins nébuleux que l'Angleterre.

Cette innovation anglaise vient d'être rapportée en France. Le climat humide de l'Angleterre sera peut-être favorable à la conservation de ces bois, qui chez nous se gerceront sous l'action du soleil. Aujourd'hui les panneaux en tôle remplissent complètement le but, et il est difficile de comprendre pourquoi on cherche à leur substituer les bois exotiques, dont le prix est plus élevé.

La division des classes des véhicules est à peu près la même partout; cependant en Angleterre, le parlement a obligé les compagnies à créer pour les individus pauvres des voitures à un penny par mille parcouru, qui se rapprochent de nos fourgons à bagages ; elles sont appelées *voitures parlementaires*.

Les tarifs sont fixés d'après l'espèce de convoi et la classe de voiture.

Les convois anglais sont au nombre de trois :

1° Les trains de malle-poste, dans lesquels on n'admet que les voitures de première classe ;

2° Les express, ou trains à grande vitesse, formés de voitures de première et de deuxième classe ;

3° Enfin les trains ordinaires, comprenant indistinctement toutes les classes de voitures.

Les trains mixtes de voyageurs et de marchandises ne sont pas très-usités en Angleterre.

En France, les prix des voyages sont moins élevés qu'en Angleterre. Voici leur comparaison avec ceux des lignes anglaises :

	FRANCE.	ANGLETERRE.		
		Malle-poste.	Express.	Trains ordinaires.
1re classe.	0.100	0.170	0.170	0.130
2e classe.	0.075	»	0.130	0.090
3e classe.	0.055	»	»	0.070

Sur les chemins de fer en Amérique, il n'y a qu'une seule classe de voitures pour tous les citoyens libres. Les gens de couleur voyagent dans les vagons à bagages. Les voitures appelées *cars* sont loin d'être élégantes et confortables, mais elles offrent d'autres avantages par leur construction ; elles sont ouvertes aux extrémités et permettent de circuler dans tout le train. Chaque vagon renferme un poêle autour duquel se chauffent sans distinction de qualité sociale, ouvriers, banquiers, émigrants, qui partagent également tous les ennuis comme tous les agréments du voyage.

Ces voitures ne sont connues en France que par un seul spécimen comme voiture de luxe. Il est possible que l'usage s'en généralise chez nous; en attendant, on trouvera, sur les planches XI et XII, les dessins détaillés de ces étranges véhicules.

§ 2. *Les vagons.*

Le nombre des modèles de vagons pour le transport des bestiaux, des matériaux et des marchandises, augmente journellement. On possède déjà des vagons spéciaux pour les terrassements, le lait, la houille, les bœufs, les chevaux, les oies, les moutons, les cadavres, les bagages; des voitures pour transporter d'autres voitures : les trucks.

Les vagons à marchandises sont presque toujours construits en bois; cette matière est remplacée exceptionnellement par le fer, surtout quand il s'agit du transport des houilles et du coke.

Les dispositions commodes, qui manquent en Angleterre complètement aux voitures à voyageurs, se trouvent dans celles destinées au transport des marchandises. Les nouveaux vagons possèdent un toit en zinc ou en fer galvanisé, qui se maintient par sa propre rigidité. Des portières sont pratiquées dans les parois, mais le plus souvent le toit est percé au milieu, afin que le déchargement des colis puisse se faire au moyen de grues dont les gares et les magasins sont pourvus en nombre suffisant.

Les détails de construction des vagons anglais, qui méritent de fixer l'attention, sont : la rigidité des châssis des vagons à marchandises, qui est obtenue par l'emploi de ferrures très-fortes; elle est du reste nécessitée par le passage très-fréquent de ces véhicules sur un grand nombre de lignes; — l'usage généralement répandu des ressorts de choc et de traction de ces vagons; — l'emploi de plaques de garde en fer forgé, qui doivent être plus légères et plus fortes que les plaques en tôle, ce qui peut être révoqué en doute; — les différentes espèces de roues; — l'augmentation des dimensions des fusées d'essieux.

Il résulte d'une sorte d'enquête faite au sujet de ces dernières dimensions, que la moyenne des cotes des fusées est :

	Diamètre.	Longueur.
Voyageurs.	0m.078	0m.182
Marchandises.	0m.080	0m.154

Pour le chemin de fer du Nord, ces dimensions sont :

Houille et grande vitesse.	0m.080	0m.170

Il n'y a pas de différence notable avec les cotes anglaises; en construisant les fusées de cette façon, et en appliquant une couche de peinture blanche sur les boîtes à graisse perfectionnées, on empêchera ces dernières de chauffer, ce qui est le dernier résultat auquel il faut arriver.

Continuons le relevé de ces détails.

Dans les vagons on distingue *la caisse* et le *train;* la confection des caisses appartient aux carrossiers, et les ingénieurs n'ont pas à s'en occuper beaucoup; c'est sur la solidité du train qu'ils doivent porter toute leur attention. — (On emploie souvent l'expression train au lieu de convoi.)

Le train se compose du bâtis, cadre, ou châssis, placé sur des ressorts de suspension, qui portent sur l'essieu au moyen de boîtes à graisse. Ajoutons les roues, et nous aurons toute la composition d'un train.

Une notable amélioration vient d'être introduite dans la construction des châssis, auxquels on a cherché à donner une grande rigidité et une légèreté égale à celle des anciens châssis en bois. Le nouveau système comprend des rectangles en fer dont les angles sont reliés à l'aide de cornières. Des entretoises, également en fer, reçoivent les extrémités des ressorts de traction et de choc. Ce système paraît offrir le mérite de l'actualité, par suite de la difficulté de trouver des bois très-grands et secs.

§ 3. *Les Ressorts de choc.*

La disposition des ressorts de choc et de traction a toujours occupé les constructeurs, afin d'arriver, dans la marche des trains, à un mouvement doux, uniforme et surtout sans saccades. On a employé dans le principe, et on emploie encore généralement, des ressorts en acier, attachés aux tiges de traction. Cependant depuis quelque temps on remplace les ressorts en métal par des rondelles en caoutchouc vulcanisé, disposées immédiatement après les tampons; on fait ces essais, quoique les ressorts en acier fondu ne coûtent pas plus cher et durent plus longtemps. — On a négligé souvent de placer des ressorts de choc sur les vagons à marchandises et on s'est contenté d'une espèce de tampon en cuir rembourré. Il est résulté de cette fausse économie, que les châssis, promptement disloqués, ont été mis hors de service.

Les vagons sont attachés entre eux au moyen de *tendeurs* ou tringle dans laquelle passent les crochets d'attelage; le tendeur est serré par une vis.

Comme principale mesure de sûreté, sur laquelle il y a lieu d'appeler l'attention des compagnies, on peut citer l'accouplement très-serré de tout le train, dont toutes les parties sont rendues solidaires les unes des autres; on tient en Angleterre avec une très-grande sévérité à ces mesures, dont l'absence paraît inexplicable sur d'autres chemins de fer, ceux de l'Allemagne du Sud entre autres.

Les tampons sont fortement serrés et les tendeurs le sont également; tout le train ne forme qu'une seule et même masse; il se trouve alors beaucoup plus au pouvoir du machiniste, que si les vagons avaient du jeu et que s'ils n'étaient retenus que par des chaînes. Cette disposition est généralement appliquée en France : elle se retrouve sous une autre forme sur les chemins de fer exploités au moyen du matériel américain. Sous chaque vagon se trouve une tige de fer qui, percée d'un trou à son extrémité, se superpose sur la barre du vagon suivant, par le moyen d'un boulon ou d'une cheville, passant exactement par les deux trous : ce système forme donc une seule et même barre flexible, mais inextensible.

Le démarrage est peut-être plus difficile et plus lent, mais, répétons-le, il n'y a pas lieu de craindre ni déchirures, ni chocs, ni déraillements partiels dans les changements de niveau. En cas de rencontre, le danger est rendu moins grand, attendu que le choc est réparti en une grande masse, et que les voitures heurtées ont moins à souffrir.

On a conçu l'idée de relier les deux parties du tendeur par des ressorts et d'économiser ainsi les ressorts de traction. Si un tendeur venait à se casser, le convoi se diviserait en deux parties; pour prévenir ce dernier accident, on a ajouté des chaînes de sûreté; mais il y a toujours à craindre que les chaînes ne cassent en même temps. — Toutes ces chaînes doivent donc être construites très-solidement, car si un essieu se rompait, les chaînes seules auraient à supporter le vagon. Il faut en outre placer ces chaînes le plus près possible l'une de l'autre, afin d'éviter la traction oblique dans les courbes.

§ 4. *Les Roues.*

Comme avant-dernier détail du matériel roulant, nous aurons à nous occuper des roues, dont il y a trois sortes : les roues en fonte, en fer et en plaques (de bois, de fer forgé ou de fer laminé).

A cause de leur grande fragilité, les roues en fonte ne sont pas usitées en Europe; on ne les emploie exceptionnellement que pour les vagons à terrassements; les Américains continuent à s'en servir même pour les voitures à voyageurs. L'économie seule est la raison de cet usage dangereux. Le pourtour, bandage ou cercle de la roue, subit, pendant la fabrication, une espèce de trempe, et dès-lors ne s'use pas facilement.

Les roues en fer forgé, avec cercle en fer, sont usitées généralement.

Toutes les *roues fabriquées en Angleterre* pour les machines et les tenders sont en fer forgé, dans lequel le moyeu forme une seule pièce avec les rais et le faux cercle. Les bandages sont faits avec du fer de choix ; sur toutes les lignes il n'existe qu'une seule exception, c'est sur celle du Great Western, où on a adopté des bandages en fer avec mise d'acier sur la surface de roulement.

Les roues à plaques semblent offrir plusieurs avantages que les roues à rais ne possèdent pas : la rupture des rais met les roues ordinaires hors de service. Dans les roues à plaques, la rupture du moyeu n'est pas dangereuse ; il est maintenu en position par les plaques de garde ; le bandage est soutenu sur toute la circonférence d'une manière uniforme. Les roues à plaques fendent l'air plus facilement que les roues ordinaires. Les rais retiennent souvent des pièces qui tombent du convoi et les lancent dans des directions où elles peuvent occasionner des accidents.

Entrons maintenant dans quelques détails au sujet des roues en plaques (de tôle), qui peut-être un jour remplaceront les systèmes en usage aujourd'hui.

Comme nous l'avons vu plus haut, il y a plusieurs espèces de roues à plaques.

Celles en bois présentent de nombreux inconvénients. Le bois prend du jeu, et le bandage n'a plus l'appui nécessaire. Ce défaut ne se présente pas dans le métal, cependant dans le fer forgé on ne peut obtenir une liaison intime entre la plaque et le moyeu et le bandage. On y a remédié par un faux bandage rivé contre la plaque.

En dernier lieu, on a simplifié ce système par l'emploi de deux plaques en tôle bombées. Le dessin ci-annexé, voir la planche XV, fait voir les détails mieux que ne pourrait le faire toute explication. L'établissement de ces roues est très-facile, le prix d'acquisition en est modéré, et l'entretien est peu dispendieux. Avec moins de matière elles présentent une solidité plus grande que celles des roues ordinaires.

Les roues à plaques en tôle viennent de former l'objet d'un brevet d'invention en France. Le nouvel inventeur ne savait sans doute pas que son invention a été brevetée dans plusieurs pays d'Allemagne. — Il y a plus de quinze ans que ce brevet est expiré, et, malgré cela, les compagnies reconnaissantes paient annuellement, à titre de gratification et d'honoraires, une somme assez ronde au véritable inventeur, M. H. de Waldegg, rédacteur du journal intitulé : l'Organe du progrès des chemins de fer, et actuellement ingénieur en chef du chemin de Hombourg. C'est dans ses ateliers que j'ai pris, il y a six ans, les renseignements qui précèdent. — Pour plus amples informations, on peut s'en référer au journal le *Technologiste* (Librairie Roret, cahier du mois d'avril 1857).

§ 5. *Les Freins.*

Il existe peu de mécanismes qui aient exercé l'esprit inventif, autant que l'ont fait les freins appliqués aux voitures des chemins de fer, et pour lesquels toutes les classes de la société ont fourni leur contingent d'inventeurs.

Journellement, on invente de nouveaux freins avec lesquels on obsède les compagnies de chemins de fer, qui finiront par causer des accidents à la suite de l'encombrement des moyens de sécurité.

Cependant cette fièvre d'invention commence à se calmer; on comprend déjà que ce n'est pas dans la qualité et le nombre de mécanismes que résident les moyens préventifs contre les accidents; en envisageant d'un point de vue plus élevé cette grave question, on trouvera dans la moralisation progressive du personnel, en l'absence des mécanismes infaillibles, les moyens d'éviter le retour de ces désordres.

Restons-en pour le moment à la question des freins, afin de la définir et de mettre, s'il est possible les inventeurs dans la bonne voie pour qu'ils ne recommencent pas à inventer des choses connues.

En second lieu, il y aurait utilité à éclairer le public qui, à la lecture d'une description de frein, s'enthousiasme pour des mécanismes qui souvent n'ont rien de neuf, et n'ont d'autre mérite que de bien se présenter sur des plans, et de fonctionner convenablement dans des expériences, sans pour cela avoir la moindre valeur pratique dans une exploitation sérieuse.

Il est urgent aussi d'engager le public à ne pas accuser injustement, d'un manque de prévoyance, les compagnies de chemins de fer, qui cependant font tout leur possible, — dans l'ordre mécanique du moins, — pour nous garantir des accidents.

Commençons par exclure les freins capables d'arrêter instantanément les convois : appliqués à un train lancé à grande vitesse, ils auraient pour conséquence sa destruction complète et la mort instantanée des voyageurs. Il serait inutile d'insister là-dessus, si des modèles de ces freins n'avaient pas été exposés ; mais heureusement ils n'ont pas été pratiqués.

En adoptant la division basée sur les mécanismes, on obtient :

1° Les freins qui serrent les bandages des roues ;

2° Ceux qui agissent sur l'essieu ;

3° Enfin, ceux qui soulèvent les vagons en pressant sur les rails.

Tous ces freins sont mis en action par un ou plusieurs moteurs dont il sera question.

N° 1. Les freins ordinaires comprennent un moule en bois que le garde-frein presse contre le bandage par un levier ou une vis ; ils ont l'inconvénient de ne pas agir promptement et avec assez de force et d'user inégalement les bandages. —Leur avantage principal est d'être simples, d'être appliqués partout, d'avoir le mérite de l'ancienneté, enfin d'être connus de tout le personnel.

N° 2. Pour agir sur l'essieu, on y place une troisième roue qu'entoure une bande de fer, semblable au frein dynamométrique de Prony; on serre cette bande, en y attachant par un levier un poids qu'on laisse tomber naturellement petit à petit, car si ce poids descendait brusquement par hasard, ou si on le lâchait par suite d'un signal mal interprété, l'essieu ne pouvant plus tourner, se briserait infailliblement, et le convoi s'arrêterait à coup sûr; la culbute des voyageurs les uns sur les autres, et peut-être sur la locomotive, s'ensuivrait. Tel est son inconvénient capital; en outre, il constitue un poids mort qu'il faut emporter dans le convoi.

En résumé, je considérerais l'installation d'un appareil semblable, comme la source d'épouvantables catastrophes.

N° 3. Le frein Laignel est une espèce de morceau de rail en moule qui occupe l'intervalle entre deux roues et qui est pressé sur le rail pour soulever le convoi. C'est un des freins les plus puissants : muni d'aspérités et s'appuyant même sur le sol, il constituerait une espèce de frein de miséricorde, qui pourrait rendre des services incontestables, à la condition qu'il soit appliqué au dernier vagon. (Voir l'Atlas, pl. XVI.)

L'idée de ce frein appartient à M. Laignel, qui a déjà pris un brevet en 1841. — Ce frein a d'abord été appliqué sur le plan incliné de Liége, à des vagons spéciaux, des vagons-freins. Son emploi a évité, lors de la rupture du câble, en 1844, un accident qui aurait pu devenir terrible.

Il est en usage aussi à Naples et à Turin. Appelé frein-belge en Angleterre dans le principe, il est connu actuellement sous le nom de frein de sûreté.

Malgré les nombreux avantages de ce frein, nos compagnies ne s'en servent pas et craignent, qu'en allégeant les roues, de les faire dérailler et de produire ainsi un accident en cherchant à en éviter un autre.

En outre, l'action du frein Laignel est lente, et ce qu'il gagne en force il le perd en vitesse ; il est en fer, et son frottement est quatre fois moindre que celui du bois sur le fer. Si d'un côté les bandages des roues ne sont pas usés, d'un autre côté les rails seraient probablement détériorés au bout de fort peu de temps ; — les bandages peuvent être remis sur le tour, tandis que les rails dont le profil est altéré, sont à mettre hors de service.

Depuis quelque temps on se sert d'une nouvelle espèce de freins qui a quelqu'analogie avec le sabot usité dans les voitures ordinaires. Au lieu d'agir, au moyen d'une pression, directement sur la roue, on intercale ce sabot entre le rail et le rebord ou le bandage; il est plat en dessous et concave en dessus; on le laisse retomber devant la roue, qui monte dessus et le presse de tout son poids contre le rail. Ce perfectionnement, qui est encore une simplification, présente de nombreux avantages. — Le sabot a justement la hauteur voulue pour que le rebord de la roue ne se trouve pas en surélévation du rail, et que la roue, maintenue dans la voie, ne puisse, en s'en écartant, être la cause d'un déraillement. Pour enlever le sabot de dessous les roues, on emploie le procédé usité sur les chaussées : on fait lentement reculer les véhicules à une faible distance pour dégager le frein. Le frein-sabot, chargé par la roue, a un grand avantage sur le frein Laignel, qui prend son point d'appui sur le châssis, et sur lequel ne pèsent pas la roue et son essieu.

Les forces qu'on emploie pour faire fonctionner les freins, sont les suivantes :

1° Celle du garde-frein ;

2° La vapeur empruntée à la chaudière ;

3° L'air comprimé ;

4° L'impulsion du convoi (système automoteur) ;

5° L'électricité ;

6° Dans les chemins hydrauliques, l'eau doit être le moteur.

Il ne manque donc plus que la chaleur du soleil, et nous aurons fait appel à toutes les forces de la nature pour résoudre un problème qui cependant est bien simple en lui-même.

Restons-en aux cinq premiers numéros, c'est déjà bien assez, et choisissons la force qui peut paraître la plus convenable.

Pourquoi ne pas se contenter de l'homme qui, quoi qu'on en dise, est docile, obéissant, qui est intelligent et qui est fort; tandis que toutes les autres forces sont inertes? Parce que l'homme peut faire défaut à ces précieuses qualités; — on a donc cherché à lui substituer des forces mécaniques.

Quant à la vapeur, on s'en est servi dans des essais pour faire agir au moyen d'un cylindre et d'un piston une bande d'acier sur les roues de la locomotive.

On a aussi proposé de comprimer l'air dans une petite chaudière jointe à la machine. A un moment donné, l'air se serait échappé par des tubes communiquant avec des cylindres adaptés près des roues, et dont les pistons eussent pressé sur les freins.

Quelques ingénieurs ont laissé faire des expériences à ce sujet, mais qui n'ont pas été répétées; pour le moment, il serait inutile d'insister là-dessus.

L'idée d'appliquer les forces dont un train en mouvement est animé, est déjà ancienne ; d'un côté on a cherché à utiliser la rotation des roues, d'un autre côté on a conçu l'idée d'employer les pressions que les vagons exercent les uns sur les autres, du moment où la vitesse à la tête du convoi est ralentie.

Nous sommes donc en présence de deux systèmes automoteurs, qui peuvent être représentés par deux appareils, types auxquels tous les autres se rapportent.

Le premier a pour but de serrer les freins ordinaires avec d'autant plus de rapidité que la vitesse est grande; elle réagit en quelque sorte sur elle-même, et les efforts cessent quand l'arrêt est obtenu.

L'électricité ne sert que pour mettre tout le mouvement en marche par un mécanisme, et voici comment : Sur l'essieu d'arrière du dernier vagon, on place un excentrique qui transforme le mouvement de rotation de l'essieu en mouvement de va-et-vient au moyen d'une tige à laquelle on adapte une pointe qui pousse une roue à rochet, ou avec dents pointues; laquelle roue est montée sur l'arbre de la manivelle ordinaire du frein. Cette roue, constamment poussée, tourne, fait tourner l'arbre du frein, comme le ferait la main du garde-frein.— Maintenant, pour commencer le jeu de ce mécanisme, le machiniste n'a qu'à embrayer la roue avec la petite tige, il se sert, comme cela vient d'être dit, d'un courant électrique, de là le nom d'embrayeur électrique.

Ce dispositif n'empêche nullement la présence du garde-frein ; c'est, soit-disant, un supplément de sécurité.

Ce système n'a pas été encore soumis à l'épreuve de l'expérience; il introduit un nouveau mécanisme sur une machine déjà si compliquée, ce qui est la cause, bien compréhensible de la part des ingénieurs, du retard de son application. En outre, le dispositif électrique, très-ingénieux sans nul doute, demande sur le convoi l'installation des piles électriques et de fils de fer qui, à chaque changement dans la composition d'un train, doivent être détachés et attachés de nouveau.— Tout ce travail exige une attention soutenue de la part du personnel, attention à laquelle on a recours tout en s'en défiant dans un autre sens; car c'est cette défiance qui a produit cette invention.

Le deuxième système, actuellement en essai, consiste à

faire ralentir, par le renversement de la vapeur, la marche de la tête du convoi contre laquelle les vagons vont donc butter leurs tampons qui rentrent par la flexion des ressorts ; et c'est ce mouvement de recul qui est utilisé, pour produire le serrement des freins. Il est bien entendu que les freins à la tête peuvent être serrés par les moyens ordinaires.

On sait que tous les freins qui empruntent la force au choc du convoi reposent sur un principe malheureusement faux. On ne peut arrêter que par la tête contre laquelle le reste du convoi se heurte.

Quand on veut arrêter, c'est par la queue qu'il faut prendre dans les grandes vitesses, sans quoi il peut arriver que les vagons montent les uns sur les autres, ou que pour le moins ils déraillent. Dans un arrêt brusque il est aussi à craindre que la pression des freins, que rien ne modère, devienne tellement énergique qu'elle brise les roues. — Ce sont là des circonstances dont on ne peut pas se rendre compte pendant les expériences où tout le monde est attentif, et où aucun accident ne peut se produire.

Ce principe du système automoteur une fois arrêté, tout constructeur-mécanicien peut le mettre en pratique, en se servant des connaissances usuelles sur la transmisson du mouvement.

Mais enfin, puisque la question est déplacée et qu'on croit, à tort ou à raison, que des freins énergiques neutralisent les effets des rencontres, — puisque rencontre et choc doivent avoir lieu, à ce qu'il paraît, — résumons ce problème, par le frein-sabot automoteur. Ce frein consiste en un sabot attaché aux tampons par une lanière et flottant devant les roues à une faible hauteur des rails ; si les vagons se choquent, les tampons rentrent, le sabot descend, et les roues montent dessus ; c'est en un mot le sabot des anglais rendu automoteur.

Dans cette idée, on trouvera peut-être le germe d'un perfectionnement à introduire dans les freins actuels.

Ce frein-sabot-automoteur résume tous les perfectionnements, mais il n'exclue malheureusement aucun des inconvénients, qui font, que les compagnies se garderont pendant longtemps encore de changer radicalement leur matériel actuel, pour se lancer dans un système d'expérimentation, dont, au bout du compte, le public aurait à payer tous les frais, sans en retirer le moindre bénéfice.

Depuis quelque temps, de nombreuses expériences ont lieu dans les chemins de fer, à proximité de Paris, pour permettre de juger de l'efficacité de nouveaux freins qui seraient capables d'arrêter, à de courtes distances, un convoi lancé à grande vitesse.

Il peut donc être intéressant de connaître, à titre de comparaison, ce qui se fait à ce sujet chez les étrangers.

Citons une série d'expériences faites par ordre du gouvernement anglais : un train de plaisir marchant avec une vitesse de 80 à 96 kilomètres à l'heure, avait heurté une locomotive de ballastage en stationnement sur la voie. L'enquête à laquelle cet accident a donné lieu, a fait déterminer la distance à laquelle ce train aurait pu être arrêté ; on en a donc composé un semblable, on l'a chargé de 32 tonnes de fer et d'autres matériaux distribués uniformément dans ces voitures et calculés de façon à représenter le poids des 450 voyageurs qui se trouvaient dans le train, victimes de l'accident. Toutes les dispositions ont été prises pour obtenir la plus grande similitude possible avec la réalité. On avait ordonné au personnel du train d'arrêter, non pas quand le signal fixe se présenterait à la vue, mais à un signal arbitraire, donné par le commissaire du gouvernement, lui-même, au moment où l'on s'y attendrait le moins.

Souvent, dans le cours de ce travail, j'ai été amené à citer des expériences ; c'était moins pour en faire connaître le résultat, que pour indiquer la marche qui a été suivie dans ces expériences, afin d'en faciliter la répétition, si jamais le besoin s'en faisait sentir.

Voici maintenant le relevé de ces quatre expériences :

1° En premier lieu, on a quitté la station avec une vitesse extraordinaire de près de 100 kilomètres à l'heure, qu'on a ralentie à 86 kilomètres; dans ce trajet on a donné le signal d'arrêt, et le train a cessé de marcher à une distance de 2070 mètres; le machiniste a fermé simplement le régulateur en même temps que le garde a serré les deux freins.

2° Dans la seconde épreuve, le dernier kilomètre a été parcouru avec une vitesse de 86 kilomètres à l'heure; le train s'est arrêté à 1800 mètres du point où le signal d'arrêt a été entendu, par conséquent à 270 mètres de moins que le train précédent. L'arrêt a eu lieu de la même façon.

3° La troisième expérience s'est faite en serrant les freins et en renversant, au moment du signal, la vapeur, — c'est-à-dire en la faisant agir en sens opposé; — le train marchant à raison de 94 kilomètres à l'heure a été arrêté en deux minutes à une distance de 1790 mètres. Sept secondes avaient été perdues dans le retard de l'application des freins; le machiniste n'a pas pu donner de coup de sifflet pendant qu'il a renversé la vapeur.

4° Enfin, dans la dernière épreuve on a ajouté aux moyens précédents le répandage de sable sur les rails; toutes ces mesures ont eu pour effet l'arrêt du train en 90 secondes et à une distance de 1380 mètres.

Il résulte de ces expériences, — pour la commission anglaise, — qu'on peut obtenir un effet très-important pour l'arrêt des trains, par le répandage du sable qui augmente considérablement la prise, ou le frottement ou l'adhérence des roues sur les rails.

La projection du sable peut faire gagner 400 mètres, par conséquent un quart de la distance à laquelle le train se serait arrêté sans sable.

L'arrêt du convoi, au moyen de freins énergiques, est une condition essentielle de l'exploitation; néanmoins, une règle précise à ce sujet n'est pas encore admise généralement. Pour éviter les conflits entre les trains de voyageurs et les trains de marchandises, on a pris dans le principe, des mesures de précaution, dont l'efficacité offre une grande garantie; c'est ainsi que les trains de marchandises ne doivent marcher que la nuit; et quand ils voyagent le jour, ils sont très-petits et n'ont qu'une seule locomotive, car plus le train est long et plus les locomotives sont nombreuses, plus les chances d'arrêt peuvent se multiplier. Des voies spéciales sont, en outre, construites pour les convois de marchandises, qui ont des gares spéciales dans les grandes villes.

CHAPITRE XV.

ACCESSOIRES DE LA VOIE.

Afin de renfermer dans le présent cadre tous les objets dont se composent les constructions d'un chemin de fer, nous comprendrons sous le titre d'*accessoires de la voie :* les clôtures et barrières pour fermer la ligne ferrée et ses dépendances; les passages à niveau, les changements, croisements et traversées de la voie ; les plaques tournantes et les chariots roulants; les grues hydrauliques ; enfin les signaux fixes. Pour être aussi complet que possible, ce chapitre renfermera une indication sur les bâtiments accessoires, tels que : remises, ateliers, etc.

§ 1. *Les Clôtures, Barrières et Passages à niveau.*

Les chemins de fer devraient partout être fermés avec des clôtures ou des haies vives; ce n'est qu'au bout de quelques années que ces dernières arrivent à la hauteur voulue.

En attendant, on plante des fiches en bois, d'un mètre de hauteur qu'on relie avec des fils de fer. En Amérique on n'a pas encore établi de clôtures sur toutes les lignes qui sont constamment traversées par des bestiaux, qu'on chasse par les locomotives. Ces machines sont munies d'un triangle, qui rase la voie et écarte ainsi les gros objets qui peuvent l'encombrer.

Quant aux barrières, on les établit à tous les passages à niveau; l'ouverture en est confiée à un garde-barrière qui les manœuvre avec un mécanisme de transmission en fil-de-fer, dès que la guérite du garde n'est pas à proximité du passage, ou dès qu'il a plusieurs barrières à surveiller.

Les passages à niveau sont les points dangereux dans une ligne de chemin de fer. Il faut les éviter autant que possible, quand même on peut les voir de loin pendant le jour; pendant la nuit on ne les aperçoit pas facilement. Il est prudent de ne pas les tolérer dans les courbes en déblais ou aux extrémités des tunnels. — On cherche à les remplacer partout où la configuration du terrain le permet, par des ponts en dessus ou en dessous, et dont les intérêts du capital de construction sont souvent moins élevés que les salaires des gardes-barrières.

Les passages à niveau sont construits pour les voitures; pour les piétons la voie ne subit aucune modification. L'emplacement où doivent passer les voitures est pavé; le niveau des pierres dépasse les rails, qui se trouvent ainsi enfouis dans un fossé, ou rainure, assez large pour laisser du jeu au bourrelet des roues.

La disposition la plus généralement adoptée consiste à placer le rail à une profondeur telle, que les roues des voitures de roulage ne puissent pas le toucher.

Ce n'est plus que dans les passages à niveau qu'on place des contre-rails. Autrefois on en mettait dans les courbes, sur les ponts, dans les endroits où les déraillements sont le plus à craindre. Avec tant soit peu de régularité dans la pose de la voie on peut éviter les déraillements provenant du materiel fixe, et les contre-rails deviennent alors inutiles; généralement on les abandonne aujourd'hui.

En résumé, la suppression des passages à niveau, qui sont les points faibles d'un chemin de fer, a contribué à l'augmentation de la douceur de la marche, car les voitures ordinaires exerçaient dans ces passages des pressions irrégulières sur les rails et les déformaient dans leur pose et dans leur attache aux joints.

Disons un mot sur l'état de cette question en Angleterre.

Il est un fait reconnu, c'est que le public s'habitue dans ses voyages très-facilement aux grandes vitesses, tant qu'il peut les obtenir sans danger. Dans cette circonstance, les Anglais ont toujours occupé sur l'eau comme sur les routes le premier rang, et ils l'ont gardé également sur les chemins de fer; leurs express vont habituellement à raison de seize lieues à l'heure; cette limite n'est atteinte que sur quelques-unes de nos lignes; les autres chemins de fer du continent se bornent à la moitié de cette vitesse de marche.

Dans l'établissement des lignes anglaises on est parti du principe qu'il est préférable d'assurer la régularité du service par des dispositions mécaniques, que de s'en référer à la surveillance des employés; ces chemins sont généralement peu surveillés; on se contente de placer des clôtures très-serrées et de supprimer d'une façon presque absolue les passages à niveau. Les routes ordinaires sont conduites en dessous du chemin de fer. On arrive ainsi à écarter tout encombrement de la ligne du moment que les trains ne se trouvent plus en contact avec la circulation des voies publiques. Dans des cas exceptionnels, tels qu'aux alentours des gares ou sur des chemins particuliers, on trouve des passages à niveau, qui sont alors surveillés d'une manière toute spéciale. En isolant ainsi le chemin de fer de toute communication extérieure, on obtient une sécurité assez grande, qui est augmentée encore par des brigades d'ouvriers ambulants, chargés de la visite de tous les détails de la voie.

§ 2. *Changements et croisements de voie.*

Dans le service de l'exploitation on est obligé de faire passer constamment les vagons et les locomotives d'une voie sur l'autre, tant pour recomposer les trains, aux points d'arrivée, que pour faire entrer dans les voies d'évitement ou de garage, les trains à petite vitesse que les express doivent dépasser. — On atteint ce but :

1° Par les changements et croisements de voie ou rails mobiles et coupés, qui permettent le passage de l'une sur l'autre voie.

2° Par les plaques tournantes sur lesquelles on retourne les voitures et machines pour les faire entrer sur deux rails qui coupent perpendiculairement les voies et aboutissent à une deuxième plaque tournante qui, retournée à son tour, remet droit les voitures sur la deuxième voie.

3° Enfin par les chariots roulants, qui déplacent les véhicules parallèlement à eux-mêmes.

L'étude de ces trois systèmes ne peut avoir lieu fructueusement que sur des dessins et sur des modèles. Disons-en cependant quelques mots pour faire ressortir les avantages et les inconvénients.

Dans les changements de voie, les rails sont coupés, les morceaux s'appellent des aiguilles qui peuvent tourner en dehors de la voie ; à une petite distance elles rencontrent les abouts des rails de la voie sur laquelle il s'agit de passer.

Cette deuxième voie coupe ou croise la première; le point où cette rencontre a lieu s'appelle croisement qui demande une disposition particulière.

Le changement de voie peut se faire de trois manières différentes : en premier lieu les rails sont coupés et peuvent tourner autour d'un boulon pour se diriger vers la voie qu'il s'agit de suivre. — Cette disposition est simple et permet de rendre le changement de direction très-doux, car on n'a qu'à allonger les aiguilles; mais d'un autre côté si elles sont mal placées, le convoi ne rencontrant plus de rails sous ses roues, se déverse infailliblement. On a donc abandonné, par cette raison, cette espèce de changement presque partout.

En deuxième lieu, les voies peuvent rester fixes ; on pose dans la voie deux bandes de fer mobiles qui guident les roues, quand il s'agit de changer de direction. Ici on évite les déraillements quand même ces bandes ou aiguilles sont mal placées; mais les déviations sont brusques et peuvent à la longue fatiguer le matériel.

Pour éviter ces inconvénients, on effile le bout de ces aiguilles qu'on attache avec des boulons aux rails mêmes; elles tournent et se collent contre les rails qu'il s'agit de prendre. Cette disposition forme la troisième espèce, qui présente une voie non interrompue; c'est la plus répandue actuellement.

Les croisements sont des plaques qui portent les rails et contre-rails en saillie; elles sont établies sur des charpentes afin de présenter toujours la même position.

Pour les traversées des voies, quand celles-ci se coupent sous des angles plus ou moins aigus, on place des contre-rails coudés et on entaille les rails pour laisser passage au bourrelet des roues.

§ 3. *Plaques tournantes, chariots roulants.*

Les plaques tournantes sont des plateaux circulaires qui tournent sur un pivot et servent, comme nous l'avons vu plus haut, à faire passer les véhicules d'une voie sur une autre. (Voir l'Atlas, planche XVI.)

Pour les voies qui se coupent carrément, on place deux cours de rails sur la plate-forme; les voies ne sont pas alors interrompues, mais il faut entailler les rails, ce qui occasionne des secousses; aussi dans les voies principales on ne se sert que de plaques à une voie.

Les plaques tournantes sont toujours placées perpendiculairement aux voies, à moins que ces dernières ne soient trop rapprochées pour empêcher les manœuvres; dans ce cas, on établit les plaques sur une voie oblique.

Il n'y a pas de limites à assigner pour le diamètre des plaques tournantes; la plus petite doit pouvoir porter la locomotive, la plus grande, la locomotive avec son tender. Les plaques qui portent les voitures à voyageurs ont $4^{m}.40$ de diamètre; cette dimension est commandée par l'écartement des essieux extrêmes, et dans la prévision d'une augmentation de cet écartement, il est prudent de construire les plaques en conséquence. Aux plaques pour locomotives on donne six mètres de diamètre et $11^{m}.50$ quand elles portent aussi les tenders.

Autrefois on construisait ces plaques en fonte; aujourd'hui on emploie la tôle ou le bois, dans les endroits couverts. Pour tourner ces plaques, les hommes se servent de leur propre force, soit en poussant la voiture qui est sur la plaque, soit en faisant la manœuvre avec un tourniquet.

A titre de perfectionnement, on peut citer l'emploi de l'eau, sous une forte pression, pour manœuvrer les plaques tournantes des machines et tenders réunis; ce qui a lieu au moyen d'un cylindre couché horizontalement au-dessous du rail circulaire et renfermant un piston à double effet qui reçoit la pression de l'eau, prise dans un réservoir très-élevé, et dont la manœuvre est excessivement simple.

Déjà en 1845, on a fait en Belgique des essais pour l'application de l'action de l'eau à la manœuvre de ces plaques (voir l'Atlas) ; mais c'est à l'Angleterre que cette application était réservée.

Comme dernier mode de transport des voitures d'une voie sur une autre, il ne reste plus qu'à signaler les chariots roulants, appelés chariots de service, en termes d'atelier. Ce sont des espèces de truks placés dans une fosse avec des rails et qui traversent perpendiculairement les voies. Ces chariots se composent de roues portant une plate-forme, avec des rails sur lesquels on pousse les voitures ou machines; on fait rouler ensuite ce chariot devant la voie sur laquelle on veut passer.

§ 4. *Grues hydrauliques.*

L'alimentation des tenders a lieu sur la voie même. On y porte le coke ou le bois de chauffage, et on fait venir la machine sous la *Grue hydraulique*, ou colonne en fonte, avec un bec d'où coule l'eau dans le compartiment du tender, réservé à cet usage. On adapte à l'orifice de cette colonne un tube au boyau en cuir ou simplement en toile. — L'eau est prise en dehors de la voie dans un réservoir d'alimentation; et c'est au moyen d'une soupape qu'on règle l'écoulement. Il restait depuis l'organisation des express une difficulté à vaincre : avec les réservoirs, il faut au moins six minutes pour approvisionner un tender, qui peut contenir six mètres cubes d'eau. La vitesse de ces trains ne permet pas un arrêt aussi considérable. On a donc remplacé en beaucoup d'endroits les réservoirs et les grues par des cylindres en tôle placés à côté de la voie, qui renferment la quantité d'eau voulue et peuvent être remplis dans l'intervalle de deux trains; ils sont toujours prêts à fonctionner et fournissent l'eau presqu'instantanément. Cette disposition offre encore un avantage : on sait que le chauffage le plus coûteux est celui des locomotives; dans le but de chauffer l'eau d'alimentation, on se sert de combustible de faible valeur et on économise ainsi sur celui des machines; on a donc placé un calorifère sous ces cylindres, qui sont remplis par les réservoirs.

§ 5. *Les Signaux.*

Les signaux ont pour but d'avertir le mécanicien-conducteur de l'état de la voie, si elle est libre ou encombrée, afin qu'il puisse arrêter le train ou continuer sa route.

Les signaux se divisent en deux catégories : les signaux fixes, appartenant à la voie, et les signaux de l'exploitation. Ces derniers sont faits au moyen de drapeaux et de l'acoustique : son du cor et pétards, ou signaux explosibles; aujourd'hui, presque partout, les signaux se font par des carillons électriques ou par l'envoi de dépêches au moyen du télégraphe.

Ces moyens d'assurer la régularité du service forment l'objet des efforts constants des ingénieurs, mais ils rentrent plus spécialement dans l'exploitation. Il ne sera question que des signaux fixes, dans ce manuel consacré à la construction proprement dite; ils sont formés de perches ou de colonnes avec des disques, dont la position indique l'état du chemin; pendant la nuit ce disque est remplacé par des lanternes de couleur. Ces signaux sont manœuvrés par des leviers et des fils-de-fer.

Des signaux d'une autre espèce : des signaux automoteurs placés le long de la voie servent à indiquer la distance entre deux convois; ce principe est mis à l'essai, en ce moment, par M. Dumoulin, sur plusieurs grandes lignes. Une barre attachée à un poteau est placée horizontalement; dès que la locomotive a franchi l'espace d'un kilomètre, la barre se place verticalement. Ce mouvement a lieu par un courant électrique mis en action par la machine locomotive qui frappe contre un organe de transmission placé sur la voie.

C'est sur les chemins à simple voie que les signaux jouent un grand rôle; aujourd'hui presque tous les chemins à voyageurs sont à double voie, et comme tous les trains suivent le côté gauche, il n'est pas présumable que des convois viennent au-devant l'un de l'autre.

Mais il peut arriver que par suite d'une différence entre leurs vitesses, deux convois se heurtent; la plupart des accidents sur les chemins de fer anglais sont dus à cette circonstance. Par un temps clair et quand les trains portent leurs lanternes allumées, ces rencontres ne peuvent avoir lieu, à moins de négligence impardonnable de la part des agents des compagnies; mais il n'en est plus ainsi par les forts brouillards, et dans les tranchées en courbe; c'est alors que l'absence de surveillance immédiate est sensible. Pour ce cas on a proposé plusieurs mesures : on a placé le long des lignes des signaux pour indiquer le passage des convois, et au moyen de signaux explosibles on est parvenu à indiquer aux machinistes les endroits dangereux. Autrefois, et malheureusement trop souvent, des trains se sont heurtés dans les stations. Actuellement les télégraphes électriques aident à écarter ces dangers; aussi leur usage s'est répandu d'une manière générale; sur les lignes principales on voit jusqu'à quinze fils.

Les signaux de jour sont donnés dans les gares où débouchent des embranchements, par un aiguilleur placé sur une estrade, afin de mieux surveiller l'arrivée et le départ de tous les convois. Ce poste est assez important, surtout dans les moments où les locomotives, pour entrer dans leurs remises, se détachent du convoi qui suit avec une vitesse acquise une ligne donnée. Cet usage, d'origine anglaise, commence à se généraliser.

§ 6. *Bâtiments accessoires.*

En dehors des bâtiments de la gare, affectés au service des voyageurs et des marchandises, se trouvent les remises, les ateliers et les réservoirs.

Les remises des locomotives sont de quatre sortes : polygonales, rondes, rectangulaires, et en fer à cheval. En évaluant le prix du remisage d'une locomotive, en moyenne de 9,000 francs par pièce, on trouve qu'on peut loger une machine au meilleur marché dans une remise en fer à cheval ; mais dans les rotondes, le service se fait d'une manière plus commode. On craint seulement qu'en cas de rupture de la plaque tournante, au centre, toutes les locomotives ne se trouvent emprisonnées.

On distingue les ateliers de grande et de petite réparation : dans les premiers on construit et on répare les machines. Il n'y en a qu'un seul par chemin de fer, même le plus fréquenté. Dans les petits ateliers, ou dépôts, on ne fait que remplacer des pièces usées.

A proximité des remises se trouvent les réservoirs qui doivent pouvoir contenir la quantité d'eau nécessaire pour tous les besoins du service. Comme nous l'avons dit au sujet des grues hydrauliques, il est avantageux de chauffer cette eau, surtout en hiver. Une machine à vapeur puise l'eau dans les prises d'eau. — La forme la plus convenable pour les réservoirs, est la forme circulaire ; ces réservoirs sont généralement construits en tôle et supportés par des maçonneries.

CHAPITRE XVI.

CONSTRUCTION DES CHEMINS DE FER A FORTES INCLINAISONS.

§ 1. *Historique des plans inclinés des chemins de fer.*

L'idée de franchir les faîtes des montagnes au moyen de chemins de fer, en évitant le grand développement du tracé, est très-ancienne. Dans le principe, on s'était appliqué à inventer pour ce but des machines à vapeur toutes spéciales. En 1811, un brevet a été pris en Angleterre pour une locomotive à roues d'engrenage sur les rails, même en plaine, et, pendant longtemps, le transport des houilles à Newcastle a été fait de cette façon.

Ce n'est qu'après une expérience de 12 ans qu'on s'est aperçu que l'adhérence des roues motrices était suffisante pour produire le mouvement de translation ; mais, tout en se servant de locomotives, on construisit des machines à vapeur fixes pour remorquer les convois sur les fortes inclinaisons exceptionnelles. Quelque temps après, et de nos jours encore, on n'avait en vue que des moyens d'abaisser ces hauteurs par des ouvrages d'art pour éviter l'emploi des machines stationnaires, et c'est à cette tendance surtout que sont dus les progrès dans la science des chemins de fer. Ce résultat une fois obtenu, on a cherché de nouveau à tracer de fortes pentes et des courbes de petits rayons, susceptibles d'être exploitées avec des machines puissantes et à roues accouplées. Aussi, dès que la possibilité a été reconnue de faire avec ces locomotives un service régulier sur les fortes pentes, les progrès dans ce mode d'exploitation ont été rapides, comme on peut le voir par le tableau ci-dessous, qui indique l'ordre chronologique de cette marche à partir de 1840 :

DÉSIGNATION des lignes et de l'époque de l'exploitation au moyen de locomotives.	ÉVALUATION des pentes en millimètres par mètre courant.	LONGUEUR des pentes.	RAYONS des plus petites courbes
	millimètres.	kilomèt.	mètres.
Baltimore-Ohio (Amérique). . . . 1840	1 : 64 = 15	7	300
Baltimore-York (Amérique). . . . 1840	1 : 63 = 16	6	200
Birmingham-Gloucester (Angleterre). . . . 1840	1 : 37.5 = 27	4	300
West-Greenbush (Amérique). . . . 1841	1 : 60 = 17	7	140
Springfield-Stockbridge (Amérique). . . . 1842	1 : 66 = 15	10	140
Hazleton (Amériq.). 1843	1 : 37.5 = 27	3	150
Brunswick-Harzbourg (Allemagne). . . . 1844	1 : 46 = 21	1	1000
Saxe-Silésie. 1845	1 : 55 = 18	2	400
Baltimore-Ohio (embranchement). 1846	1 : 40 = 25	8	170
Andrezieux-Roanne. 1846	1 : 34.5 = 29	3	300
London-Croydon. . 1847	1 : 50 = 20	8	260
Bavière-Saxe. . . . 1848	1 : 40 = 25	7	450
Wurtemberg. . . . 1850	1 : 45 = 22	6	225
Semmering. 1854	1 : 40 = 25	5	180

Posons maintenant le problème du franchissement des montagnes par les chemins de fer.

Considérée sous le point de vue technique, cette question se présente sous trois aspects : de l'emploi des machines fixes, du système atmosphérique, et des locomotives à roues accouplées.

Remorquer de lourdes charges sur des plans inclinés, chaque machine à vapeur fixe peut le faire d'une manière illimitée; tourner dans de petites courbes, comme un cheval dans un manége, de manière que la locomotive touche le dernier vagon, tel est le spectacle très-curieux que les Parisiens se donnent dans la gare du chemin de Sceaux, à la barrière d'Enfer; mais, tourner ainsi et gravir en même temps de fortes pentes, tel est le problème à résoudre.

Ce n'est pas le système atmosphérique ni les machines fixes qui paraissent répondre à la question; la tendance actuelle est d'obtenir une exploitation régulière au moyen de locomotives, dont dépend la possibilité de franchir des montagnes par les chemins de fer dans les limites économiques.

Toutes ces considérations se rattachent à celles de l'établissement des chemins de fer à bon marché; car, en définitive, ces inclinaisons et leurs courbes pourraient être évitées par un développement de l'axe du chemin; mais cela ne serait plus admissible dans les cas où l'exploitation ne rapporterait plus les intérêts du capital de construction.

Il n'y a jamais eu de règle précise dans la détermination de ces limites. En France on fixait, il y a quelques années, dans les cahiers des charges, des rayons ordinaires de 1,000 mètres et, dans des cas exceptionnels, de 800 mètres avec des pentes de $0^{m}.005$ par mètre. Actuellement on est descendu jusqu'aux rayons de 350 mètres avec une inclinaison de 10 et 15 millimètres par mètre courant. Dans ces conditions, le matériel rigide peut être employé sans inconvénient, ce qui n'a plus lieu, quand une fois les limites des courbes doivent être dépassées.

Le problème de l'exploitation des plans inclinés au moyen de locomotives est très-simple en apparence, mais il présente dans sa solution de nombreuses difficultés; les fortes pentes impliquent presque toujours de petites courbes qui augmentent la résistance de traction en raison inverse du rayon. Cette résistance a trois causes :

1° La force centrifuge qui presse le rebord des roues contre les rails extérieurs;

2° L'inégalité du chemin que deux roues fixées invariablement à un seul essieu ont à parcourir;

3° Enfin, le parallélisme de deux ou plusieurs essieux attachés à un même châssis, et qui les empêche d'être placés dans la direction normale du mouvement.

Les effets de la force centrifuge peuvent être annulés par la surélévation du rail extérieur.

La deuxième cause peut être atténuée par le jeu de la voie et la conicité des roues, mais la conicité des bandages se perd après un certain usage. Il est donc nécessaire de mettre les roues sur le tour pour leur rendre le profil primitif.

Enfin, la troisième cause, le parallélisme des essieux, dépend de leur distance entre eux; il atteint son maximum d'effet dans les voitures à quatre roues dont les essieux ont un grand écartement. Aussi, dans les voitures américaines, les essieux porteurs attachés à un train mobile tournent autour d'une cheville ouvrière et suivent ainsi la courbure de la voie. Mais ces machines n'ont d'autre adhérence que celle des deux roues motrices.

Tels sont les obstacles, abstraction faite de l'absence de puissance de traction, qu'on a cherché à vaincre par le système articulé.

§ 2. *Le système articulé.*

Jusqu'à présent, on n'a fait sur les railways français qu'une seule tentative pratique par les voitures articulées de M. Arnoux, sur le chemin de fer de Paris à Sceaux. Les caisses sont supportées par un train mobile, comme l'avant-train des voitures ordinaires; la locomotive et la première voiture sont guidées par quatre petites roues inclinées, ou galets directeurs, qui s'appuient contre les joues intérieures des rails.

Ces trains articulés, en usage depuis dix ans, seront-ils applicables aux lignes à grand trafic et à grande vitesse? C'est là une question que le temps seul pourra résoudre.

A la première vue, il semble qu'on peut réaliser de grandes économies par l'adoption de ces voitures, qui circulent dans des rayons de 50 à 60 mètres.

Le système de l'articulation n'a pas encore donné lieu à des accidents; il paraît même offrir des moyens préservatifs; car dans cette rencontre inexplicable de deux locomotives qui a eu lieu dernièrement sur le chemin de Sceaux, il ne s'est produit qu'un choc sans déraillement. Il est possible que ce soient les galets directeurs qui aient maintenu les voitures dans la voie. Ce serait, — soit dit en passant, — un point à indiquer aux investigations des inventeurs. Les galets directeurs peuvent-ils dans le matériel rigide éviter le déraillement, et quel serait dans ce cas leur mode d'application?

Quant aux grandes lignes, celle du Nord est la première qui ait fait des essais à cet égard; on a intercalé un train articulé dans les convois ordinaires, et on n'y a remarqué aucun inconvénient, même avec des vitesses de 80 kilomètres à l'heure.

Si cette expérience n'est pas défavorable au système articulé, elle ne prouve pas non plus qu'il y ait avantage à remplacer le matériel rigide existant par le matériel mobile. En tout cas, les tentatives faites pour arriver à une circulation mixte seraient sans objet ; car il est inutile de chercher à employer le matériel articulé sur les grandes courbes ; d'un autre côté, le matériel rigide ne peut pas être employé sur les chemins dont le tracé est établi pour recevoir le matériel articulé. En outre, la question ne serait encore résolue qu'à moitié, attendu que les locomotives articulées du système actuel ne permettent pas l'accouplement au moyen de bielles ; sur le chemin de fer de Sceaux, on n'a employé qu'une seule paire de roues motrices. Ce manque d'adhérence des locomotives, qui est un obstacle sur les chemins à grand trafic, n'en est pas un sur la ligne de Sceaux, sur laquelle le mouvement des voyageurs est très-restreint, et celui des marchandises presque nul ; par conséquent, les rampes de 0m.011 par mètre peuvent être franchies sans qu'on se trouve dans l'obligation de donner à la machine un poids excessif. — Le seul avantage obtenu jusqu'à présent, en dehors de la facilité du tracé, se résume dans une économie des frais d'entretien des bandages des roues, laquelle peut être balancée par un surcroît de dépenses des pièces mobiles.

Il reste donc à approprier le matériel articulé aux chemins à grand trafic et à grande vitesse. M. Arnoux arrive à ce but, quant aux vagons, en adoptant quelques modifications qui consistent à transporter au-dessus des ressorts le système destiné à former la liaison et la convergence du train.

En second lieu, pour appliquer le principe de l'articulation aux locomotives, en leur donnant la flexibilité et l'adhérence nécessaires, on a imaginé de rendre les roues et les essieux moteurs d'un côté de la machine indépendants des roues du côté opposé ; ainsi chaque roue, et non plus chaque paire de roues, a son essieu indépendant, quoique fixe avec la roue. Les essieux moteurs d'un même côté sont accouplés et mis en mouvement par deux cylindres, l'un intérieur, l'autre extérieur, agissant sur des manivelles à angle droit pour chaque roue motrice. Cette dernière disposition a été prise pour éviter la co-existence de deux points morts qui rendraient le démarrage des trains impossible sans secours extérieur.

C'est d'après ces données que la Compagnie d'Orsay a fait étudier et exécuter un modèle de locomotive.

Cette machine est à cylindres et à châssis extérieurs et intérieurs ; elle est à huit roues, dont les quatre intermédiaires sont adhérentes sans boudins et cylindriques, et les quatre extrêmes directrices, c'est-à-dire folles sur leurs essieux fixes, convergents au moyen de galets directeurs. — Pour utiliser la plus grande partie du poids dans l'adhérence, on a encore choisi les bielles rigides comme seul moyen pratique d'accoupler les roues. Le but qu'on s'est proposé est d'éviter les efforts perturbateurs de la marche et la perte si considérable d'adhérence et de puissance effective ; — perte qui est, dans toutes les machines ordinaires, le fait de la fixation de deux roues sur un même essieu.

Examinons maintenant ce qui a été fait à ce sujet chez les étrangers, et prenons pour exemple, le chemin du Wurtemberg et le fameux *Semmring*, en Autriche.

§ 3. *Le chemin du Wurtemberg dans le système américain.*

Le tracé de la ligne de fer du Wurtemberg, dans sa partie appelée chemin de l'Alp, comprend plusieurs courbes d'un rayon minimum de 225 mètres, avec des pentes de 22 millimètres par mètre sur une longueur de six kilomètres. On arrive au pied de cette rampe par un palier de 500 mètres, qui est précédé d'une inclinaison de 10 millimètres par mètre. L'entrée de la ville d'Ulm est précédée également par une forte pente de 14 millimètres, mais dont le service n'exige pas des dispositions spéciales.

Des précautions toutes particulières sont prises pour l'établissement et l'entretien de la voie, tant pour faciliter la circulation que pour éviter les déraillements qui auraient les suites les plus désastreuses dans ces pentes, dont les tracés contournent les montagnes au-dessus des abîmes.

La voie se compose de ballast en pierres concassées, et de traverses sur lesquelles sont cloués des rails américains d'un poids de 34 kilogrammes par mètre courant, d'une longueur de 7 mètres, et portés par sept traverses. Comme la surface supérieure est entièrement plate, on lui a donné, au moyen d'une entaille dans le bois, une inclinaison qui correspond à la conicité des jantes; elle est d'un vingtième de la base. Les rails sont attachés aux points de jonction au moyen de plaques vissées.

Voici maintenant quelques détails sur le matériel roulant :

La différence entre l'exploitation des parties horizontales et des fortes pentes consiste dans l'emploi de machines de renfort qui traînent les convois jusqu'au sommet de la rampe, puis retournent à leur station.

Ces machines rigides, qui offrent plusieurs particularités dignes de remarque, sont à cylindres extérieurs et à six roues accouplées; elles ont quelque analogie avec la machine l'*Antée*, du chemin de Saint-Germain; les roues motrices sont massives en fonte. Par suite de cette dernière disposition, l'adhérence de la machine est augmentée; les ressorts sont moins chargés, et le centre de gravité est placé le plus bas possible; les bandages sont en fer forgé.

La pression absolue de la vapeur dans la chaudière est de sept atmosphères. Le chargement ordinaire est de cent tonnes, avec une vitesse de vingt et un kilomètres à l'heure. Le poids remorqué atteint souvent cent vingt tonnes. La montée totale est franchie en dix-huit minutes.

Pour donner aux roues motrices de la prise sur les rails, on y verse constamment du sable; mais en augmentant le frottement pour les roues motrices, on l'augmente aussi pour les roues des vagons.

Ces machines ont généralement une marche douce et régulière; cependant dans les petites courbes le frottement est très-considérable, et ce n'est qu'en conduisant avec beaucoup d'attention qu'on parvient à écarter les dangers inhérents à l'exploitation des plans inclinés. (Voir l'Atlas, planche XIII.)

Les chemins wurtembergeois emploient le matériel américain, qui exclut des vitesses de marche au-delà de quarante kilomètres à l'heure, et ce qu'ils ont gagné par la facilité du tracé, ils l'ont perdu par le manque de rapidité du trajet.

Il ne resterait donc plus qu'à discuter les résultats économiques d'un pareil système, et à montrer pour un trafic déterminé, en faisant des projets comparatifs, quelle serait l'augmentation dans les frais d'exploitation qui correspondrait à l'économie obtenue sur les dépenses d'établissement d'un tracé que l'on aurait pu rendre moins accidenté en dépensant un plus fort capital. Cet examen rentrerait dans le service d'exploitation.

Il résulte de ce qui précède, qu'un chemin de fer avec des pentes de 22 millimètres par mètre se trouve exploité d'une manière régulière au moyen de locomotives, et dans des conditions telles, qu'en France l'application de ce système sur une vaste échelle, et même comme règle générale, pourra avoir lieu désormais si on veut sacrifier la vitesse de marche.

J'ai visité ce railway en 1852; à cette époque, il était déjà livré en entier à la circulation, et celle du Semmring commençait sur la première section.

§ 4. *Passage des Alpes noriques.*

Le chemin de fer de l'Etat du Sud, en Autriche, rencontre dans son passage à travers les Alpes noriques, près des frontières de la Hongrie, une montagne appelée le Semmring, dont le tracé, sur une longueur de 43 kilomètres, fut exécuté avant qu'on eût pris un parti sur le mode de l'exploitation qui devait avoir lieu dans les conditions atmosphériques les plus défavorables.

La plus forte dépression du col de la montagne est à 1000 mètres au-dessus du niveau de la mer, et à 500 mètres au-dessus de la vallée. Le point de partage se trouve dans un tunnel de près de 2 kilomètres de longueur. (Voir l'Atlas, planche XV, fig. 5.)

Les pentes sont de 25 millimètres par mètre courant, moitié de celles adoptées comme maximum ordinaire dans nos routes empierrées. Les plus fortes courbes horizontales sont de 190 mètres de rayon, les courbes en pente sont au-dessus de 300 mètres de rayon.

Les viaducs sont au nombre de vingt-deux ; les tunnels sont en courbe sur une étendue totale de 7 kilomètres.

Quant à la voie du Semmring, on y a appliqué également le rail de Vignoles, de 0,11 de hauteur, de 6 mètres de longueur, et d'un poids de 38 kilogrammes par mètre courant. Ces rails sont placés sur des traverses qui sont, à leur tour, supportées par des longuerines ; généralement c'était l'inverse qu'on faisait. Ces deux pièces de bois sont attachées par des cornières en fer forgé. Aux points de jonction, les rails reposent sur des plateaux et sont fixés avec des plaques vissées, de 0m.32 de longueur ; des crampons les tiennent aux points intermédiaires.

Les supports des rails se composent de longrines de 5m.50 de longueur, 0m.31 de largeur et de 0m.21 de hauteur ; elles supportent les traverses de 2m.28 de longueur sur 0m.30 de largeur et 0m.16 de hauteur.

Le ballastage est le résultat d'un véritable travail de maçonnerie ; sur une fondation est jeté le ballast, composé de gravier ou de pierres concassées. Le ballast a une épaisseur de 1 mètre; la couche inférieure, de 0m.30, forme une chaussée ordinaire comprimée au moyen du rouleau.

Le gouvernement d'Autriche avait ouvert, en 1850, un concours pour la fourniture, au prix de vingt mille ducats (237,000 fr.), d'une locomotive destinée à gravir ces fortes rampes. Pour remplir les conditions du programme, il fallait franchir les courbes avec une vitesse de 30 kilomètres sans chargement, ou remorquer un poids de 140 tonnes avec une vitesse de 12 kilomètres à l'heure.

La première solution est généralement connue : quatre machines, d'une forme extraordinaire, ont été le résultat de ces recherches. L'une d'elles, *la Bavaria*, a reçu le prix : les trois autres ont été achetées aux frais de l'administration.

On a reconnu, depuis, que ces quatre locomotives n'ont pas répondu à l'attente; les voyages qui ont eu lieu lors du concours, ainsi que ceux faits ultérieurement avec la machine *Bavaria*, n'ont pas fourni des preuves suffisantes à l'appui de ce nouveau système. La chaîne, pièce principale du mécanisme, qui établit la communication entre toutes les roues, s'est rompue. Quant aux trois autres machines, elles ont été mises hors d'état en peu de temps.

Quoique ce concours ait fait faire un grand progrès à la mécanique pratique, par l'invention de plusieurs détails importants, le gouvernement s'est trouvé néanmoins au point de départ pour l'exploitation de son chemin de fer; mais, avant d'abandonner cette machine, il a entrepris de nouvelles expériences dont nous rendrons compte, après avoir jeté un coup-d'œil sur ces premières tentatives.

§ 5. *Les Locomotives du Semmring.*

Machine Bavaria. (N° 1.)

La figure n° 1 (voir l'Atlas, planche XV) représente la projection verticale. L'accouplement des essieux au moyen de chaînes, par lequel cette machine s'est distinguée, n'est pas une nouvelle invention ; cette disposition a déjà été proposée, vers 1812, en Angleterre, et exécutée, en 1814, par Stephenson.

Ce qu'il y a de véritablement nouveau dans ce mécanisme, c'est l'accouplement des essieux de la locomotive avec ceux du tender ; outre les quatre roues motrices, les quatre roues menantes et les six roues du tender, au total, les quatorze roues servent à l'adhérence sur les rails. Pour arriver à ce dernier but, on a adapté aux deux essieux des roues motrices, et à l'essieu de devant du tender, des roues dentées sur lesquelles passent des chaînes sans fin. Pendant les voyages d'essai ces chaînes ne se sont nullement dérangées dans leurs articulations ; après ces courses on n'a remarqué qu'une usure très-faible et un courbement de quelques boulons. En supprimant même la deuxième chaîne, celle qui accouple les roues de la locomotive et du tender, on reste encore dans les limites du programme.

Le développement inusité de la surface de chauffe de la chaudière, l'agrandissement de la boîte à feu, les dispositions avantageuses des armatures, enfin la parfaite exécution de tous les détails, méritent, à juste titre, de fixer l'attention des constructeurs.

Locomotive Neustadt. (N° 2.)

Ce qu'il y a de remarquable dans cette machine, représentée par le dessin n° 2, c'est sa flexibilité : placée sur deux châssis mobiles, elle remplit toutes les conditions nécessa res pour franchir avec aisance les courbes à petit rayon. L chaudière, le long de laquelle se trouve l'eau, a une longueu de près de 7 mètres. La longueur des tubes, qui est de 6m.5 peut être considérée comme dernière limite de cette dimen sion. Les courses d'essai n'ont pas donné lieu, quant à pr sent, d'adopter une diminution de cette longueur. Chaqu châssis possède deux cylindres et quatre roues accouplées: cette locomotive peut donc être considérée comme compos de deux machines à quatre roues, sous une seule et mêm chaudière. L'eau se trouve dans un réservoir le long de chaudière, et le combustible sur une plate-forme, derrièr la place destinée au mécanicien.

Locomotive Seraing. (N° 3.)

La construction de cette machine est copiée sur cell brevetée en Prusse sous le titre de locomotive double. Il n' a donc rien de nouveau dans le travail présenté par les Bel ges. Le nom de locomotive double explique du reste par faitement le système de ce mécanisme; ainsi que le dessi n° 3 le fait voir, cette machine se compose de deux loco motives à quatre roues réunies à l'endroit des boîtes à feu de façon que l'espace qui renferme l'eau entre les boîtes e cuivre est commun aux deux machines.

Machine Vindobona. (N° 4.)

Enfin la quatrième locomotive, fabriquée en Autriche, res semble à nos machines à marchandises, et ne se prête nul lement au passage des courbes, quoique sa chaudière soi très-courte.

La nouvelle invention appliquée à cette locomotive (dessi n° 4) consiste dans un frein à air comprimé.

Cette machine n'avait primitivement que six roues, don quatre roues devant et deux roues derrière la boîte à feu

Deux autres roues ont été ajoutées ultérieurement, pour répartir le poids total sur un plus grand nombre de points d'appui.

Pour pouvoir se rendre un compte exact de la valeur de ces systèmes, on a procédé à des expériences comparatives avec des machines ordinaires.

§ 6. *Expériences comparatives.*

La machine qui a servi de terme de comparaison appartient à la catégorie des puissantes locomotives en usage sur les chemins de fer de l'État en Autriche. Elle est à huit roues et construite d'après le système américain ; les quatre roues motrices sont accouplées ; les quatre roues menantes sont adaptées à un châssis mobile. Ses cylindres sont extérieurs et marchent à une pression moyenne de cinq atmosphères.

Voici les principales dimensions de cette machine (nº 5) :

Surface de chauffe.	90 mètres carrés.
Nombre des tubes bouilleurs. . .	140
Longueur de ces tubes.	$4^{m}.05$
Diamètre des cylindres.	$0^{m}.43$
Course de piston.	$0^{m}.66$

Cinq courses ont été faites avec cette machine (d'un poids de 26,40 tonnes, dont 20 pour l'adhérence sur les rails); elles ont donné les chiffres suivants :

Longueur parcourue, 6,400 mètres dans des courbes de 200 mètres de rayon et dans des pentes de $0.^{m}25$ par mètre.

Chargement sans tender, en tonnes.	Vitesse moyenne en kilomètres.	Combustible consommé dans le voyage, en kilogrammes.	Moment dynamique.
69.50	17.20	476	1195.40
68.50	17.50	364	1195.30
68.30	17.60	448	1202.10
67.70	18.80	420	1272.60
86.80	10.20	616	875.40

Le maximum du moment dynamique, abstraction faite de la consommation de combustible, est donc de 1,273 tonnes.

Moments dynamiques comparés.

Dans le résumé ci-dessous nous avons classé les quatre locomotives d'après leur puissance :

	Poids de la machine. tonnes.	Chargement. tonnes.	Vitesse moyenne. kilomètres.	Moment dynamique.
Bavaria. .	68.30	160.00	16.60	2.659
Neustadt. .	61 00	142.00	16.10	2.286
Seraing. .	56.00	141.00	15.70	2.213
N° 5. . . .	26.00	67.70	18.80	1.273

Nous ferons observer que, dans les deux premières machines, le tender accouplé a servi à l'adhérence sur les rails, et que le N° 5 a marché avec une pression moindre; la différence a été de deux atmosphères.

Maintenant, si nous prenons ces circonstances en considération, nous pouvons établir avec quelque assurance la proportion suivante : « Les moments mécaniques des locomoti-» ves peuvent être proportionnels aux poids absolus de ces » machines. »

Quant à la proportionnalité des moments relativement à la consommation du combustible, un rapport, même approximatif, ne pourra pas être établi.

Après ces essais, la Commission a formulé son avis de la façon suivante :

Quant à la *Bavaria*, elle croit que l'effet de cette machine est dû à l'accouplement de toutes les roues; elle doute cependant de la solidité des chaînes et propose d'en augmenter les dimensions.

La Commission n'a aucune raison pour se prononcer contre

la longueur extraordinaire des tubes bouilleurs de la *Neustadt*; elle croit devoir proposer des châssis plus mobiles.

La disposition de la chaudière de la locomotive *Seraing* ne paraît pas très-convenable ; le chauffage et d'autres opérations y sont fort incommodes. La chaudière a du reste une surface de chauffe trop petite. Il a paru aussi que le mécanisme, serré entre les deux moitiés de locomotives, ne peut pas être approché facilement.

Les changements qui, lors de l'ouverture du concours, ont été introduits dans la locomotive *Vindobona*, l'ont rendue apte au remorquage des trains. Cependant on se prononce contre les chaudières de forme ovale; et on propose en outre des roues d'un diamètre plus fort.

Le gouvernement s'est donc trouvé au point de départ pour l'exploitation de ses chemins de fer; mais il a pu établir, pour être suivi dans les projets ultérieurs, les principes que voici :

1° La charge de la machine ne doit pas dépasser sept tonnes par roue;

2° Le poids total de la locomotive et du tender doit servir à l'adhérence ;

3° Les roues doivent être adaptées à des châssis mobiles;

4° La conicité des jantes doit être dans le rapport de 1 à 7 ;

5° Deux cylindres doivent être préférés à quatre cylindres.

Conclusions au sujet des expériences comparatives.

Deux grands intérêts s'attachent à ces locomotives : le passage des Alpes par le moyen d'un chemin de fer, et le progrès dans la science mécanique appliquée.

Pour la traversée du Semmring, on avait en vue des convois de marchandises (d'un poids de 140 tonnes avec une vitesse de 12 kilomètres à l'heure; ce qui représente un moment dynamique de 1,680 tonnes). Les nouvelles machines ont toutes dépassé ce moment; elles sont trop puissantes, surtout la Bavaria, relativement aux exigences d'une exploitation facile; car ce développement de force ne peut avoir lieu qu'au détriment de la voie.

A ce sujet on a manifesté l'opinion qu'il serait plus simple de se servir de deux ou trois petites locomotives que d'une seule grande machine; cela paraît assez plausible et naturel, cependant il n'en est pas ainsi dans l'exploitation. Une petite machine remorque les convois jusqu'au pied de la montagne, qui ne pourra être franchie que par trois de ces mêmes locomotives. Par suite des influences atmosphériques, en hiver on a souvent besoin de deux machines, il en faudrait donc six pour la montée, à moins qu'on ne dédouble les convois, ce qui demanderait des manœuvres qui ne seraient plus justifiables, du moment qu'on peut se procurer des locomotives qui, avec un poids double de celui des machines ordinaires, remorquent une charge triple et n'exigent pour leur service ni une augmentation de personnel, ni un surcroît de combustible.

§ 7. *Expériences définitives avec la chaîne de connexion.*

Deux années s'étaient écoulées depuis ce concours, et on avait reconnu que ces locomotives n'ont pas répondu à l'attente. Après avoir écarté les trois machines, qui avaient été mises hors d'état en fort peu de temps, on s'était décidé à faire des expériences définitives avec la chaîne de connexion, qui s'est constamment fléchie et allongée, a usé les dents de la roue et s'est usée elle-même. Rompue à plusieurs reprises, elle est finalement restée sur place, malgré toutes les précautions qui avaient été ordonnées par un ingénieur en chef chargé spécialement de la conduite de ce mécanisme.

On sait que cette chaîne est une ancienne invention qu'on vient de reproduire; comme cela peut se présenter encore une fois — car souvent on revient à des idées abandonnées, — il n'est peut-être pas inutile de relater en détail les circonstances qui ont accompagné ces expériences.

Ces essais ont eu lieu avec une chaîne plus forte et dans les conditions suivantes :

« Les vagons remorqués à huit roues et à châssis mobiles, étaient chargés de 60 rails, d'un poids de 11 tonnes par vagon.

» Les voyages continuaient chaque fois aussi longtemps que l'état de la machine le permettait.

» Les trajets avaient lieu sur une longueur de 14 kilomètres et avec un nombre de vagons correspondant à une vitesse moyenne de 23 kilomètres à l'heure.

» Pour ne pas perdre de temps, la machine n'était pas retournée ; elle marchait tender en avant à la descente.

» La vitesse maxima ne dépassait pas 30 kilomètres à l'heure.

» Avant chaque tournée, la machine était visitée dans tous ses détails ; la chaîne, surtout, a été l'ojet d'une surveillance toute spéciale. »

Comme il ne s'agissait en définitive que d'éprouver la chaîne, on n'a pas tenu compte de la dépense de combustible, mais on a noté exactement les charges, vitesses, distances parcourues, ainsi que l'état de toutes les pièces du mécanisme. Les résultats obtenus avec dix vagons, d'un poids brut de 180 tonnes, peuvent se résumer ainsi :

1° Pour premier essai, la locomotive a parcouru 28 kilomètres sur des pentes de 1 centimètre par mètre, avec un chargement de 123 tonnes. Malgré les soins dont la chaîne n'a cessé d'être l'objet, les doubles écrous se sont relâchés, et plusieurs se sont perdus en route. Ce même fait s'était produit pendant le concours. Il en est résulté qu'après chaque voyage l'état de la chaîne a dû être vérifié et les écrous des boulons ont dû être resserrés. On a fait faire immédiatement 50 boulons de réserve.

2° Dans le second voyage, le chargement a été de 144 tonnes, réparti sur huit voitures. La pluie qui tombait ce jour-là a produit le patinage des roues. Sur une pente de 0m.025 par mètre, et dans une courbe de 200 mètres de rayon, il a fallu s'arrêter; la chaîne s'est détachée de la roue d'engrenage et est tombée, complètement détériorée, sur les essieux.

On a fait en même temps l'observation qu'il était très-difficile de donner à la chaîne la tension voulue; trop longue, elle ballotte; trop courte, elle empêche la rotation de l'avant-train et elle court risque de se briser. Le jeu des boulons s'est trouvé de 0m.05 en totalité; cinq boulons se sont courbés. Des réparations ont été faites immédiatement et on a procédé au troisième voyage.

3° La distance parcourue a été de 100 kilomètres; les voitures se sont trouvées au nombre de huit, le poids a été de 144 tonnes, et la vitesse de 22 kilomètres à l'heure. La chaîne a encore glissé. La machine ayant également eu besoin de réparations, les voyages ont dû être interrompus pendant six jours.

4° La machine de nouveau remise en état, les essais ont été poursuivis : le chargement a été de 7, 10 et 14 vagons; la vitesse a varié de 15 à 22 kilomètres. Ce jour-là la chaîne s'est maintenue.

5° Les conditions de ce trajet sont restées les mêmes que celles de la veille. Il a fallu s'arrêter en route; deux boulons de la chaîne se sont perdus.

6° Le mauvais temps a produit le patinage des roues; en outre, le cylindre a heurté une grosse pierre, tombée des talus sur la voie. Par suite de cet accident, la marche s'est trouvée interrompue.

7° Dans ce voyage-ci, les rails, quoique couverts de glace, n'ont pas produit de patinage. Deux écrous de la chaîne du tender se sont perdus.

8° Le train se composait de six vagons. Dans une grande

courbe, et sur une faible pente, la chaîne s'est brisée; au moment de cette rupture la vapeur s'est trouvée à une faible pression; la locomotive avait acquis un fort balancement pendant lequel la chaîne, déjà allongée depuis les derniers voyages, s'est balancée à son tour et est montée probablement sur les dents de l'engrenage; elle a dû se rompre à la suite d'une forte tension; on l'a retrouvée entre les rails, à une distance de 20 mètres de l'endroit où la machine s'est arrêtée.

9° Pour pousser ces essais jusqu'à leur dernière limite, on a réparé la chaîne encore une fois. Elle s'est rompue de nouveau, et elle est tombée sur les rails dans les mêmes circonstances que précédemment. Ces ruptures ont eu lieu chaque fois que la machine allait tender en avant.

La machine elle-même a souffert, et les voyages ont dû cesser.

Le trajet total que *la Bavaria* a parcouru est de 1,287 kilomètres. Il est à remarquer que dans ces essais cette chaîne, surveillée d'une manière toute spéciale, n'a pas pu être maintenue en état. Cependant, pour pouvoir se prononcer d'une manière absolue sur ce système, on a procédé encore une fois à des réparations, en y introduisant plusieurs perfectionnements; on a remplacé les dents de l'engrenage par des dents pointues en forme de cône; on a employé des boulons en acier; on a arrondi les chaînons pour faciliter l'attaque des dents, enfin on a mis à la place des chaînons à trous ovales, des chaînons à trous circulaires.

Il n'est pas nécessaire de relater tous les faits de ces nouvelles expériences. Il suffit de dire, que pendant les treize jours que ces voyages ont duré, la chaîne s'est constamment fléchie et allongée, et ses boulons ont tellement été usés qu'elle a encore été mise hors de service; réparée de nouveau, elle a usé les dents de la roue, qui sont tombées à leur tour. Alternativement déchirée et réparée, cette malheureuse chaîne n'a plus résisté pendant les derniers voyages. Par surcroît de malheur, la pluie est tombée en telle abondance que les roues n'ont cessé de patiner et qu'il a fallu s'en retourner. Enfin, un dernier voyage eut encore lieu ; cette fois, c'est la chaîne du tender qui s'est brisée, et les essais ont été considérés comme terminés définitivement.

Faut-il ainsi renoncer à cette espèce d'accouplement ? telle est la question qui se présente naturellement à l'esprit. Les expériences précédentes ne parlent certes pas en faveur de ce système. Il est vrai, toutefois, que les boulons ont toujours été de trop faible dimension, comme, du reste, on l'a déjà reconnu lors du concours ; mais, d'un autre côté, il ne serait pas possible de reporter sur plusieurs machines ces mêmes soins et cette surveillance aussi minutieuse : un ingénieur, grand partisan de cette chaîne de connexion (je copie le procès-verbal), était chargé spécialement de la conduire ; on lui avait adjoint le meilleur mécanicien, quatre chauffeurs et deux ouvriers ajusteurs, et, malgré cet excès de précautions, on n'a pas pu maintenir la machine en état de viabilité pendant plus de huit jours. La chaîne du tender n'a pas fait défaut aussi souvent que celle de la locomotive ; mais cependant, sans donner lieu à un accident grave, elle a endommagé fortement, lors de sa rupture, son tender.

Ainsi, en résumant ce qui vient d'être dit au sujet de la difficulté de tenir la chaîne dans une position normale et de l'impossibilité d'éviter l'allongement, il paraîtrait qu'il serait prudent d'y renoncer, quant à présent du moins. Dans cette locomotive *Bavaria* d'autres défauts se sont encore fait jour : pour la conduire dans les petites courbes, il a fallu laisser un jeu de 3 centimètres dans les coussinets ; ce jeu a augmenté à un point que les bielles d'accouplement ont touché de près les roues et ont produit un frottement qui a entraîné de nombreux inconvénients qu'on n'a pu diminuer qu'en donnant un septième de conicité aux jantes. Quant aux fortes inclinaisons, elles n'ont pas pu être franchies avec six vagons pendant la pluie.

Mais, avant de parler du parti définitif qu'on a pris pour sortir de ces embarras, disons quelques mots des nouveaux projets qui ont été présentés, pour substituer à la chaîne un système plus pratique.

§ 8. *Projets de machines présentés au gouvernement d'Autriche.*

Les expériences avec les machines du concours dont je viens de parler ont eu un grand retentissement dans le monde scientifique, et elles ont éveillé l'attention de tous les ingénieurs, mis encore une fois en demeure de s'expliquer sur la possibilité du passage des montagnes au moyen de chemins de fer.

De tous les pays, les constructeurs et les inventeurs ont envoyé leurs plans à Vienne : des doubles locomotives à six roues accouplées, des machines à châssis mobile et à essieux moteurs fixes accouplés au moyen de bielles, des locomotives à huit roues dont quatre roues motrices, des machines-tenders avec chaînes, des machines à roues horizontales pour embrasser un troisième rail placé au centre de la voie, enfin des locomotives à douze roues, forment le résultat de ce travail.

Aucun de ces plans n'a paru exécutable, car aucun n'est sorti de ce cercle vicieux de l'accouplement des roues au moyen de bielles rigides dont l'emploi est incompatible avec le passage des courbes, où la bielle extérieure doit s'allonger quand la bielle intérieure se raccourcit, ce qui est impossible. Il faudra donc donner beaucoup de jeu, et en le réduisant aux dimensions voulues dans les courbes, il sera inadmissible dans les alignements droits.

Nos constructeurs sont, malheureusement, restés à peu près étrangers à ce concours : ils n'ont offert qu'un seul plan. Il peut néanmoins être utile de donner un exposé sommaire des principales dispositions projetées, afin de fournir quelques indications qui auront de l'intérêt pour l'établissement des chemins de fer à bon marché.

Ces projets sont au nombre de sept ; en voici une description sommaire :

Double locomotive-tender à six roues accouplées (projet présenté par le constructeur de la Bavaria). (1°)

Deux locomotives à six roues sont rapprochées par les boîtes à feu de manière que chacune puisse parcourir des courbes de 180 mètres de rayon. Pour charger les roues motrices, autant que possible, on a placé l'approvisionnement en eau et en combustible le long de la chaudière, des deux côtés ; les roues de chaque machine sont accouplées séparément au moyen de bielles ordinaires. Pour relier les deux locomotives entre elles, on a adapté devant chaque boîte à feu un essieu sans roues, avec une double manivelle dans son milieu. Ces essieux sont réunis au moyen de bielles et accouplés avec les essieux moteurs ; de cette manière, chacune des locomotives peut être employée séparément, et quand elles sont accouplées, leurs douze roues adhèrent aux rails.

Telles sont les dispositions principales de cette machine. Voici maintenant le défaut qui s'opposera à son exécution. L'accouplement des essieux libres avec des bielles n'est plus admissible pour le parcours des courbes, car ces essieux formeront entre eux un angle d'autant plus grand que le rayon de courbure sera petit ; la bielle extérieure devra, dans ce cas, s'allonger, et la bielle intérieure se raccourcir, ce qui ne peut se faire que dans la limite du jeu des coussinets, qui est insuffisant dans les courbes à rayon minimum ; d'un autre coté, en réduisant ce jeu aux dimensions voulues pour les courbes, il ne serait plus admissible, une fois rentré dans les alignements du chemin de fer. Maintenant, de deux choses l'une : ou l'on voudra maintenir l'accouplement, et dans ce cas on retombera encore dans la chaîne ; ou on n'appliquera pas cette dernière, et alors, au lieu d'une machine, on en aura deux accouplées au moyen de tendeurs, et le but sera manqué.

Je passe donc à la deuxième locomotive.

Machine à châssis mobile et à essieux moteurs fixes accouplés au moyen de bielles. (2°)

La même idée, celle de l'accouplement d'un train mobile avec les essieux moteurs au moyen de bielles, a été présentée dans ce projet avec plusieurs modifications. Dans ces plans, on a fixé la chaudière et le tender sur un cadre qui prend toute la longueur ; les deux essieux du milieu sont attachés au châssis ; les essieux extérieurs pivotent sur une cheville ; les essieux libres sont placés sur le tender et sur la chaudière ; de ces essieux descendent des bielles vers les roues motrices. Il est inutile d'entrer dans des détails : on voit de suite que la question n'a pas fait un pas de plus. Les bielles sont toujours sollicitées par les forces qui tendent à faire varier leurs longueurs et qui, agissant sur l'essieu libre, cherchent à le soulever et à l'abaisser alternativement ; ces forces se font jour dans les coussinets, car les bielles sont rigides, et en peu de temps ce système doit se disloquer. En un mot, la difficulté qui existe à trouver des bielles qui se raccourcissent ou s'allongent, suivant que les courbes parcourues sont concaves ou convexes, cette difficulté n'est que déplacée ; elle reste la même dans toute son intensité.

Locomotive à huit roues, avec quatre roues motrices. (3°)

Ce projet n'est autre qu'une machine américaine avec un avant-train mobile placé très en avant pour reporter la charge sur les roues motrices accouplées. Cette disposition suppose que la charge sur quatre roues soit suffisante pour l'adhérence ; elle suppose, en outre, comme précédemment, qu'un grand écartement soit admissible dans les petites courbes, ce qui a été reconnu comme inacceptable depuis la non-réussite des expériences faites sur le Semmering.

Locomotive à tender, avec deux essieux libres et chaîne. (4°)

Voici encore la chaîne de connexion qui revient comme élément indispensable de la transmission du mouvement. La chaudière et le tender sont placés sur un seul et même cadre ; deux trains mobiles supportent l'ensemble de la construction. Ce projet peut être considéré comme inexécutable, d'après ce qui a été dit au sujet de la chaîne.

Locomotive à six roues. (5°)

Deux propositions ont été faites pour les locomotives à six roues. Pour rapprocher ces roues dans les limites de la courbure maxima, il faut faire surplomber la chaudière, dont la longueur doit être proportionnellement très-grande, car elle exige une puissante vaporisation ; les roues du milieu sont placées contre les roues motrices ; la partie qui surplombe est de $2^{m}.55$. Il faudra encore faire suivre la machine d'un tender supplémentaire, car celui placé sur la machine est trop petit pour un trajet tant soit peu long. Cette machine a la même surface de chauffe que les machines ordinaires, qui ne traînent que 75 tonnes, tandis que les locomotives du Semmering doivent pouvoir remorquer 112 tonnes. Les trains ordinaires ne pourront donc être expédiés qu'avec deux, même trois de ces machines, dans la mauvaise saison, ce qui est contraire à la supposition. — La longueur de la machine est de $7^{m}.40$; les tubes bouilleurs ne sont pas assez longs, et la boîte à feu placée au tiers entre les roues est d'une forme trop incommode pour les réparations ; l'inconvénient de l'accouplement est encore le même que dans les cas précédents. Aussi la Commission chargée d'examiner ces projets s'est-elle prononcée définitivement contre les locomotives à six roues.

Machine à deux roues horizontales. (6°)

L'idée de cette machine, qui exige un troisième rail, n'est pas neuve. Le poids total de la locomotive devant servir pour l'adhérence diminue dans son action, en raison directe de l'augmentation de la pente. Il faut donc que la force motrice augmente avec cette pente, pour contrebalancer la pesanteur qui tend à faire reculer le train. Comme cette adhérence diminue dans les montées, on a eu recours à des machines excessivement puissantes et par conséquent très-lourdes, qui augmentent encore la charge à remorquer. Maintenant, pour ne pas dépasser les limites de la résistance de la voie de fer, on a réparti le poids total sur plusieurs roues motrices, dont l'écartement ne cadre plus avec les courbes.

Voilà les obstacles que l'on s'est proposé de vaincre au moyen de la nouvelle machine, qui n'agit pas seule : le poids du train sert également à l'adhérence ; on emploie dans ce but deux essieux perpendiculaires avec des roues horizontales qui embrassent un rail placé dans l'axe de la voie, et qui sont pressés par le poids des vagons au moyen d'un mécanisme très-simple. La pression contre ce rail augmente en même temps que l'inclinaison ; la composante normale de la pesanteur et le poids du train qui agit sur les roues horizontales deviennent le générateur de l'adhérence.

Cette machine peut se décrire en quelques mots : elle se compose de quatre cylindres, dont les deux placés extérieurement font marcher six roues accouplées qui portent le poids total de la machine, évalué à 40 tonnes ; les deux cylindres intérieurs agissent sur deux essieux verticaux coudés, à roues horizontales pressées par des leviers à ressorts, auxquels est attachée la chaîne du train et qui attirent les paliers inférieurs des essieux ; les paliers supérieurs sont également reliés au moyen de ressorts, pour favoriser le jeu. Le relâchement de ces roues horizontales à l'entrée des stations, dans le passage des aiguilles ou des parties horizontales, peut se faire par le mécanicien, qui détache la chaîne du ressort de traction et la place sur un crochet fixe.

Dans ce projet, on n'a eu en vue que l'adhérence, et on n'a pas pris de disposition pour les courbes; en outre, le rail du milieu demanderait un système de voie autre que celui usité généralement.

Locomotives à huit et à douze roues. (7°)

Un plan d'une locomotive à huit roues a été envoyé à Vienne par un ingénieur de Paris. Dans ce projet, les essieux sont fixés au châssis de façon que leur position exacte dans les courbes devient impossible ; toutes les roues sont accouplées au moyen de bielles rigides ; l'adhérence est de 50 tonnes ; le tender se trouve sur la machine même. Cette conception a été rejetée, attendu qu'elle ne répond pas à la condition primitive qui implique la facilité dans le passage des courbes.

Dans un autre projet, présenté par le même constructeur, le poids total de la locomotive se trouve réparti, suivant les besoins, sur huit, dix ou douze roues fixées dans des châssis mobiles ; deux cylindres donnent le mouvement, qui est transmis avec une roue à engrenage aux deux trains au moyen de deux autres roues à engrenages. Cette transmission exige une grande exactitude dans la position des dents, ce qui n'a pas lieu dans les courbes; en outre, toute la force motrice agit sur une dent seule, qui casserait infailliblement. Du reste, la *Bavaria* a prouvé que ce système est inapplicable. Tel est l'avis de la Commission autrichienne, qui a rejeté également ce deuxième projet.

Résumé. — Aucun des plans précédents n'a paru exécutable, et, comme on a abandonné la chaîne de connexion, on a dû créer une nouvelle machine capable de servir d'une manière permanente dans l'exploitation, et dont nous allons nous occuper.

§ 9. *Locomotive-tender autrichienne, introduite en France.*

En profitant de l'expérience acquise et des nouvelles idées renfermées dans les projets présentés, on a imaginé une machine-tender dont le principe repose sur l'accouplement au moyen de roues dentées. La chaudière est portée sur six roues; les trois essieux moteurs sont très-rapprochés et accouplés avec des bielles. Les deux essieux de derrière, également accouplés, sont indépendants de l'avant-train. Les cylindres sont extérieurs; le poids total servant à l'adhérence est de trente-neuf tonnes; la liaison entre ces deux systèmes se fait au moyen de roues dentées en acier; placé entre le premier essieu de derrière et le dernier essieu de devant, cet accouplement peut se faire à volonté.

Ces machines, au nombre de 26, remorquent sur le *Semmring* depuis 1854, chacune 122 tonnes, avec une vitesse de 22 kilomètres à l'heure, sans accouplement, et 200 tonnes avec une vitesse de 20 kilomètres à l'heure, quand l'accouplement a lieu; elles marchent avec une pression de huit atmosphères.

Si on admet une si faible vitesse, il n'y a aucun doute que l'exploitation de ce chemin ne puisse se faire avec des machines ordinaires, comme du reste cela a eu lieu lors du transport des matériaux pour la construction de la voie. On a imaginé les locomotives spéciales pour faire le service au moindre prix possible. Comme en général on construit des machines d'une force particulière pour les express, pour les marchandises, il a paru naturel d'essayer une nouvelle forme. Ces machines-tenders offrent des avantages sous le rapport des frais d'établissement et d'entretien; elles n'ont que cinq essieux et dix roues : deux machines américaines ordinaires ont quatorze essieux et vingt-huit roues avec leurs tenders; c'est donc déjà un bénéfice de 64 0/0 sur le prix d'acquisition des roues. Les machines-tenders sont plus courtes, et comme chacune d'elles est appelée à remplacer deux autres locomotives, les remises pourront être plus petites, et le personnel des mécaniciens, des chauffeurs et des agents des ateliers, pourra être moins nombreux.

Tels sont, en quelques mots, les avantages de ce nouveau système, appelé en France système Engerth qui, jusqu'à présent, s'est maintenu en parfait état, et qui remplit toutes les conditions d'un service régulier.

Les détails à ce sujet sont importants, et je ne crois pas pouvoir mieux faire que de donner un extrait du cahier des charges imposées aux fabriques wurtembergeoises d'Essling et belges de Seraing, qui ont reçu des commandes considérables.

« *Effet de la machine.* — Les locomotives auront à remorquer une charge brute de 112 tonnes avec une vitesse de 15 kilomètres à l'heure (dans le principe, on avait fixé 140 tonnes à 11 kilomètres). La pression effective maxima sera de huit atmosphères.

» *Mécanisme principal.* — Les cylindres extérieurs horizontaux auront à faire mouvoir les six roues chargées de 39 tonnes en totalité. Les quatre roues de derrière seront placées dans l'intérieur du châssis à train mobile; le maximum de la charge sur une roue ne dépassera pas 6,25 tonnes; la force motrice n'agira pas sur les roues de derrière. La largeur maxima de la locomotive ne dépassera pas 2m.70; la machine sera à détente variable, d'après le système de Stephenson.

» *Roues.* — Les six roues motrices seront entièrement en

fer forgé ; leurs contre-poids seront en fonte et les tourillons en acier. Les quatre roues de derrière pourront être en fonte; leurs bandages cependant seront en fer forgé.

» *Essieux.*—L'espacement des essieux moteurs extérieurs sera de 2m.9; celui du train mobile, de 2m.40. Les essieux seront en fer forgé de la meilleure qualité ; les fusées ne seront pas tournées dans le corps de l'essieu, mais raccordées au moyen de congés.

» *Cadres, ressorts.* — Le poids de la chaudière sera reporté par des ressorts sur les boîtes à graisse. Les châssis, leurs entretoises et leurs armatures seront en fer forgé ; les plaques de garde seront en fer forgé et seront reliées entre elles de façon qu'une flexion devienne impossible.

» *Châssis mobile* — Ce châssis renfermera les deux essieux d'arrière : il formera un rectangle qui encadrera la boîte à feu, et sera fixé au moyen de cornières. Il pivotera sur une cheville-ouvrière de 0m.12 d'épaisseur et sera porté sur deux plateaux tournants en acier; la rotation devra se faire dans un angle de 2°. Le boulon et ses plateaux seront munis d'appareils de graissage à l'huile.

» *La chaudière* sera soumise à une pression effective de 16 atmosphères.

» *La boîte à feu* sera en cuivre d'une épaisseur de 0m.015; la distance des centres de boulons, d'un diamètre de 0m.027, sera de 0m.12 au maximum.

» *Les tubes bouilleurs* auront une longueur de 4m.50 et seront en laiton anglais de 0m.005 d'épaisseur; ils auront un diamètre extérieur de 0m.06.

» *La surface de chauffe* sera au minimum de 150 mètres carrés.

» *Le tender* aura le réservoir d'eau placé le long de la chaudière et contiendra 6m.45 cubes d'eau. A l'extrémité de la plate-forme sera placée une caisse pour renfermer le bois de chauffage ou le coke.

» *Les cylindres* seront extérieurs et horizontaux ; ils auront un diamètre de $0^{m}.54$ et une course de piston de $0^{m}.72$.

» *Freins.* — Le dernier essieu de la locomotive sera muni d'un frein à vis. »

Des essais ont eu lieu avec des machines récemment livrées. En voici le résultat :

Sur la partie difficile du Semmering, la nouvelle machine a remorqué, par un temps défavorable, six vagons à huit roues d'un poids de 105 tonnes, avec une vitesse de 15 kilomètres à l'heure.

Le deuxième essai comprenait sept vagons de 123 tonnes, avec une vitesse de 13 kilomètres à l'heure; ensuite, huit vagons de 140 tonnes avec une vitesse de 11 kilomètres.

Ces essais ont été répétés à plusieurs reprises et ont toujours fourni de bons résultats, qui sont le double de ceux que donne une locomotive à marchandises ordinaire.

L'exploitation avec une partie de ces machines s'est faite depuis le mois d'octobre 1853; au commencement de 1854 la ligne a été livrée entièrement pour le service des marchandises, et en juillet elle a été ouverte aux voyageurs.

Les machines qui n'ont pas leurs dix roues accouplées remorquent une charge de 122 tonnes avec une vitesse de 19 à 22 kilomètres à l'heure, et lorsqu'elles sont toutes accouplées elles remorquent 170 à 200 tonnes avec une vitesse de 15 à 20 kilomètres.

§ 10. *Locomotives à roues accouplées et articulées.*

Nous voici maintenant en présence de deux systèmes de locomotives pour remorquer des trains pesants sur les fortes pentes et les petites courbes : le système autrichien à chaînes ou à tender dépendant; le système articulé ou système français.

La théorie a examiné ces questions sous toutes leurs faces; il ne reste donc plus qu'à s'en référer à la pratique; en attendant qu'elle ait prononcé son jugement, accueillons les nouvelles idées, et citons en premier lieu celles d'un jeune inventeur, M. Lucien Rarchaert, sur un système conçu dans le but de résoudre ce problème ; voici comment il s'exprime à ce sujet, dans une note qu'il m'a remise.

« Les fortes pentes impliquent toujours de petites courbes, qui, avec le matériel ordinaire, augmentent la résistance de traction en raison inverse du rayon des courbures.

» En donnant la mobilité aux roues et aux essieux, on a, par le système articulé, complètement annulé cette résistance pour les vagons. Il n'en est pas de même pour les locomotives, qui manquent de l'adhérence nécessaire.

» Pour augmenter cette adhérence, il n'y a qu'un seul moyen pratique : l'accouplement des roues avec des bielles.

» Si les bielles constituent un moyen éminemment facile pour l'accouplement des roues des machines ordinaires, elles sont d'une application impossible dans les courbes à cause de la convergence des essieux.

» Il s'agit donc de trouver un mécanisme qui, ayant les propriétés des bielles sous le rapport du peu de frottement et de choc qu'elles occasionnent, n'en ait pas les inconvénients; c'est-à-dire, que tout en transmettant régulièrement le mouvement de l'essieu moteur, ce mécanisme permette le déplacement angulaire des essieux dans les courbes.

» Là cependant ne réside pas le problème tout entier ; il faut encore faire disparaître la différence de parcours de deux roues fixées invariablement à un essieu. On y remédie en partie, il est vrai, par la conicité de la jante des roues et le jeu de la voie, en ce sens que les roues extérieures sont, par l'effet de la force centrifuge, amenées sur leur plus grand diamètre ; mais comme ce diamètre est toujours le même, et qu'au contraire les courbes changent, il résulte que ce moyen est loin de résoudre le problème.

» La nouvelle locomotive (voir l'Atlas, planche XIV) est à dix roues. Les roues extrêmes dont les essieux sont munis chacun de quatre galets inclinés empruntés au système articulé, tournent indépendamment l'une de l'autre ; elles ont pour fonction de diriger la machine et de la maintenir dans la voie.

» L'essieu du milieu reçoit directement l'action de la vapeur; il est fixe, et est toujours forcément perpendiculaire à la voie.

» Les deux autres essieux moteurs tournent dans des coussinets maintenus par des plaques de garde fixées à la partie inférieure de trains mobiles.

» L'accouplement se fait de la manière suivante : deux balanciers sont placés verticalement entre les roues et articulés à leurs extrémités à deux bielles qui embrassent les boutons de manivelle des roues motrices. Ils sont portés par une espèce d'essieu qui tourne autour d'une cheville ouvrière comme les essieux des roues extrêmes.

» On voit que, par cette disposition, les essieux peuvent converger dans un sens ou dans l'autre, et que le mouvement de la roue motrice sera toujours transmis aux autres roues. La limite de déplacement des essieux correspond au maximum de l'amplitude d'oscillation des balanciers.

» Les bielles et les balanciers transmettent le mouvement dans le même sens et en même temps, l'accouplement d'arrière est croisé avec celui d'avant, l'un est à son maximum d'effet lorsque l'autre est à son minimum, et *vice versâ*; de cette façon, il n'y a donc jamais que deux roues sur six dont les manivelles puissent se trouver au point mort.

» Un mode d'accouplement se prêtant au passage des courbes, n'est avantageux qu'à la condition qu'il soit combiné avec une disposition de roues qui n'entraînent pas de perte de force motrice en glissant sur les rails, et l'on peut dire que l'un de ces moyens est le complément indispensable de l'autre.

» Au lieu de porter la locomotive et le tender sur deux châssis distincts, articulés entre eux comme les locomotives-tenders du Semmering, je propose de n'en faire qu'un seul, rigide, et, profitant de la courbe que décrit la voie, courbe qui dans ce cas exige des roues très-larges, puisque le châssis de la locomotive et les rails ne se trouvent plus sur le même plan vertical, de donner aux roues motrices coniques à l'intérieur le diamètre le plus petit. Si le rapport de la conicité au diamètre de la roue est bien déterminé, cette disposition aura infailliblement pour effet de faire varier ce diamètre en raison directe et proportionnelle des rayons des courbes; car la locomotive étant maintenue dans la voie par les roues extrêmes et leurs galets directeurs, les roues motrices extérieures porteront sur leur plus grand diamètre, et les roues intérieures sur leur petit diamètre, et cela d'autant plus que la courbe sera plus petite et sa convexité plus prononcée.

» Comme conséquence forcée de cette conicité des roues, les essieux moteurs se placeront toujours dans une position normale à la voie.

» Les boutons de manivelles et les coussinets de bielles d'accouplement ont une forme sphérique, afin que, sans leur donner aucun jeu, ces bielles puissent prendre un mouvement horizontal et en même temps vertical dans le passage d'une ligne droite à une courbe. »

Quant aux détails de ce mécanisme, les dessins en feront comprendre les dispositions.

Cette construction semble très-compliquée, mais en attendant qu'elle soit exécutée et soumise à l'épreuve de l'expérience, qu'aucune dissertation ne peut remplacer, — il n'était pas inutile d'en définir le principe.

Voici maintenant en dernière analyse le projet des locomotives à fortes pentes du chemin du Nord et dont la société des ingénieurs civils a rendu compte dans une de ses dernières séances.

§ 11. *Locomotive tender du Nord.*

Les profils à fortes rampes des lignes d'embranchements qui se rattachent directement au réseau du Nord et la nature spéciale de leur trafic, moins impérieux que celui des branches principales, apportent donc, dans la construction du matériel de traction, des conditions nouvelles assez importantes, dont il faut tenir compte pour abaisser autant que possible les frais d'exploitation de ces lignes.

Ces conditions nouvelles de l'établissement des locomotives d'embranchement, pour le cas particulier du chemin du Nord, peuvent du reste se résumer à peu près dans le programme suivant :

1° Combiner convenablement toutes les dispositions d'établissement mécanique, pour qu'en plaçant sur la machine même des approvisionnements suffisants pour 30 kilomètres, on ne dépasse pas en marche le poids nécessaire à l'adhérence ;

2° Adopter pour effort de traction, un effort moyen entre ceux des deux puissants types à marchandises, et pour vitesse normale la vitesse de 16 à 20 kilomètres à l'heure ;

3° Elever assez la chaudière sur le bâtis pour dégager complètement la boîte à feu des longerons et pouvoir lui donner telle largeur qu'il faudra, sans avoir à s'inquiéter de la position des roues, qui devront au besoin passer sous le cadre du bas du foyer ;

4° Ne pas dépasser la pression sur les rails de 11 tonnes par essieu ;

5° Réduire assez l'écartement des essieux extrêmes pour franchir sans difficulté les courbes à petits rayons.

Les deux premières conditions conduisent naturellement à une locomotive-tender du poids en charge d'environ 40 tonnes, présentant un effort de traction théorique maximum de 7,5 tonnes.

La quatrième condition « ne pas dépasser la pression de 11 tonnes sous chaque essieu » conduit à l'emploi de quatre paires de roues couplées par bielles, comme cela a lieu dans les machines-tenders à marchandises, construites au Creusot, et dans la machine viennoise *Wien-Raab* qui figurait à l'Exposition universelle.

Les roues de 1m.06 de diamètre, employées depuis l'origine dans les machines de gare de la Compagnie du Nord et dans celles du Semmering, satisfont à la cinquième condition en les rapprochant autant que possible les unes des autres. Il est facile en effet d'arriver à un écartement total de 3m.33, qui permet de passer aisément dans les courbes de plus petit rayon.

Tel est à peu près l'ensemble de la conception de la machine nouvelle, et tel est aussi le programme des études d'exécution qui se poursuivent à l'atelier central de la Chapelle.

Comme détail d'exécution, on peut remarquer que : la machine porte son eau et son coke ; qu'elle est montée sur quatre paires de roues couplées par bielles ; que sa chaudière est placée assez haut sur le bâtis pour dégager complètement la boîte à feu et n'être pas limitée dans sa largeur par l'écartement des longerons ou l'écartement des roues, lesquelles passent avec un jeu suffisant sous le cadre du bas du foyer. — Cette dernière disposition, qui caractérise plus spécialement le projet, présente divers avantages qu'il importe de faire ressortir.

Dès l'instant qu'on était libre de donner au foyer telle largeur qu'on voulait, il devenait très-facile, tout en montant la boîte à feu intérieure à la manière ordinaire, de remplir convenablement de tubes le corps cylindrique, si grand qu'il dût être, sans aucun espace perdu, et par conséquent avec un poids de chaudière moindre que dans le système de construction Crampton, adopté pour les deux puissants types de machines du Nord.

La distance entre les plaques tubulaires ne dépendant plus d'une manière aussi absolue que dans les autres machines de l'écartement des essieux extrêmes, on a pu employer des tubes assez courts, de petit diamètre et à faible épaisseur, qui, pour la même section occupée dans le corps cylindrique, donnent la plus grande surface de chauffe pour un même poids de matières et d'eau.

La grille étant assez élevée au-dessus des rails, il a été possible de placer l'essieu d'arrière sous le foyer, sans avoir à craindre le chauffage, il en est résulté de plus que le porte-à-faux à l'arrière a été limité à ce qui convenait pour l'égalité de répartition de la charge sur les quatre essieux.

Enfin, dans l'intervalle qui sépare la chaudière du bâtis, on a pu loger convenablement la caisse à eau, et la disposer de telle sorte que les variations dans le poids des approvisionnements se fissent à peu près également sentir sur chacun des quatre essieux. La construction de cette caisse à eau, d'un seul morceau de chaudronnerie, ne présente d'ailleurs aucune difficulté : les dimensions sont telles que toutes les rivures d'assemblage sont parfaitement accessibles.

Les soutes à coke sont de même disposition que celles des machines de gares, des deux machines-tenders système Crampton, et d'une machine mixte construite par transformation aux ateliers.

Le chargement du feu dans la machine projetée se fera même avec plus de facilité que dans aucun des systèmes ci-dessus.

Le mode de construction générale permet, avec l'emploi des grues roulantes et en démontant préalablement quelques boulons, d'enlever successivement les deux soutes à coke ensemble, puis la chaudière, puis le tender, en mettant ainsi à nu tout le mécanisme attaché au bâtis et faisant système avec lui.

Tout le mécanisme (propulsion, distribution et alimentation) étant complètement extérieur, présente les mêmes dispositions générales que celui des machines *Crampton* à voyageurs et *Engerth* à marchandises.

La génératrice supérieure de la chaudière est à la même hauteur au-dessus des rails que dans les machines à marchandises dites *du Nord*. Le dessus de la cheminée n'est pas plus élevé que dans le matériel des grandes lignes.

Lorsque la machine est en feu et que la caisse à eau et les soutes à coke sont approvisionnées, le poids total servant tout entier à l'adhérence ne dépassera très-probablement pas 39 tonnes, réparties également sous les quatre essieux, soit en moyenne, par essieu, 9,750 kilog.

La suspension est disposée pour conserver constamment en marche cette égalité de répartition de la charge.

L'effort de traction *théorique* pour *sept* atmosphères de pression *effective*, est approximativement de 7,500 kilog.

Les dimensions qui servent à calculer l'effort de traction sont consignées dans le tableau suivant pour les trois systèmes de machines en comparaison :

DÉSIGNATIONS.	LOCOMOTIVES		
	à l'étude.	Engerth.	du Nord.
Surface de chauffe totale (foyer et tubes)	125$^{m.q.}$	194$^{m.q.}$	127$^{m.q.}$
Diamètre des roues couplées.	1.06	1.25	1.42
— des cylindres	0.48	0.50	0.46
Course des pistons	0.48	0.66	0.68
Nombre de kilomètres parcourus par heure lorsque les machines fonctionnent à 2 tours de roues par seconde.	24	28	32

Le tableau qui suit donne le nombre de vagons *à dix tonnes* remorqués sur différentes inclinaisons de rampes.

INCLINAISONS DES RAMPES PAR MÈTRE.	LOCOMOTIVES à l'étude.	Engerth.	du Nord.
0m.005 Chemin de fer du Nord.	37	45	30
0m.010 Chemin de Ceinture. .	26	30	20
0m.015 Mons à Hautmont. . .	20	23	15
0m.020 Charleroi-Louvain. . .	16	18	12
0m.025 Plus fortes rampes du Semmering.	14	15	10
0m.030 Plan incliné de Liége.	12	13	9

Terminons maintenant cette question des locomotives par quelques considérations sur leur durée.

§ 12. *Durée des machines locomotives.*

Une question qui se rattache à l'établissement des machines locomotives est celle de leur durée et de leur mise au rebut. — Dans le principe on a cru qu'une locomotive qui aurait fourni un parcours de 300,000 kilomètres serait arrivée à la fin de sa carrière. Une des machines de l'exposition, après avoir fait ce chemin, c'est-à-dire plus de sept fois le tour de la terre, continue toujours son service.

Considérée comme mécanisme, la locomotive est sujette à des perturbations plus que toute autre machine, et sa faculté d'opposer à ces effets destructeurs une résistance proportionnelle, fixe sa durée, qui souvent est précaire, mais qui d'un autre côté peut être rendue indéfinie; cela dépend des soins apportés à l'entretien, et au remplacement des pièces usées, telles que les bandages des roues, les tubes bouilleurs, les foyers, les appareils de vérification, les cheminées, avec un entretien bien entendu, un entretien normal, on peut neutraliser ces effets destructeurs.

La durée du matériel est augmentée aussi par les progrès réalisés dans ces derniers temps en ce qui concerne la construction, la réparation et surtout la conduite des machines.

Aujourd'hui une locomotive n'entre en grande réparation qu'après un parcours de plus de 40,000 kilomètres. Les frais d'entretien diminuent aussi par suite de la simplification des réparations.

On a toujours cherché à augmenter la puissance de traction des locomotives et on a ainsi augmenté le prix d'acquisition : en 1840 on payait 50,000 francs; en 1850, 60,000 fr., et actuellement 110,000 francs une machine-tender à fortes pentes. Si les prix sont représentés par les nombres 4, 5 et 11; les chiffres de la puissance motrice sont de 4, 9 et 14. En tirant une conclusion statistique de ces données, on peut admettre que la force au meilleur marché est fournie par les puissantes machines. Cette règle peut être suivie avec d'autant plus d'assurance, que ces machines consomment moins de combustible et coûtent moins de réparation proportionnellement que les machines faibles.

Des économies dans l'alimentation et dans l'entretien sont réalisées par le lavage des houilles qui les débarrasse en grande partie des matières terreuses; avant cette méthode, le coke donnait jusqu'à 20 pour cent de cendres; ce chiffre est réduit actuellement à 4 pour cent. Ce détail est très-important; aussi dans beaucoup de compagnies a-t-on installé des services d'essais d'incinération.

On n'a pas été aussi heureux dans les tentatives sur la désincrustation des chaudières. Ce problème est encore à résoudre. Tous les réactifs employés jusqu'à ce jour ont été abandonnés; on se borne à trouver des eaux pures, à quel prix que cela soit.

CHAPITRE XVII.

LES DIVERS SYSTÈMES DE CONSTRUCTIONS DES CHEMINS DE FER.

Les travaux publics sont le résultat de la compilation; comme des pierres superposées les unes aux autres constituent un bâtiment, de même l'exposé d'un système de construction est le relevé de tous les faits similaires; et plus le nombre de ces faits est étendu, plus ce relevé est complet. C'est cette pensée qui nous a toujours guidé dans les recherches précédentes. Résumons donc toutes les questions relatives à l'établissement des chemins de fer par un dernier aperçu de la situation des chemins anglais et ajoutons, à titre de renseignements complémentaires, quelques indications sur les chemins de fer russes, allemands et américains, et nous aurons rempli le cadre tel que nous l'avons formé au début, — nous réservant de renvoyer, pour éviter toute espèce de double emploi, aux Manuels spéciaux de l'*Encyclopédie-Roret.*

§ 1. *Statistique des chemins de fer en Angleterre.*

Depuis quelques années, le réseau des chemins de fer de la Grande-Bretagne s'est étendu, au point qu'il semble être arrivé aujourd'hui à son dernier degré de développement.

On compte en Angleterre 80 lignes principales qui, par suite des amalgamations ou fusions, comprennent, avec les embranchements, 184 chemins. Les lignes écossaises sont au nombre de 19 et embrassent 34 chemins, et enfin celles de l'Irlande, au nombre de 10, forment 15 petites sections, ce qui fait un total de 233 chemins de fer d'une longueur de près de 20,000 kilomètres, dont l'usage est entré actuellement dans toutes les classes de la société du Royaume-Uni, comme une nécessité de la civilisation de notre époque.

Pour arriver à un degré si élevé d'importance, ce nouveau système de communication a dû offrir dans le principe, et avant tout, une plus grande vitesse, une plus grande sécurité, et en même temps une dépense moindre que les routes ordinaires; aucun terrain n'a dû être considéré comme infranchissable ; on a satisfait à toutes ces exigences d'une façon qui laisse aujourd'hui peu de place à de nouveaux désirs. Mais cependant, loin de considérer les résultats obtenus comme définitifs, en Angleterre, comme du reste, partout ailleurs, on marche constamment dans la voie des améliorations et du progrès, et on y est maintenu par les intérêts bien entendus des administrations. Si, d'une part, la législation anglaise a eu soin, dans ces derniers temps, d'ôter aux concessions le caractère de monopole qui généralement s'oppose au progrès, d'autre part, la science des chemins de fer a appris, par de nouveaux préceptes, à dépasser les limites, posées autrefois d'une façon absolue, pour les pentes et les courbes. Sans cela les railways, excepté ceux des plaines, n'auraient jamais pu acquérir le caractère d'une voie de communication générale et complète ; car on voit déjà que, sur les routes ordinaires et inclinées, les transports diminuent, si les pentes augmentent par leur nombre et leur inclinaison.

Dès qu'on a cherché en Angleterre à améliorer les conditions d'établissement des chemins de fer, les plans inclinés, exploités au moyen de machines fixes, ont été abandonnés. Il est donc surprenant alors, que les ingénieurs anglais en proposent néanmoins toujours sur le continent, dès qu'ils y sont appelés, à titre d'experts, pour donner leur avis sur des projets de cette espèce. L'abandon des plans inclinés est justifié par la construction de puissantes machines locomotives, qu'une voie, plus solidement construite qu'autrefois, peut porter actuellement.

Sous le rapport administratif, les améliorations ont également été très-nombreuses : l'organisation des trains de voyageurs avec différentes vitesses et à divers prix, tant pour les grands que pour les petits parcours, — l'échange des billets pour toutes les lignes, la vente des billets de retour, — ont favorisé singulièrement le mouvement des voyageurs, et ont augmenté d'une manière notable la fréquentation des chemins de fer anglais. Le trafic des marchandises s'est étendu à toutes les matières transportables, qui traversent sans transbordement, presque tout le territoire britannique, et sont débarquées par les embranchements aux dépôts, aux fabriques et aux ports.

§ 2. *Supériorité contestable des chemins anglais.*

D'après cela, on a cru généralement que l'Angleterre, la patrie des chemins de fer, dépasserait toutes les nations en fait de perfectionnements de ces nouvelles voies de transport; aussi, sur le continent, n'a-t-on pas osé envoyer à la grande exhibition de Londres les produits modernes, dans la crainte d'une redoutable concurrence ; et il est arrivé dès-lors que, sous le rapport des chemins de fer, cette exposition a laissé beaucoup à désirer ; car, à part quelques locomotives et quelques vagons, on n'a remarqué que des modèles brevetés, mais inexécutés ou inexécutables en grande partie.

On ne peut pas signaler des progrès notables sur les chemins anglais depuis plusieurs années, si on en excepte l'invention des machines Crampton. Les Anglais tiennent au contraire à leur système et n'adoptent qu'avec une très-grande réserve les perfectionnements en usage à l'étranger.

Les chemins de fer français et allemands possèdent à leur tour, sous bien des rapports et dans beaucoup de détails, une supériorité marquée, dont les Anglais ne semblent tenir aucun compte.

Les télégraphes électriques sont modifiés maintenant d'après les modèles allemands, qui, les premiers, ont introduit des perfectionnements.

L'indécision des Anglais à ce sujet est peut-être le résultat de l'absence de principes généraux et d'une versatilité d'opinion qui en est la conséquence.

On a vu certaines méthodes prévaloir pendant quelque temps pour la construction des chemins de fer et de leurs machines; mais l'élément théorique n'en formait pas la base, et ces méthodes sont bientôt tombées; la question du placement des cylindres à l'extérieur ou à l'intérieur de la locomotive, en est la preuve.

Mais ce qui distingue souvent les chemins anglais des autres lignes, c'est la bonne exécution des travaux et le choix presque minutieux des matériaux employés dans la construction.

Du reste, toute invention anglaise a encore conservé en Europe son ancien prestige, et les ingénieurs qui voyagent en Angleterre rapportent de ce pays avec une entière confiance et un enthousiasme souvent exagéré, tous les modèles qui leur étaient inconnus, et dont ils proposent une imitation absolue. Et c'est par cette raison que sur le continent on retrouve toutes ces innovations, dont le relevé peut constituer, pour ainsi dire, l'état de situation du matériel anglais qui a été esquissé dans les chapitres précédents.

§ 3. *Les chemins de fer russes.*

Dans l'origine des chemins de fer sur le continent, le gouvernement russe a admis le principe de l'exploitation par les compagnies, et, en 1837, la ligne de Zarsko-Sélo a été concédée à une société particulière.

Ce n'est que depuis l'établissement de ces entreprises sur une vaste échelle, que l'autorité administrative s'en est occupée directement.

L'organisation des travaux des chemins de fer est due à

la volonté du czar. Par un ukase, l'empereur Nicolas les a placés sous la direction générale des voies de communication et des édifices publics, confiée à un premier aide-de-camp; tous les fonctionnaires, jusqu'au dernier employé, ont un grade dans l'armée, en conformité des usages administratifs russes.

Il existe en outre une commission supérieure des railways dont le grand-prince Alexandre, l'empereur actuel, était le président; les attributions de cette commission sont limitées à la fixation des points extrêmes des lignes et à la détermination du mode d'établissement des travaux. Comme ingénieur en chef, on a désigné un officier prussien depuis longtemps employé en Russie en qualité d'ingénieur militaire. Les chemins de fer de la Pologne sont placés sous le contrôle spécial du prince Paskéwitch.

L'opinion générale qu'on s'est formée de la Russie, est que ce pays est une immense plaine, et cela est vrai dans le sens géologique; mais les ingénieurs y rencontrent des ondulations qui la coupent en tous sens, et des rivières qui coulent dans des ravins et dans des vallées d'une largeur et d'une profondeur souvent très-considérables. En outre, ces contrées renferment de petits lacs en grand nombre, surtout à mi-chemin de Saint-Pétersbourg à Moscou. Il n'existe pas de pays qui demande une étude plus détaillée du nivellement, plus d'expérience des travaux, et plus de jugement dans le choix des directions, que la Russie.

Le système suivi jusqu'à présent dans la fixation du tracé paraît être de relier directement les *termini* et les principales villes que les railways doivent traverser. Cela était du moins le cas pour la voie entre Saint-Pétersbourg et Moscou. L'empereur Nicolas a tracé sur une carte une ligne droite, que les ingénieurs ont suivie servilement. Aussi les difficultés des projets et de leur exécution ont été énormes; il a fallu éviter les tranchées profondes, les remblais élevés, qui nécessitent toujours des ponts et des viaducs très-coûteux; en second lieu, on a dû tenir les pentes dans la direction du transport des plus grandes charges, qui va du sud vers le nord et de l'est vers l'ouest, en n'excédant pas l'inclinaison de un demi pour cent, ou 5 millimètres de hauteur sur un 1 mètre courant, avec des courbes d'un très-grand rayon.

Du reste, quel que soit le nivellement adopté pour les chemins de fer russes, les dépenses pour leur exécution différeront toujours de celles des railways français, belges ou allemands. Les frais d'acquisition des terrains et des immeubles sont peu élevés; le bois de construction, de même que le bois de chauffage des machines locomotives, se trouvent en abondance; mais les pierres de maçonnerie y sont très-rares, les terrassements sont étendus et de forte dimension, la traversée des marécages est difficile, car les remblais sont établis au moyen d'emprunts faits à de grandes distances.

Les ponts, généralement placés en dessous des chemins de fer russes, ne sont pas des travaux importants sous le rapport de l'art de l'ingénieur; il n'y a que ceux de la ligne de Moscou qui méritent de fixer l'attention; ils sont en briques ou en maçonnerie brute; quelques-uns sont entièrement en bois. Les ponts en métal se trouvent en très-petit nombre en Russie.

Tous les grands ponts sur les rivières sont en bois avec des culées en pierres; ils sont élevés de 10 à 12 mètres au-dessus des hautes eaux. Dès que les culées excèdent cette hauteur, le surplus est en charpente; toute la superstructure sur laquelle est placée la voie de fer est en bois, d'après le système des treillages américains, avec une ouverture de 30 à 40 mètres. Quoique de construction récente, les bois de tous les grands ponts et des viaducs sont déjà en état de dépérissement.

Comme règle pour des constructions ultérieures, on a admis que les petits ponts ou ponceaux seront maçonnés en briques ou en pierres, et que tous les grands ponts seront composés de culées en pierres ou en briques, avec leur superstructure entièrement en fer forgé, dès que l'ouverture excède 15 mètres.

Plusieurs types, conçus dans ce sens par des ingénieurs étrangers, avaient été soumis au gouvernement et approuvés par l'empereur Nicolas.

Quant à la voie de fer proprement dite, elle se compose de rails de Vignoles, ou rails américains à simple champignon et à large base et attachés sur des coussinets. Quoique le système de la pose de ces rails dans des chairs soit abandonné presque partout, et quoique les éclisses soient seules usitées avec succès, l'administration russe, malgré les rapports des ingénieurs, a persisté dans le premier de ces systèmes. Le fond ou ballast sur lequel reposent les rails est en pierres concassées.

La voie de fer est double sur le chemin de Zarskoe-Selo, celle des autres lignes est simple. On rencontre partout beaucoup de passages à niveau gardés par de nombreux surveillants.

Les gares et stations sont en général assez grandes, dans le genre de celles des chemins de Hanovre et de Westphalie ; mais il manque encore beaucoup de bâtiments accessoires et de hangars pour les marchandises, dont l'expédition offre souvent de grandes difficultés à cause de l'encombrement.

Les haies et clôtures sont rares, excepté dans le voisinage des stations.

L'établissement des palissades contre la neige n'a pas été l'objet d'études préliminaires ; elles ont été placées au fur et à mesure que le besoin s'en est fait sentir, de la même façon que sur les chemins allemands.

Quant aux bâtiments riverains, l'empereur a ordonné qu'ils soient placés à une distance de 100 mètres de la ligne, et qu'ils soient couverts en tôle, afin de ne pas être incendiés par les flammèches sortant des locomotives.

Une faute grave, dont il n'est pas facile de se rendre compte et dont le gouvernement russe se ressentira encore longtemps, a été commise dans l'établissement du matériel roulant. L'exécution de la ligne de fer de Moscou avait à peine été ordonnée, que l'empereur a fait ouvrir près de sa capitale des chantiers pour la construction des voitures et des vagons; des ingénieurs américains s'y sont installés et ont confectionné tous les véhicules à la fois, naturellement d'après le système de leur pays, à huit roues et à châssis mobiles. Ce matériel, prêt avant l'ouverture du chemin, a dû être entretenu dans les magasins pendant trois ans, et il est passé, — si je puis me servir de cette expression, — entièrement de mode, en ce sens qu'aucune invention, aucun perfectionnement, aucune rectification n'ont pu être appliqués ni aux voitures ni aux locomotives. C'était, en un mot, un vieux matériel qu'on a lancé sur une voie neuve.

Le système américain est admis comme règle générale; l'exception se trouve sur le chemin de Varsovie à Cracovie, où figurent quelques machines allemandes et belges, mais les voitures et les vagons sont articulés.

Il y a beaucoup d'exagération dans les éloges qu'on a donnés à l'exploitation des chemins de la Russie. La facilité du départ, le confortable pendant le trajet, la satisfaction de tous les besoins des voyageurs, l'expédition rapide des bagages et des marchandises, paraissent n'exister que dans l'imagination de quelques publicistes qui ont cherché à décrire ces voies de communication.

Les voitures américaines, très-longues, et percées d'un couloir au milieu, n'offrent presque aucun abri aux personnes;

à l'occasion d'un accident qui a fait rester un convoi sur la ligne de Moscou par une température de 25 degrés au-dessous de zéro, et pendant la nuit, plusieurs voyageurs sont morts de froid. Aucun secours n'a pu être porté dans ces steppes que parcourt le chemin de fer, loin de toute habitation.

Les railways russes servent principalement pour le transport du matériel de guerre; c'est dans ce but surtout qu'ils ont été construits et que les projets sont étudiés.

Dans tous les vagons on a placé des appareils pour l'accrochage des sacs et des fusils; sur le chemin de Varsovie à Cracovie, plusieurs gares sont fortifiées.

Telles sont les indications sommaires qu'un ingénieur qui a construit une grande partie de ces travaux, a bien voulu me communiquer.

§ 4. *Les chemins de fer allemands*

En 1850 la société des ingénieurs civils de Berlin, sur l'invitation du congrès des chemins allemands, a formé une espèce de constitution de chemins de fer en 278 articles, qui devait être un document historique pour constater l'état actuel de la science.

Donnons, à titre de description des chemins allemands, un extrait de cette constitution, dont les principes servent encore aujourd'hui de base à l'établissement de ces travaux.

1° *Etablissement de la voie.*

Largeur des terrassements. — La largeur pour la double voie est fixée à 7m.50, et celle de la simple voie à 4m.20. Les chemins de fer, à moins qu'ils ne soient des embranchements, sont construits à double voie.

Pentes et courbes. — Les pentes ne doivent pas dépasser les limites suivantes :

De 1 à 200 en plaine ($0^m.005$ par mètre);
1 à 100 en terrain accidenté ($0^m.01$ par mètre);
1 à 40 en montagne ($0^m.025$ par mètre).

Le rayon des courbes ne doit pas être moindre:

De 1,000 mètres en plaine;
600 mètres en terrain accidenté;
360 mètres en montagne;
180 mètres dans des cas exceptionnels.

Les contre-courbes sont inadmissibles; le raccordement se fait par des alignements droits de 300 mètres en plaine et de 90 mètres en montagne. — La voie dans les stations doit être horizontale sur une distance de 360 mètres en plaine et de 180 mètres en montagne; en plaine, son tracé est en ligne droite, au moins sur une longueur de 180 mètres.

Rails. — Les rails doivent être en fer laminé, et être fabriqués sous la surveillance des gouvernements. Leur longueur ne dépasse pas $5^m.40$, et leur charge en un point (pression d'une roue) est au maximum de 6 tonnes. Les rails sont inclinés vers l'axe de la voie de 1/20e de leur hauteur. — Le système des longrines est préféré à celui des traverses.

Ponts. — On n'admet pas les ponts en bois. Les ponts doivent être en fer forgé ou laminé. La fonte ne peut être tolérée exceptionnellement que quand les rails sont posés sur une couche de ballast. Des ponts en pierres sont toujours préférables.

Passages à niveau. — Un pallier doit être établi sur le passage à niveau des routes et chemins vicinaux. Ce n'est que dans ces passages que les contre-rails peuvent être admis.

2° *Construction des bâtiments.*

Trottoirs. — La largeur des trottoirs est au minimum de 5m.40, leur hauteur au maximum de 0m.55 au-dessus des rails. Les colonnes doivent être éloignées de 1m.20 du bord du trottoir.

Réservoirs. — Les tuyaux de conduite des réservoirs ont un diamètre de 0m.20.

Plates-formes. — Les gares principales doivent posséder au moins deux plaques tournantes de 10m.50 de diamètre, afin d'y pouvoir manœuvrer à la fois la locomotive et le tender.

Ponts à bascule. — Ils se trouvent aux gares extrêmes et aux stations principales.

Gares intermédiaires. — Elles doivent remplir les trois conditions suivantes : « des trains venant en sens opposé doivent pouvoir s'éviter avec facilité et sûreté ; les trains à grande vitesse doivent pouvoir passer dans ces gares avec une vitesse de 30 kilomètres à l'heure ; et enfin les convois ne circulent pas inutilement sur des voies d'évitement ; ces conditions ne peuvent être exactement remplies que sur les doubles voies.

Voies d'évitement. — Le rayon des courbes de ces voies est au minimum de 360 mètres, quand elles servent au passage de grands convois. Les contre-courbes dans ces gares doivent être raccordées par une ligne droite de 4 mètres. La surélévation des rails dans les courbes d'évitement peut être considérée comme superflue.

3° *Matériel.*

Locomotives. — D'après la constitution, les meilleures locomotives sont celles à cylindres extérieurs, parce que les essieux coudés, applicables aux machines à cylindres intérieurs, sont sujets à se briser. Il est vrai que les locomotives à essieux coudés ont une marche plus douce que celles à cylindres extérieurs, qui ne sont équilibrées qu'au moyen de contre-poids. — On n'admet que les machines à 6 ou 8 roues. Ces 6 ou 8 roues doivent être munies de rebords. La répartition du poids de ces machines à 6 roues doit être faite ainsi qu'il suit :

L'essieu	de devant	porte	2 parties du poids total;	
id.	du milieu	id.	3	id.
id.	de derrière	id.	1	id.

Les locomotives remorquant des trains de marchandises et parcourant 23 kilomètres à l'heure, ont des roues motrices accouplées de 1m.20 de diamètre. Les machines à voyageurs et les machines mixtes, parcourant 45 kilomètres à l'heure, doivent avoir des roues motrices de 1m.50 de diamètre. Les machines à grande vitesse sont munies de roues motrices non accouplées de 1m.80 de diamètre. Les roues des locomotives en général doivent avoir au minimum un diamètre de 1 mètre.

Tenders. — Ils doivent être à 6 roues de 1 mètre de diamètre et à rebords.

Vagons. — La distance des essieux est au maximum de 6 mètres. La surface des jantes des roues doit être de forme conique de 1/20e d'inclinaison.

Graissage. — On croit qu'il n'existe pas d'expériences assez concluantes pour qu'on puisse se prononcer d'une manière absolue.

Freins. — Les freins à vis sont seuls admissibles.

4° *Signaux.*

Etablissement des télégraphes électriques sur toutes les lignes de fer. (Communication entre le sifflet de la locomotive et le siége du chef du train, afin qu'en cas de malheur ce dernier puisse donner le signal nécessaire. Les gardes-freins doivent tous être munis de forts sifflets.)

5° *Règlements de police.*

La surveillance du matériel doit s'exercer sur les roues motrices; celles sans rebords sont inadmissibles.

Les freins sont appliqués dans les proportions suivantes :

Pentes.	Trains des voyageurs.		Trains de marchandises.	
1 : 300,	la 6e	paire de roues,	la 8e	paire de roues.
1 : 200,	5e	—	7e	—
1 : 100,	4e	—	6e	—
1 : 60,	3e	—	5e	—
1 : 40,	2e	—	4e	—

On propose de ne pas admettre plus de 200 essieux dans un convoi. Une voiture vide doit toujours se trouver entre la machine et le premier vagon à voyageurs. Dans les convois mixtes, les voitures à voyageurs suivent les vagons à marchandises. Les équipages et les voitures vides doivent se trouver à l'arrière du convoi. Des bois ne doivent jamais être transportés quand il se trouve des voyageurs dans les convois. Il est défendu de pousser les convois. Une exception à cette règle n'est tolérée que lorsqu'il s'agit de faire manœuvrer des convois dans les gares ou dans des cas extrêmes, mais à condition que la vitesse ne dépasse pas 16 kilomètres à l'heure. Une machine ne doit pousser le convoi avec locomotive en tête que dans les rampes très-fortes, ou au moment de mise en marche dans la gare; dans ce cas on n'ira qu'à demi-vitesse. Les courses avec tender en avant ne sont tolérées que dans les gares ou dans les trains employés aux travaux de la voie : de ballastage, etc. Les machines de secours doivent être échelonnées à une distance de 80 kilomètres au maximum.

§ 5. *Les Chemins de fer américains.*

Dans les contrées populeuses ou civilisées, les chemins de fer correspondent aux exigences d'un trafic déterminé et de relations développées. Pour les états qui sont à constituer, les chemins de fer forment le moyen de civilisation ; il s'agit de pénétrer, dans des contrées désertes, de fonder des villes aux *termini*, de créer des relations et de faire fleurir le commerce et l'industrie, — là où auparavant régnait le néant.

Dans les pays civilisés, les conditions de sécurité personnelle sont à établir de manière que la chance soit réduite au minimum. Il n'en est pas de même dans les pays sauvages, où l'homme est exposé à toutes sortes de dangers, auxquels les chemins ne s'ajoutent que dans une proportion infiniment petite ; quand ils doivent servir de moyen de civilisation, il s'agit de les tracer rapidement et à bon marché.

« Si les chemins de fer sont construits solidement, — disait le président des Etats-Unis, — quand on lui demandait à faire des propositions législatives au sujet de la sécurité dans ces voies de communication, — « si les chemins sont » construits solidement, ils coûtent cher et on en construit » moins; mais de leur développement dépend l'avenir du » peuple américain. Il vaut donc mieux sacrifier annuellement » quelques centaines d'individus que d'entraver le progrès. » La guerre agrandit la puissance des nations, moins que ne » le fait un réseau de railways, et elle demande des sacri- » fices considérables ; — que le système actuel de construc- » tion de nos voies ferrées reste donc le même. »

Ce principe définit nettement le caractère de ces chemins, et pour le comprendre dans toute son étendue, on n'a qu'à jeter un coup d'œil sur une carte géographique : chaque pays indiquera le système respectif de construction ; et l'on se convaincra qu'un chemin de fer dans les plaines de la Hongrie ou dans les steppes de la Russie, destiné à y chercher des produits bruts, devra être autrement établi que les railways de Londres, de Paris, de Manchester et de Liverpool, sur lesquels circulent l'élite de la société et les marchandises du plus haut prix.

Si la Belgique représente la stabilité en fait de systèmes de chemins de fer, si la France et l'Angleterre adoptent les perfectionnements successifs, si l'Allemagne offre le vaste champ de l'expérimentation où tous les systèmes ont été accueillis, — l'Amérique, à son tour, peut passer pour le pays où les idées neuves, pratiques et d'une exécution économique, ont le plus de chance de trouver un accès facile.

Citons comme exemple, une manière très-usitée de construire la voie ferrée quand il s'agit de franchir des plaines ou des marais : On enfonce des pieux en bois de sapin sur deux lignes, — sur ces pilots on attache les traverses, sur ces traverses on fixe des longuerines en bois, sur ces longuerines on cloue des rails ou simplement des bandes de fer ; et le railway est prêt à être livré à la circulation. — Si les ondulations du terrain forcent à faire des pieux au-delà de 5 mètres de hauteur, on établit un fort pilotis sur lequel on pose une solive à fleur de terre ; sur cette solive on place une charpente en forme de M, qui supporte la voie de fer. — C'est une espèce de chemin sur échasses, qui n'a pas toujours réussi, et on a été obligé d'entourer de terre cette estacade, pour en faire un remblai dans lequel le cadre de bois était enterré. — Ce mode de construction a eu cependant un grand succès aux Etats-Unis, car les pilotis sont avantageux là où les chemins sont exposés aux inondations.

Pour en finir avec les chemins de fer américains, empruntons à un journal du Nouveau-Monde, la description pittoresque du railway de l'Isthme de Panama :

« J'ai vu, dit l'auteur de ce récit, dans certains points où l'on était suspendu sur l'abîme, sans protection, sans garde-fous, le niveau des rails détruit par l'affaissement d'un des côtés du talus et des échafaudages, et les vagons rouler sur des plans en pente, où le moindre caillou, déposé sur la voie, aurait suffi pour faire tout disparaître dans d'affreux précipices. Je m'étais placé sur la plate-forme, en arrière du dernier vagon, prêt à sauter dans le vide et à y rouler pour mon propre compte, si le vagon avait fait la culbute. Heureusement, les conducteurs du train sont fort prudents, ce qui est beau pour des Américains. Ils vont très-doucement, font à peine 10 à 12 milles à l'heure, serrent les freins à chaque instant et prennent toutes les précautions possibles; ce qui n'a pas empêché, il y a une quinzaine de jours, un de ces ponts du diable de s'enfoncer sous le poids d'une locomotive que nous avons vue gisant dans l'abime. La circulation sur le chemin a été rétablie tant bien que mal, et tout a repris son cours comme auparavant. »

En Europe on n'a pas encore pris des dispositions spéciales pour garantir les mécaniciens de l'intempérie des saisons. — C'est à titre d'exception qu'on peut citer la machine de l'Exposition : *Emperor*, qui porte derrière la chaudière une plaque ressemblant à des lunettes dont les verres sont à la hauteur de la tête du mécanicien et du chauffeur, qui sont garantis contre la violence de la pluie et de la neige qui pourraient les frapper horizontalement. Cette disposition due à M. Stephenson paraît bonne et mérite d'être imitée.

Les Américains sont allés plus loin dans la préoccupation de garantir le personnel de la locomotive; ils couvrent entièrement la plate-forme d'un toit et ferment les côtés. Il est vrai que le mécanicien ne peut pas voir fonctionner aussi commodément les mécanismes; mais cela n'est pas non plus son rôle. Le mécanicien doit fixer son attention sur le manomètre, sur les indicateurs, sur le feu, et doit surtout observer l'état de la voie et les signaux. Quant aux mécanismes, c'est l'affaire des ingénieurs du matériel et des chefs de dépôts qui ne doivent pas laisser sortir des ateliers une machine qu'après un examen minutieux de tous ses détails. On objecte à cela qu'il faut laisser le mécanicien entièrement libre dans ses mouvements, qui seraient gênés par les dispositions proposées. Cependant, comme on prend toutes les précautions possibles pour la sécurité et la commodité des voyageurs, il est juste de s'occuper aussi du mécanicien et de son chauffeur qui sont des voyageurs par excellence; mais il paraît préférable de leur donner comme compensation de forts appointements, sauf à les laisser à un endroit incommode.

§ 6. *La locomotion sur les chemins de fer.*

En rassemblant toutes les tentatives faites pour arriver à la locomotion économique sur les chemins de fer, on peut distinguer neuf systèmes, dont voici l'énumération :

1° Le système Laignel, qui a pour but de réduire la résistance au passage des courbes ; le rail extérieur est remplacé par un rail plat sur lequel portent les rebords des roues.

2° Le système Arnoux ou à trains articulés.

3° Le système Verpilleux, avec un mécanisme moteur sous le tender pour augmenter l'adhérence ; la vapeur est fournie par la locomotive.

4° La locomotive à air comprimé ; l'air provient de réservoirs placés de distance en distance, — ou d'un réservoir sur le tender.

5° Le système à rail strié au milieu de la voie, sur lequel agit la roue motrice ; on a aussi proposé deux roues motrices horizontales, qui embrassent le troisième rail comme dans un touage ou remorquage à une chaîne.

6° Le système atmosphérique, employé sur le chemin de

Saint-Germain, comprend l'air raréfié : dans un tube placé au milieu de la voie, l'atmosphère pousse le piston contre le vide. On a proposé l'air comprimé qui pousse le piston contre l'atmosphère. — Le piston, auquel le convoi est attaché, peut aussi être poussé par l'eau : chemin de fer hydraulique.

8° La locomotive sur les routes ordinaires constitue un essai fait il y a plus de soixante ans, mais qui est complètement abandonné aujourd'hui.

9° Enfin, les machines à air chaud, les machines à chloroforme, les machines électro-magnétiques, toutes celles dans lesquelles l'économie du combustible est l'idée principale.

Quand on compare tous ces systèmes entre eux, et quand on examine les résultats sérieux obtenus jusqu'à ce jour, on arrive à cette conclusion définitive, que le mode actuel des transports sur les voies ferrées est le plus rationnel et le plus économique.

Passons maintenant à la deuxième partie de ce travail, qui comprendra dans les deux derniers chapitres, une collection des cahiers des charges pour l'exécution des travaux, et un modèle de la série de prix des diverses fournitures auxquelles l'établissement d'un chemin de fer donne lieu.

NOTE. — M. H. de Martinet a communiqué à l'Académie de Médecine, dans une de ses dernières séances, une note relative à une affection spéciale aux mécaniciens et aux chauffeurs attachés aux chemins de fer ; la *Gazette des Hôpitaux* donne sur cette affection les détails suivants :

« L'exposition sans abri sur les locomotives, dit l'auteur, soumet les mécaniciens :

» 1° A un inconvénient professionnel, dont on peut se rendre compte en passant la tête hors des vagons, c'est-à-dire à une trombe d'air froid qui paralyse la respiration, congestionne la face ;

» 2° A une maladie professionnelle développée par l'inspiration des gaz oxyde de carbone et acide carbonique qui s'échappent du foyer.

» Le système nerveux est lésé, les sujets maigrissent, une faculté importante s'éteint ; le corps est agité de soubresauts, de convulsions ; l'intelligence faiblit. Des affusions froides sur le rachis me paraissent être, sous le rapport médical et hygiénique, le moyen principal à employer. Comme prophylaxie, je voudrais demander aux administrations de réduire le travail des ouvriers en doublant leur nombre : d'adapter aux machines une galerie protectrice dans le genre de celle qui existe à la machine Crampton, soit mieux une galerie vitrée ou un treillage métallique. Non-seulement il s'agit de la santé de plusieurs milliers d'ouvriers, mais aussi de la sécurité des voyageurs ; car la fatigue produite par un long travail et l'exposition à l'air froid paralysent les forces des conducteurs et ne leur laissent pas assez de présence d'esprit pour la conduite de leur machine. »

(*Note de l'Editeur.*)

www.ingramcontent.com/pod-product-compliance
Ingram Content Group UK Ltd.
Pitfield, Milton Keynes, MK11 3LW, UK
UKHW020320200726
13857UKWH00001B/230